前　言

党的十八大提出了“建设海洋强国”的重大战略，党的十九大进一步提出了“坚持陆海统筹，加快建设海洋强国”，为我国在促进海洋经济高质量发展方面带来了一系列重大政策和举措，国家经略海洋的新时代已经到来。海洋经济由于具有“高投入、高风险、高回报”的特征，决定了海洋科技进步是推动海洋经济创新发展的内在动力，在海洋经济发展中发挥着越来越重要的作用。发展海洋经济必然要加快海洋领域科技创新，聚焦填补海洋产业发展短板，培育新的发展动能，提升区域发展比较优势。

作为世界四大湾区之一的粤港澳大湾区，因海而生，与海共荣，天然具有海洋的基因与属性，做大做强海洋经济、加快构建现代海洋产业体系，将为粤港澳大湾区经济高质量发展提供强大引擎。海洋经济的发展既可以通过自身的经济增长带动区域经济增长，又能通过海洋科技、海洋产业对其他产业的渗透和融合，带动国民经济其他部门的发展，并促进新产业与新业态的形成，从而进一步增强粤港澳大湾区的区域竞争力。

目前全球治理体系正在发生深刻变革，生产要素在全球范围内的重组和流动进一步加快，新一轮科技革命和产业变革正在孕育兴起，为粤港澳大湾区海洋经济转型升级和“走出去”提供了良好条件和重要支撑。但不利因素也显而易见，主要存在科技创新支撑能力不足、陆海统筹衔接不够、湾区海洋资源利用效率较低、海洋生态环境联防联治机制尚未构建、湾区内涉三地两制而亟须制度创新等问题。因此，如何充分发挥粤港澳大湾区海洋优势，强化发展对接和体制创新，探索湾区内协同创新发展模式，不断增强区域的国际综合竞争力，实现粤港澳大湾区海洋经济高质量发展，打造“国际一流湾区和世界级城市群”，成为当前亟须解决的问题。

国家社会科学基金项目“海洋经济供给侧结构性改革的实现路径研究”（16BJY048）成果

YUE-GANG-AO DAWANQU HAIYANG JINGJI XIETONG CHUANGXIN YANJIU

粤港澳大湾区海洋经济协同创新研究

向晓梅　童玉芬　吴伟萍 ◎ 著

南方传媒 | 广东经济出版社

·广州·

图书在版编目（CIP）数据

粤港澳大湾区海洋经济协同创新研究 / 向晓梅，童玉芬，吴伟萍著. —广州：广东经济出版社，2025. 2

ISBN 978-7-5454-7060-4

Ⅰ. ①粤… Ⅱ. ①向… ②童… ③吴… Ⅲ. ①海洋经济—协调发展—研究—广东、香港、澳门 Ⅳ. ①P74

中国版本图书馆 CIP 数据核字（2019）第 266149 号

责任编辑： 易　伦
责任校对： 黄思健
责任技编： 陆俊帆

粤港澳大湾区海洋经济协同创新研究
YUE-GANG-AO DAWANQU HAIYANG JINGJI XIETONG CHUANGXIN YANJIU

出版发行： 广东经济出版社（广州市水荫路 11 号 11 ～ 12 楼）
印　　刷： 广州市番禺区友联彩印厂
（广州市番禺区桥南街陈涌村兴业大道西九横路）

开　　本： 787mm×1092mm　1/16　　**印　　张：** 17
版　　次： 2025 年 2 月第 1 版　　**印　　次：** 2025 年 2 月第 1 次
书　　号： ISBN 978-7-5454-7060-4　　**字　　数：** 300 千字
定　　价： 89. 00 元

发行电话：（020）87393830
广东经济出版社常年法律顾问：胡志海律师
如发现印装质量问题，请与本社联系，本社负责调换

第三篇 粤港澳大湾区海洋经济要素协同创新研究

第四篇 粤港澳大湾区海洋经济产业协同创新研究

第五篇　粤港澳大湾区海洋经济制度协同创新研究

绪　论

党的十八大“海洋强国”战略的提出，昭示着经略海洋时代的来临。海洋是高质量发展的战略要地。作为天然融入海洋基因的粤港澳大湾区，海洋经济是粤港澳大湾区经济高质量发展的强大引擎。在全球治理体系深刻变革和区域一体化持续深入的背景下，粤港澳大湾区海洋经济协同创新迎来历史性机遇。

一、研究背景

（一）海洋是高质量发展的战略要地，政策支持力度大

2013 年，习近平总书记在中共中央政治局第八次集体学习时指出，要提高海洋资源开发能力，着力推动海洋经济向质量效益型转变；要保护海洋生态环境，着力推动海洋开发方式向循环利用型转变；要发展海洋科学技术，着力推动海洋科技向创新引领型转变；要维护国家海洋权益，着力推动海洋维权向统筹兼顾型转变。2018 年，习近平总书记在参加十三届全国人大一次会议山东代表团审议时强调，海洋是高质量发展战略要地。党的十八大提出了建设海洋强国的战略目标，习近平总书记在十九大报告中重申了海洋经济的重要性和我国建设海洋强国的目标。习近平总书记关于海洋的一系列论述，为海洋经济高质量发展提供了方向和指引，是进一步开发、利用及保护海洋的行动指南。同时，作为“一带一路”的重要组成部分，海洋是 21 世纪海上丝绸之路经济带战略的重要支撑，为形成陆海内外联动、东西双向互济的开放格局发挥着重要作用。

为促进海洋经济高质量发展，自然资源部近年来联合国家各部委、各级地方政府颁布了各类规划、政策指导文件，比如，从全国层面的《全国海洋经济发展“十三五”规划》《海洋可再生能源发展“十三五”规划》到区域

层面的《广东省沿海经济带综合发展规划（2017—2030年）》等，从加强海岛管理的《关于加强滨海湿地保护严格管控围填海的通知》到促进海洋产业发展的《海岛海水淡化工程实施方案》，从海洋经济发展试点示范的《关于建设海洋经济发展示范区的通知》等到金融支持海洋经济发展的《关于改进和加强海洋经济发展金融服务的指导意见》。海洋经济是高质量发展的战略要地，从全国到地方、区域，均对海洋经济发展寄予期望并提出了要求，颁布推行了大量的政策措施以促进海洋经济的高质量发展。

（二）粤港澳大湾区建设为区域经济协同发展提供了历史契机

自2017年粤港澳大湾区首次被写入国务院政府工作报告，到签署《深化粤港澳合作 推进大湾区建设框架协议》，再到2019年《粤港澳大湾区发展规划纲要》印发实施，粤港澳大湾区建设为区域经济协同发展提供了历史契机。区域经济协同是指两个或两个以上的经济系统经过高效、有序的整合之后，通过相互协作来实现两个经济系统的共同发展，进而促进区域经济的整体发展。随着经济全球化加速，区域经济协同发展构筑的城市群成为最具发展活力的核心地区，例如，美国的大纽约区、大洛杉矶区和五大湖区三大城市群贡献了全美67%的GDP（国内生产总值），日本的东京、大阪-神户、名古屋三大城市群贡献了日本70%的GDP。我国近年来也在大力推动区域经济协同发展，从京津冀协同发展、长江经济带战略，到“一带一路”倡议，再到粤港澳大湾区建设，推行了一系列重大发展战略。区域经济协同打破了区域限制，促进了区域内经济要素的相互补给、高效整合和优化配置，有助于经济发展过程中要素耦合效应、技术波及效应、产业关联效应和共生经济效应的发挥。区域经济协同发展是推动区域经济和宏观经济发展的重要路径，是区域经济未来发展的重点方向。粤港澳大湾区区域经济协同发展具备良好的基础条件，在区位上，粤港澳大湾区处于“广佛肇”“深莞惠”和“珠中江”三大经济圈融合点，区位优势明显；在产业合作上，粤港澳大湾区已经具备较好的合作基础，大湾区内珠三角、香港、澳门产业格局具有比较优势，互补性强，区域产业合作空间广阔。

（三）粤港澳大湾区建设迎来全球经济产业创新的新时代

2008 年金融危机之后，世界发达国家意识到实体经济在经济发展中的重要性，因此纷纷转向制造业。新工业革命蓬勃兴起，世界产业正发生前所未有的深度变革。产业升级速度明显加快，新模式、新业态层出不穷，生产生活方式日新月异；结构调整力度空前，产业结构不再局限于三次产业，而是向着更加模糊的边界发展，一、二、三次产业相互融合、相互促进；新兴产业蓬勃发展，传统产业不再成为经济发展的重要支撑，新兴产业尤其是战略性新兴产业，以其高产出、高附加值、科技赋能而备受各国青睐。美国、日本、德国等先进工业国家纷纷出台振兴工业计划，将工业制造业的发展与当前最先进的信息技术融合，希望能为产业创新的全面发展奠定基础。

我国面临着第四次科技革命和工业革命的重大挑战。粤港澳大湾区在新时代发展阶段，具有建立中国产业创新中心的新使命和新任务。香港、广州、深圳已经成为中国乃至世界的重要科技创新地区和产业创新集聚区，“广深港澳科技创新走廊”等科技创新带将为粤港澳大湾区内部产业资源与科技资源的创新融合带来新的机遇。同时，广东有着深厚的工业基础，能为产业的创新发展提供大量的人才和资源。因此，粤港澳大湾区将使得湾区内部城市之间的产业联系更为紧密，创新资源流通更为迅速，推动制造业提升创新力和竞争力，提高产品质量和效益，抢占全球产业竞争制高点。

（四）海洋经济是粤港澳大湾区高质量发展的新动力

21 世纪是人类挑战海洋的新世纪，也是各国海洋经济竞争的新世纪。一方面，人口趋海移动和聚集加速，以及仍在加速的沿海城市化，需要有海洋经济提供巨大的资源支撑；另一方面，人类社会正在以全新的姿态向海洋进军，海洋经济带来巨大经济增量的同时，有望带动经济进入绿色发展轨道。湾区经济是海洋经济的独特形式，它是海洋与陆地合作的重要载体，是港口经济、集聚经济和新兴产业经济相互融合的独特形态。全球的湾区经济大多具有以下特征：高度开放、创新引领、区域融合、宜居宜业。高度开放是指湾区海运发达，港口城市成为交通枢纽与对外开放的门户，国际投资和国际贸易便利，经济开放性较强。创新引领是指由于湾区经济高度开放，更容易汇集全球资金、人才与信息，催生创新成果，推动新产业衍生与集聚，成为湾区经济发展的根本动力。区域融合是指湾区核心城市与周边城市形成良好的职能分工与协作，各城市在高端服务、教育科研、生产制造、生态旅游上各具特色，要素流动畅通。宜居宜业是指湾区城市大多自然环境优美，依山临海，适宜居住，环境优势加上文化氛围开放，易于吸引投资及发展新兴产业。粤港澳大湾区正是拥有以上特征的湾区，有着良好的资源禀赋优势、优越的海洋地理位置，因此粤港澳大湾区在发展海洋经济方面有着良好的先天条件。长期以来，粤港澳之间有着厚实的海洋经济合作基础，在港口联动、航运物流、海洋科研等方面都有不同程度的合作。《内地与香港关于建立更紧密经贸关系的安排》（CEPA）、《深化粤港澳合作 推进大湾区建设框架协议》等协议的签署，都加深了粤港澳大湾区的合作与要素流通。

二、研究意义

作为世界四大湾区之一的粤港澳大湾区，因海而生，与海共荣，天然具有海洋的基因与属性，做大做强海洋经济、加快构建现代海洋产业体系，将为粤港澳大湾区经济高质量发展提供强大引擎。海洋经济的发展既可以通过自身的经济增长带动区域经济增长，又能够通过海洋科技、海洋产业对其他产业的渗透和融合，带动国民经济其他部门的发展，并促进新产业与新业态的形成，从而进一步增强粤港澳大湾区的区域竞争力。

（一）粤港澳大湾区海洋经济协同创新增进了粤港澳三地之间的联系

加快推动粤港澳大湾区海洋经济协同创新，对湾区内城市群的海洋经济创新发展具有十分重要的意义。粤港澳大湾区海洋经济协同创新有利于共建粤港澳合作发展平台。改革开放以来，广东、香港与澳门就保持着紧密的合作关系。20 世纪 80 年代，广东与香港通过“前店后厂”的合作模式，广东迅速发展起自己的工业制造业基础，之后两地的经贸联系越发频繁。2003 年 6 月，中央政府与香港特区政府签署《内地与香港关于建立更紧密经贸关系的安排》，确定了两地在货物贸易、服务贸易和贸易投资便利化三大领域的开放措施和实施目标，此后又陆续签署了 10 个补充协议，进一步推动粤港澳三地合作。粤港澳大湾区海洋经济的协同创新发展是粤港澳三地深化改革开放、推进区域合作的重大举措和全新尝试。发挥粤港澳三地各自比较优势，搭建合作发展平台，有利于实现粤港澳三地海洋经济发展方面的互利共赢。通过积极探索开放、合作的新模式、新路径、新体制，集聚一流的国际化人才和企业等全球高端要素，搭建粤港澳空间、市场互联互通的桥梁，快速促进大湾区产业、成果、人才、资本、信息等创新要素便捷有效流动，通过粤港澳三地在海洋产业上的协同创新、优势互补，引领和带动粤港澳全面创新合作，促进大湾区海洋经济高质量发展。

（二）粤港澳大湾区海洋经济协同创新促进了粤港澳三地的产业升级

粤港澳大湾区海洋经济协同创新有利于湾区内现代海洋产业体系的构建。广东产业总体上处于全球价值链的中低端，虽然创造了大量就业机会，但技术含量和附加值相对较低，未来的转型方向是朝价值链的两端延伸，前端是技术研发环节，后端是市场拓展环节。香港当前主要产业集中在两头，一头是金融业，属于高增值、低就业的产业，另一头是低增值、高就业的产业，如物流、旅游、商贸等，缺乏科技、研发、制造等中间产业。澳门产业结构较为单一，博彩业一家独大，也面临着产业适度多元化的问题。粤港澳大湾区产业协作可以充分发挥粤港澳三地在产业上的互补优势，加强分工合作，培育高端引领、协同发展的开放型、创新型产业体系，即通过优化提升湾区内海洋渔业、海洋交通运输、海洋船舶等传统优势产业，培育壮大海洋生物医药、海洋工程装备制造、海水综合利用等新兴产业，集约化发展临海石化、能源等产业，加快发展港口物流、滨海旅游、海洋信息服务等海洋服务业，加强海洋科技创新平台建设，促进海洋科技创新和成果高效转化，推动三地产业链全面融合创新，共同打造具有国际竞争力的现代海洋产业体系，加快向全球价值链顶端迈进。

（三）粤港澳大湾区海洋经济协同创新是中国经济发展的新极点

粤港澳大湾区海洋经济协同创新有利于将粤港澳大湾区打造成为国际一流湾区。粤港澳大湾区具有天然的海洋属性、优越的海洋地理区位和独特的资源禀赋，在发展海洋经济方面有着良好的基础，海洋成为粤港澳大湾区协同创新、深化合作的战略要地。粤港澳大湾区在世界主要湾区中的经济地位不断攀升，已成为与东京湾区、旧金山湾区、纽约湾区并列的第四大湾区，经济总量、产业协同、基础设施、交通服务等都已经接近世界一流水平。粤港澳大湾区海洋经济协同创新将为我国在世界经济深度调整、科技竞争日益激烈的环境中赢得一席之地，对我国海洋强国建设、"一带一路"推进发展具有重要作用，更是我国经济发展新的增长极，并以创新发展为动力，引导产业链和价值链向高端迈进，有利于打造具有国际竞争力的产业先导区，成为世界经济发展的重要增长引擎。

三、研究方法

区域协同创新是指以实现区域协同发展为目的，突破发展壁垒，推动要素和结构"新组合"，形成区域发展新格局。区域协同创新，是包括微观层面的要素整合、中观层面的产业结构优化、宏观层面的制度创新在内的多层次协同创新。粤港澳大湾区海洋经济发展包括三个层面的协同创新：海洋经济要素整合、海洋经济产业结构优化、海洋经济制度创新。因此，本书关于粤港澳大湾区海洋经济协同创新将从微观、中观、宏观三个层面，围绕要素协同、产业协同、制度协同开展研究。根据研究主体和内容的不同，本书采用了不同的研究方法。

关于粤港澳大湾区海洋经济要素协同创新，除对海洋自然要素、海洋社会要素、海洋环境要素进行现状梳理外，本书还利用包括广东省在内的11个沿海省区市2006—2015年的数据，通过相关性分析，探讨海洋要素资源分布与海洋经济的相关性；通过面板回归固定效应模型（FEM），考察海洋要素资源分布对海洋经济增长的影响。同时，本书利用熵值法拟合海洋环境综合指数，并通过基于数据包络分析（DEA）的Malmquist指数生产率模型，对海洋全要素生产率指数进行测算和分解。

关于粤港澳大湾区海洋经济产业协同创新，本书深入分析了海洋产业竞争力的影响因素，并构建了海洋产业竞争力评价指标体系，采用主成分分析评价模型计算了样本数据综合得分，由此对海洋产业竞争力进行评价。

关于粤港澳大湾区海洋经济制度协同创新，本书通过海洋经济制度创新的演进、案例对比的方法，梳理了海洋经济发展在制度创新方面的现状，并论证了政府主导作用的发挥与职能转变，从海洋产权制度、海洋科技创新制度、金融支持海洋经济发展的制度、海洋生态文明制度等方面阐释了海洋经济要素制度创新的重点。

四、结构安排

本书围绕粤港澳大湾区海洋经济的要素协同、产业协同、制度协同三个层面开展研究，因此，包括基础性的理论综述和现状梳理在内，本书的主体结构分成五大板块，分别是理论篇、现状篇、要素篇、产业篇和制度篇。

第一篇为海洋经济协同创新发展理论研究，包括第一、第二、第三章。第一章聚焦粤港澳大湾区海洋经济协同创新的理论研究，从区域协同创新理论和海洋经济理论着手，探讨粤港澳大湾区海洋经济协同创新的新内涵，并提出粤港澳大湾区海洋经济协同创新的动力机制。第二章聚焦海洋产业创新发展的相关理论，分别从海洋传统产业和海洋战略性新兴产业两个维度，探讨海洋产业创新发展的影响因素和理论机制。第三章聚焦海洋经济制度创新理论，在梳理海洋经济制度创新与有为政府二者的辩证关系的基础上，提炼出海洋经济制度创新的内在逻辑。

第二篇为粤港澳大湾区海洋经济现状分析与比较，包括第四、第五、第六章。第四章分析粤港澳大湾区海洋经济发展现状、海洋科技创新现状，充分把握粤港澳大湾区海洋经济在发展和科技创新方面存在的问题。第五章梳理世界著名湾区海洋经济发展的概况，总结三大湾区海洋经济发展模式，为粤港澳大湾区海洋经济的创新发展提供经验借鉴。第六章从粤港澳大湾区海洋经济协同创新的基础条件出发，以海洋产业为主体进行互补性分析，并分析粤港澳大湾区海洋经济协同创新发展面临的问题和挑战。

第三篇为粤港澳大湾区海洋经济要素协同创新研究，包括第七、第八、第九章。第七章分析粤港澳大湾区海洋自然要素、海洋社会要素、海洋环境要素的供给情况，并进一步探讨海洋要素资源分布与海洋经济的相关性，考察粤港澳大湾区海洋要素资源与海洋经济发展的匹配度。第八章根据包括广东省在内的11个沿海省区市2006—2015年的数据构建海洋环境综合指数，并使用DEA方法测度海洋全要素生产率指数，从全国层面横向对比考察粤港澳大湾区海洋供给要素的经济效率。第九章基于前两章的分析，总结粤港澳大湾区海洋要素资源利用存在的问题，并提出海洋经济要素的优化路径。

第四篇为粤港澳大湾区海洋经济产业协同创新研究，包括第十章到第十三章。第十章介绍粤港澳大湾区海洋经济产业发展优势、产业合作现状，并剖析海洋产业发展存在的问题。第十一章分析海洋产业竞争力的影响因素，并构建海洋产业竞争力评价指标体系，采用主成分分析方法对粤港澳大湾区海洋产业竞争力进行评价。第十二章探讨海洋传统产业和海洋战略性新兴产业的创新发展路径，并据此提出粤港澳大湾区海洋产业协同创新的路径选择。第十三章对应第十二章的产业协同创新路径，突出介绍海洋传统产业、海洋战略性新兴产业及粤港澳大湾区海洋产业协同创新发展的重点领域。

第五篇为粤港澳大湾区海洋经济制度协同创新研究，包括第十四、第十五章。第十四章从海洋经济发展制度创新的演进、制度创新存在的问题以及英美日韩等发达国家海洋经济制度创新的经验借鉴等方面，逐步梳理海洋经济发展制度创新现状。第十五章从政府主导作用发挥与职能转变入手，继而从海洋产权制度、海洋科技创新制度、金融支持海洋经济发展的制度、海洋生态文明制度等方面阐释海洋经济要素制度创新的重点，最后提出粤港澳大湾区海洋经济制度创新的路径。

第一篇

海洋经济协同创新发展理论研究

粤港澳大湾区海洋经济协同创新包括要素整合、产业结构优化、制度创新三个层面的协同创新，本书主要从微观、中观、宏观三个方面围绕要素协同、产业协同、制度协同开展研究。回归理论是一切研究的基础和前提，本篇将全面梳理海洋经济协同创新发展理论，并提出基于要素、产业、制度三个层面开展粤港澳大湾区海洋经济协同创新研究的内在逻辑，为后续研究奠定基础。

本篇理论研究包括三章主体：第一章聚焦粤港澳大湾区海洋经济协同创新理论研究，从区域协同创新理论和海洋经济理论着手，探讨粤港澳大湾区海洋经济协同创新的新内涵，并提出粤港澳大湾区海洋经济协同创新的动力机制。第二章聚焦海洋产业创新发展的相关理论，分别从海洋传统产业和海洋战略性新兴产业两个维度，探讨海洋产业创新发展的影响因素和理论机制。第三章聚焦海洋经济制度创新理论，在梳理海洋经济制度创新与有为政府二者辩证关系的基础上，提炼出海洋经济制度创新的内在逻辑。

第一章　粤港澳大湾区海洋经济协同创新理论研究

海洋经济协同创新是一项复杂的系统工程和长期的战略任务，是推进海洋科技创新的重要形式，是提高海洋企业自主创新能力、实现科技创新与产业发展紧密结合的有效手段。本章聚焦粤港澳大湾区海洋经济协同创新理论研究，从区域协同创新理论和海洋经济理论着手，探讨粤港澳大湾区海洋经济协同创新的新内涵，并提出粤港澳大湾区海洋经济协同创新的动力机制。

一、区域协同创新的理论基础

（一）相关概念

1. 协同创新

“协同创新”一词首先由美国学者彼得·葛洛（Peter Gloor）于2006年提出，他认为协同创新是拥有共同意愿的人组成网络组织，并借此交流思路，分享信息、创意和研究成果，合作实现共同目标的活动。此后许多学者从不同的角度对协同创新进行了研究。Eva S. 和 Jacob T. 认为企业协同创新的关键在于知识力、创造力、想象力、变革能力等，并且企业对知识的保护程度越高，协同创新能力就越高。David J. K. 等认为协同创新是指打破企业之间的界限，分享知识、创意、专业技术等，使得大、中、小企业均能致力于战略性创业的过程。许庆瑞、谢章澍（2004）认为，协同创新的实质是以制度、技术要素的相互作用而形成的协同创新行为。陈劲、阳银娟（2012）认为，协同创新是政府、企业、高校及科研机构围绕知识增值这一核心，促进创新主体与要素资源无障碍流动的过程。当前学界普遍认为，协同创新通常是指创新主体通过彼此间创新要素的融合互动，实现效应最大化的一种创新组织模式。结合前人的研究，本书将协同创新定义为由各创新主体参与，通过互动与协调，突破创新主体间的壁垒，促进创新要素的交流和协作，充分释放彼此间人才、资本、信息、技术等创新要素活力而实现深度合作，进而实现整体效益协同的过程。

2. **区域创新系统**

库克（1992）在《区域创新系统：全球化背景下区域政府管理的作用》一书中创造性地提出了区域创新系统的概念，区域创新系统强调系统间通过垂直或水平模式相互影响、相互作用。库克认为区域创新系统是由在地理上存在分工和关联的生产企业、研究机构、高校等主体构成的区域性组织体系，该系统的主要功能是推动区域内的知识创新、技术创新、知识传播和知识应用，根本任务是要将技术创新内化为区域经济增长动力，推动区域产业结构转型升级和经济高质量发展。兰布伊（2002）认为，区域创新系统是由区域内的合作生产者构成的一个互动结构，在促进区域内经济主体发挥效能的同时，有效引导政府和组织建立认知体系，构筑起企业网络。通常来说，区域创新系统是依托区域内的创新资源，构建的推进知识创造与创新链建立、实施创新驱动和扩散的有机体系，由创新环境、创新主体、创新资源三部分构成，具有地域性、系统性、网络性、根植性、动态性五大特征。

3. **区域协同创新**

区域协同创新是指区域范围内的各创新主体打破壁垒，通过创新要素的融合互通，大规模地进行资源整合，促进技术研发转化，以实现区域协同效益最大化（张玉臣，2009）。区域协同创新立足于区域层面，是以技术创新带动整个区域发展的综合性创新，是一种更高效、更复杂的创新过程。区域协同创新有广义和狭义两种概念：狭义的区域协同创新是指区域内各创新主体进行科技创新的协同，区域内科研机构、科研人员和科研项目协同合作，推动区域联动创新，实现创新效益最大化；而广义的区域协同创新则不只局限于科技创新，而是整体的协同创新，通过整体统筹，促进要素协同，优化资源配置，推动区域内社会、经济、人口等多层面协调发展，以实现区域创新能力的协同提升。

比较优势是区域协同创新的基础，尤其是在构建区域协同创新系统的初期阶段。根据比较优势理论，区域间进行协同创新不仅是通过劳动分工提高本区域的创新能力，更主要的是通过比较优势整合创新资源，以获取单一的专业化无法获得的整体协同效应。各区域创新要素的禀赋存在差异，创新环境的优势和创新资源的占有各有不同，即各区域创新资源相对而言均存在“不完善性”，而具有创新比较优势的区域则充分利用优势吸引、集聚创新要素，在区域间产生知识流、信息流等创新要素流，继而构建、形成区域协同创新网络。要素自由流动是区域协同创新的必要条件，创新知识和技术的扩散、转移需要以创新网络为依托，而创新网络的构成源于创新主体之间的要素流，可见创新要素流动是区域协同创新的必要条件。创新要素在区域间的无障碍流动，有利于创新主体进行创新要素的交流整合，优化资源要素配置，提高创新效率，产生整体协同创新效应。

当前，有不少学者就区域协同创新问题展开研究。陈丹宇（2010）构建了区域创新系统的整体协同度模型，用以测度长三角区域创新系统的协同效应，研究发现长三角地区协同创新还存在分工不明、重复研发和过度竞争等诸多问题，区域创新协同度会直接影响区域创新效率，整体创新协同的缺乏制约了长三角地区创新资源的使用效率。康健 等（2014）从互动指标、个性指标和共性指标三个维度构建了三螺旋协同创新能力评价指标体系，并从理论和实践层面分析了区域产业互动的三螺旋协同创新能力评价方式。邓富民等（2014）从知识转移度、创新主体有序度两个维度构建了区域协同创新能力指标体系，并测度 2011 年我国 13 个省市创新协同能力，结果发现北京、江苏、上海等地区的协同创新能力较强，而河北、河南、湖南等地区的协同创新能力较弱。李美娟 等（2017）从协同辅助条件、协同创新产出、协同创新合作三个维度构建了区域协同创新能力评价指标体系，并据此分析 2009—2013 年我国 31 个省市的区域协同创新能力，结果发现我国 31 个省市协同创新能力整体不强，地域之间差异化明显，协同创新能力东部地区最强，中部和东北地区处于中游水平，西部地区较弱。

（二）区域协同创新的作用

1. 优化资源配置，提升创新效率

区域内创新主体通过创新资源要素的快速流动、集聚和共享，优化资源

配置，有利于资源要素的高效利用，促进区域协同配合。如果区域协同创新系统未达到协同状态，要素资源不能充分流动共享，则会出现重复研发、重复建设、过度竞争等负面效应，这些问题会导致区域协同创新系统内耗严重，系统创新效率低下。而区域的良性互动可以加快创新资源要素的顺畅流动，促进创新成果的开放共享，可以减少或消除内耗等不利影响，推动区域协同创新系统有序发展，提升创新的效率和速度，产生“1+1>2”，即整体大于部分之和的效应。

2. **产生规模效应，降低创新成本**

区域协同创新促进创新要素的动态集聚，扩大了创新生产的规模，进而产生规模经济，降低创新成本。一是区域协同创新扩大了创新规模，集群式规模创新效应可以降低创新成本，优化资源配置，促进资源要素的高效利用，获得比传统创新更好的经济效益。二是区域内创新主体通过协同创新共建公共技术平台、信息资源平台等创新平台，共享知识、信息等创新要素，避免重复投资、重复建设，大幅提高创新资源的利用效能，有效节约创新成本。三是区域内创新主体通过持续的交互协作，增强创新合作互信，达成协同创新共识，共同营造协同创新文化，降低了区域创新的组织沟通成本和制度文化成本，优化了区域协同创新的环境，强化了对区域协同创新主体的支撑。

3. **分散创新风险，共享协同剩余**

区域协同创新集中区域创新力量，促进创新主体优势互补，共建创新价值链，激发区域协同创新效应，实现了创新活动的风险共担、收益共享。关于分散创新风险，区域协同创新系统通过区域内更多的创新主体参与创新合作，能集中优势创新资源，降低科技创新的不确定性，提高创新活动的成功率，并且创新失败带来损失的风险由区域内更多创新主体共同承担，有效分散风险，从区域整体上增强了创新系统的风险抵御能力。关于共享协同剩余，区域协同创新系统可以充分发挥整体优势，通过资源要素的相互作用，不断形成新的有序性和平稳性，产生超过子系统加和的协同效应，放大整体功能，通过功能倍增或涌现效应形成协同经济，使得区域内创新主体共享协同剩余。

（三）区域协同创新的动力因素

区域协同创新通过协调社会、经济、文化、人口、环境等多方面因素，以此为动力，加快创新要素的融合互通，促进技术研发转化，实现区域间优势互补、互利共赢和协同发展。

1. **内部动力**

区域协同创新的内部动力因素是驱动区域创新主体整合创新要素、进行协同合作的内在因素，包括创新主体的协同需求、企业家精神、创新主体间的信任等。

关于协同需求。创新主体的协同需求是区域协同创新的根本动力。在创新活动中，由于创新过程复杂、创新要素不完善等，大部分创新主体都无法单独完成创新行为，需要通过协同创新的方式参与合作，寻求资源互补与共享，即创新主体产生了协同创新需求。例如，企业由于新产品、新技术的研发能力不足，难以满足顾客的产品需求，而以协同创新的方式与科研机构或高校开展合作，获取知识溢出效应。

关于企业家精神。企业家精神是指某些企业领导者所具有的组织土地、劳动力、资本等资源要素进行生产活动、寻找商机以及开展新的商业模式的领导才能，是一种积极创造并不断开拓进取的精神。创新主体的领导者具有企业家精神，能够激励企业员工勇于创新、开拓进取，激发创新主体的创新积极性，促进区域协同创新发展。

关于创新主体间的信任。创新价值链从要素整合到研发、制造，再到商品化，直至产业化，涉及多个环节，需要多个创新主体共同参与，而信任作为协同合作的基础和前提，是区域协同创新的催化剂，只有创新主体之间建立充分的信任关系，才能更好地推动区域协同创新。

2. **外部动力**

区域协同创新的外部动力因素是指促进区域创新主体进行协同合作、独立于创新主体之外的影响因素，包括政策制度、市场需求等。

关于政策制度。政策制度对区域协同创新系统具有规划指引和支撑保障的作用，如人才政策、财政金融政策等可以引导区域要素交互作用，激发创新主体的创新活力，促进创新主体合作交流，增强区域创新的协同性。

关于市场需求。市场需求引导了产品改进和技术创新的发展需要，仅凭单个创新主体难以实现技术突破和产品创新，而各创新主体为了满足市场需求则必须集聚优势，通力合作，因而市场需求是区域协同创新的根本动力。

二、海洋经济理论研究

（一）海洋经济的概念及特征

1. 海洋经济的概念

自“海洋经济”提出至今，关于这一概念仍未形成统一的观点。杨金森（1984）认为海洋经济是以海洋为中心并对其资源深入利用的全方面的经济行为。柳时融（1993）认为，海洋产业是经济主体的投入物和产出物对于海洋这一地理的、空间的特殊环境的需要及供给具有相关性的所有产业的集合。陈万灵（1998）提出，海洋经济是在海洋领域内进行资源利用的全部经济行为。徐质斌（2006）认为，海洋经济是依附于其内部要素开展的经济行为，包含资源依赖、开发环境及其他各种类型的经济行为。《全国海洋经济发展规划纲要》提出，海洋经济是开发利用海洋的各类产业及相关经济活动的总和。《海洋学术语　海洋资源学》将海洋经济描述为人类在开发利用海洋资源过程中的生产、经营、管理等活动的总称。

国外对海洋经济也有不同定义。《美国海洋政策要点与海洋价值评价》认为海洋行业是以海洋为基础的行业，即借助地域条件充分开发海洋资源，在此基础上进行的经济行为。美国把海洋产业定义为在生产过程中利用海洋资源，或者因某些源于海洋的特性，生产所需要的产品或服务活动。加拿大定义海洋产业为以加拿大海域及其相邻沿海地区为基础或为依托进行经济活动、获取收入的产业。澳大利亚认为海洋产业是利用海洋资源进行生产，或把海洋资源作为主要投入的生产活动。

2. 海洋经济不同于陆域经济的特征

海洋经济与陆域经济同是国民经济的组成部分。从发展顺序来看，海洋经济是陆域经济向海洋的拓展和延伸，海洋产业与陆域产业往往属于同一个产业价值链的不同环节。因此，一国陆域经济已有的生产力水平以及技术水准，构成了该国海洋经济发展的重要起点和基础。此外，陆域经济发展过程中所提供的经验和教训，也为海洋经济的发展提供了宝贵的借鉴。海洋经济不同于陆域经济，其发展有着自身的外在要求和内在特点。

（1）资源依赖型特征。

海洋经济系统具备一定的独立性，海洋经济的发展对海洋资源具有高度依赖性。从海洋经济本身的涉海性要求来看，一个国家（或地区）若没有一定面积的管辖海域，没有一定规模的可供研究和开发利用的海洋和海洋资源，就谈不上发展海洋经济。一个国家（或地区）管辖的海洋面积越大，所拥有的各类海洋资源总量越多、质量越高，其发展海洋经济的潜力就越大。海洋产业经济系统中的某些产业如海洋渔业、海洋盐业、海洋运输业等的发展基本具有依赖海洋资源要素的属性和特征。

（2）技术密集、资金密集和高风险特征。

和陆域经济系统相比，海洋经济系统更突显技术开发的高精尖化，而海洋科技成果再转化为现实生产力的过程也需要资本市场和创新产业的高效结合。没有海洋科学技术的迅猛发展，就没有现代海洋经济的出现。海洋高新科学技术的密集研发和应用，一般伴随着高额的资金投入，现代海洋经济产业的技术密集型特征决定了其资金密集型特征，从而使这种风险高、投资周期长、专业化程度高的经济系统得以有效运转。同时，现代海洋产业的高风险性也需要资本和技术的支撑。对人类而言，海洋的不确定性要比陆域高，从事海洋经济活动是高风险、高投入行为，需要加强金融体系对这一领域的风险规避，并保障海洋经济活动的资金融通。

（3）国家主导型特征。

目前，几乎所有国家都将管辖的海洋资源界定为国家所有。特别是在我国，海洋资源的国有属性非常明确。但是，国家不可能直接进行海洋资源的开发利用和经营，必须授权涉海企业、单位或个人来进行。这些涉海企业、单位和个人是海洋经济活动的真正主体，也是海洋经济参与国际竞争的真正主体，各级政府的海洋相关部门只是承担管理、监督、服务和协调的责任。海洋资源开发利用和综合管理体制以及相关法律法规的制定和完善，是确保海洋经济持续健康发展的重要保障。此外，海洋经济对技术、资金和宏观管理方面的需求，都有赖于国家提供制度、法律、政策等方面的服务与支持。国家的制度、政策和公共服务的供给对海洋经济的发展至关重要。

（4）较强的多行业性、多学科性和国际合作性特征。

海洋经济涉及多学科、多行业的广泛合作。目前，我国海洋工作就涉及许多部门和行业，从地质、地理、水文、气象到测绘，从水产、盐业、航运、矿产、石油到旅游，从政治、经济、法律到军事等，涵盖了20多个行业和部门。现代海洋开发工程量大，如大规模的海洋调查和勘测、海底油气开发、深海锰结核的勘探与试采、南极磷虾的调查与捕捞、水产的增殖放流、海上污染的控制、海底隧道工程等，这些海洋开发工程不仅同时涉及几个国家的利益，而且需要的资金数量巨大，技术难度大，这就客观上要求必须加强国际合作，采取联合行动。

（二）海洋经济的多层次协同创新

基于海洋经济的特征，构建具有海洋特色的协同创新模式，是提高海洋科技创新能力、加快海洋经济发展的重要举措。从区域协同创新的角度来看，区域协同创新是包括微观层面的要素整合、中观层面的产业结构优化、宏观层面的制度创新在内的多层次协同创新。海洋经济的协同创新是从加强要素协同创新出发，提高要素供给质量，打破区域之间的创新壁垒，通过体制机制协同，优化要素配置，扩大有效供给，提高海洋经济全要素生产率，沿着价值链推进海洋产业协同创新发展。因此，海洋经济的协同创新包括三个层面：海洋经济要素整合、海洋经济产业结构优化、海洋经济制度创新。

1. 海洋经济要素整合

海洋经济的要素供给可以从自然要素、社会要素、环境要素三个方面进行分类分析。其中，自然要素是指依托海洋基础自然属性形成的要素禀赋条件，反映可供开发利用或具有潜在利用价值的海洋资源，由大陆海岸线长度、海域面积等海域资源，湿地面积、海洋捕捞量等生物资源，原油产量、风能发电能力等能源资源，矿业产量、海盐产量等矿产资源，以及所属海洋主体功能区等空间特征资源组成。海洋优质资源越多，经济种类越丰富，海域功能越全，海洋资源及空间优势越明显，海洋自然要素供给条件就越优越。社会要素由涉海就业人数、涉海科技人员数、涉海企业的创收能力等组成，反映海岸带的生计与经济状况。环境要素可划分为海洋生态环境要素及海洋政策环境要素，既包括海洋经济发展的生态环境、基础设施，也包括海洋经济发展的政府管理力度，由海洋生物多样性、海洋风险承载力、海洋环境容量、海洋港口等基础设施建设水平、政府管理水平、海洋文化认同感等组成。海洋经济增长有赖于上述资源要素的综合作用，对海洋经济要素的合理、有效调节与控制能力，决定着地区海洋经济发展的规模、结构与水平。但目前而言，囿于传统发展路径依赖、海洋科技创新能力不足等方面的叠加影响，我国海洋经济发展方式依然粗放，区域海洋创新体系尚不健全，海洋创新链、海洋资本链与海洋产业链之间的耦合不足，海洋产业原创技术、共性技术、关键技术支撑乏力的问题更为凸显，迫切需要通过海洋要素协同创新来提升海洋经济全要素生产率，提高海洋资源要素利用率。

2. **海洋经济产业结构优化**

海洋经济产业结构指各海洋产业的构成及各产业之间的联系和比例关系。海洋产业结构是否合理，对一个国家海洋经济的发展至关重要。优化海洋产业结构，需要推动产业协同创新，加快改造和提升海洋传统产业，积极培育海洋战略性新兴产业，有效化解产能过剩，实现海洋产业“量质双升”。现阶段我国海洋产业的协同创新发展仍存在问题：一方面，绿色安全海洋水产品、高品质的滨海旅游服务供给不足，海洋生物医药、海洋化工业等科技含量较高的海洋第二产业发展缓慢，供给结构已不适应需求结构的快速变化；另一方面，低端海洋产业重复建设和产能相对过剩问题严重，占据了大量稀缺的海域海岸线资源。“有供给无需求、低效率的供给抑制有效需求、有需求无供给”等现象普遍存在，而这些问题的本质就是海洋产业结构不合理造成供需错位，现有供给无法满足有效需求。海洋经济要想实现长期健康发展，势必要构建以海洋科技为核心的协同创新系统，完善创新价值链，以海洋产业创新推动海洋产业结构优化。

3. **海洋经济制度创新**

区域发展政策及制度设计对海洋经济发展也会产生重要影响。随着世界政治经济格局的迅速变革，我国原有的政府海洋管理体制已逐渐暴露出诸多制约海洋经济可持续发展的新问题、新矛盾。从制度端来看，海洋管理机制尚不健全，海洋、海事、海警、边防等涉海部门职能交叉、多头执法等“越位、缺位、错位”问题并存，严重制约了海洋生态保护与海洋开发管理的统筹力度。在规划性政策层面，“多规合一”引领下的海洋经济发展水平亟待提升，涉海专项规划与国民经济和社会发展规划、城市总体规划、土地利用规划的衔接度仍然不高。在保障性政策层面，陆海统筹、河海兼顾、区域联动的海洋综合管理顶层设计缺乏，财税、金融、科技促进海洋经济转型升级的系统性政策支撑体系尚不健全。在约束性政策层面，海洋生态补偿机制、海洋环保产业政策、海洋环境污染责任追究制度等“硬约束”欠缺，海洋生态保护的主体、职责、权限及标准并不明确，海洋生态文明制度体系亟待完善。随着我国“维护海洋权益，建设海洋强国”战略的提出，加快海洋管理体制创新的重要性日益凸显，迫切需要以海洋经济制度的协同创新来优化政府治理水平，促进区域海洋经济的创新发展。

（三）海洋经济理论研究

1. 国外研究现状

国外海洋经济的相关研究涉及海洋战略、海洋企业、海洋生态等多个领域，主要视角集中在合理开发海洋资源、维护海洋生态系统的稳定性等技术层面，对海洋产业结构转型升级、海洋经济增长及空间布局优化等研究较少。

随着海洋经济不断发展，国外关于海洋经济的研究主要体现在各国政府适时制定的战略、政策以及计划上。20 世纪 80 年代以来，美国、日本、英国、法国和德国等国家分别制定了海洋科技发展规划，提出了优先发展海洋高新技术的战略决策，期望在 21 世纪世界海洋政治、经济和军事等各方面的竞争中占据有利地位，同时也期望使海洋经济成为国民经济新的增长点。各国的海洋经济发展战略反映了海洋经济的重要地位，以及各国在海洋经济领域的研究成果。美国在《1995—2005 年海洋战略发展规划》（1995）中指出，要重点发展海洋监测技术，提高天气、气候、海洋等方面的预报和评价水平。日本在《海洋开发基本构想及推进海洋开发方针政策的长期展望》（1990）中确定国家的重点发展领域为海洋生物技术、海洋矿产资源开发技术、海水资源开发技术、海洋空间利用技术、海洋探测技术、海洋通用技术、海洋能利用技术七个领域。1989 年英国海洋科学技术协调委员会向政府提交了《90

年代英国海洋科学技术发展规划》，提出今后数十年英国海洋科技发展规划及主要研究领域有海洋遥感、海洋环境，涉海的电子和电气工程研究及其材料、结构物、系统的研究，以及海洋研究和勘探所需的先进仪器的开发与应用。《法国海洋科学技术研究战略计划》（1996）指出其战略计划要点是沿海环境研究、海洋生物资源开发、深海矿物资源勘探、海洋与气候之间关系的研究。《澳大利亚海洋产业发展战略》（2003）指出，海洋旅游业和海洋油气业是其主要发展的海洋产业，其他重要的产业部门还包括军用舰船制造业、渔业和海运业。

国外海洋经济研究的另外一个重点方向是海洋经济的可持续发展研究。Niels Rorholm（1967）研究了 13 个海洋产业部门对新英格兰南部地区的经济影响，运用投入产出法得出了一些衡量海洋产业经济影响的尺度，提倡海洋经济要可持续发展。布尼奇（1977）在《世界大洋经济学》中提出了海洋经济要协调发展的理论和海洋经济空间组织方案。里约联合国环境与发展大会（1992）通过的《21 世纪议程》中指出，海洋是全球生命支持系统的基础组成部分，是人类可持续发展的重要财富。其中的第 17 章，即关于海洋 21 世纪议程部分，对海岸带、近海、国家管辖海域以至公海和深海的环境保护作出了详尽规定，并提出了相关的政策措施。至此，海洋经济可持续发展理论正式形成，海洋经济可持续发展理论的研究也逐步兴起。Airfield John G.（2001）认为良好的海洋生态环境是海洋资源可持续利用的前提。Garcia Montero 和 Guillermo（2002）对海岸带经济综合性管理规律进行了研究，认可了可持续发展的重要性。Read Paul et al.（2005）对海洋水产业的环境影响进行分析，并建立了相应的模型，提出要可持续地发展海洋产业。

国外对海洋经济供给侧进行细化的研究成果主要集中在以下两方面：一是海洋经济对国民经济影响的研究，主要运用经济增长理论及相关计量模型，测算海洋经济对国民经济和就业的影响。如 Kwak. S. J.，Yoo S. H.，Chang J. I.（2005）利用 1975—1998 年的数据，分析了海洋产业对韩国经济的带动作用；Y. Shields，J. O. Connor，J. O. Leary（2005）评估了 1995—2003 年海洋渔业、海洋旅游业、造船业、港口产业等海洋产业对澳大利亚国民经济的贡献。二是以细化的海洋产业为研究对象，关注海洋经济的可持续发展。如 Csirke（2005）指出，高强度开发渔业资源会严重影响渔业的可持续发展，部分渔业种群已面临枯竭风险；R. Gori, S. Adlerstein, D. Alvarez－Berastegui, et al.（2008）探讨了地中海渔业保护区内的渔业资源保护问题。

2. **国内研究现状**

国内海洋经济研究初始于 1978 年（于光远、许涤新，1978）。学者们对海洋经济要素、海洋产业结构、海洋经济制度三个层面的协同创新发展开展了如下研究。

（1）海洋经济要素优化。

陈可文（2003）对海洋微观经济理论问题进行了系统描述，将海洋市场分为产品和要素两类市场，并对各类市场分别按照完全竞争、完全垄断、垄断竞争和寡头垄断四种结构进行归纳，初步描述了海洋水产品市场、海洋油气和海盐及矿产品市场、海洋运输服务市场、海域使用市场、海洋资本市场、海洋劳务市场、海洋经营者市场等的具体结构特点和价格决定机制。国内海洋经济要素结构优化的文献基本集中于这几个方面：第一，海洋产业要素投入问题，主要集中在投入要素的优化配置与“交互效应”研究，认为我国海洋经济要素配置存在扭曲，固定资产投资仍是推动我国海洋经济增长的重要因素，但海洋科技的重要性正日益凸显。第二，海洋技术进步的贡献度研究，集中在海洋技术进步对海洋主要产业以及区域海洋经济的推动作用方面，指出发达国家海洋科技进步在海洋经济发展中的贡献率高达 80%左右，而我国目前仅为 20%左右。第三，海洋经济全要素生产率研究，通过海洋经济产业结构层面的研究，分析其效率提升的可能性。国内主要采用数据包络分析（DEA）模型和随机前沿分析（SFA）模型测算区域海洋经济的技术效率，结果显示我国海洋经济全要素生产率的提升主要由技术进步决定，且技术效率呈上升趋势。

（2）海洋产业结构优化。

孙斌、徐质斌（2000）指出，海洋产业是指开发利用和保护海洋资源而形成的各种物质生产和服务部门的总和，包括海洋渔业、海水养殖业、海水制盐业及盐化工业、海洋石油化工业、海洋旅游业、海洋交通运输业、海滨采矿和船舶工业，还有正在形成产业的海水淡化和海水综合利用、海洋能利用、海洋药物开发、海洋新型空间利用、深海采矿、海洋工程、海洋科技教育综合服务、海洋信息服务、海洋环境保护等。海洋产业是一个不断扩大的海洋产业集群，是海洋经济的实体部门。陈可文（2003）应用海洋产业发展的时序和技术标准把海洋产业划分为传统海洋产业、新兴海洋产业和未来海洋产业，并把新兴海洋产业和未来海洋产业称为海洋高技术产业，认为我国海洋高技术产业主要包括海洋油气产业、海洋生物技术及其相关海水养殖产业、滨海旅游业、海水淡化和海水利用产业、深海采矿产业、海洋药物产业、海洋能产业、海洋仪器制造业和海洋信息服务业等。韩立民、文艳（2004）以分析海洋科技产业的内涵、特征、现状为出发点，系统阐述了海洋科技产业城的功能定位理论，并在此基础上提出关于构建我国海洋科技产业城的发展战略及其目标和部署。李芳芳、栾维新（2005）以知识经济和海洋开发为大背景，浅析了知识经济与海洋高新技术产业的关系，指出了在知识经济时代下发展海洋高新技术产业最迫切的问题，并提出了相应的对策。我国学者从分析海洋三次产业结构演进趋势入手，探讨海洋产业结构与海洋经济增长之间的关系，指出传统的资源依赖型海洋产业对海洋经济增长的贡献不断减少，海洋服务业等高附加值海洋新兴产业具有较大的发展潜力。

（3）海洋经济制度优化。

文艳、倪国江（2008）分析了澳大利亚的海洋经济发展战略，解析了由澳大利亚海洋产业和科学理事会负责编制的《海洋产业发展战略》所涉及的海洋经济发展的原则、内容和具体实施细则，并由此提出了海洋经济发展中的政府规制范围和目标等相关问题。于谨凯、李宝星（2007）在对我国海洋高新技术产业发展模式进行阶段性分析的基础上，借鉴美国、日本以及英国发展海洋高新技术产业采取的战略和措施，提出了我国海洋高新技术产业发展的策略，包括合资、产业科技园以及发展海洋高新技术企业模式等。刘明（2008）从海洋产业发展、海洋资源供给、海洋科技以及海洋环境治理及保护四个方面构建了海洋经济可持续发展评价指标体系。

3. 文献综合评价

前期文献有以下特点：第一，对海洋经济相对于陆域经济的特殊性未能深入剖析，对海洋经济独有的发展阶段划分尚需深入。由于要素的趋利性，在海洋经济制度供给不足的情况下，生产要素很难主动向海洋产业部门集聚，而长周期内海洋经济的增长是由要素禀赋以及要素配置效率（即由技术、制度、文化等因素决定的“全要素生产率”）决定的，海洋经济要素供给的有效刺激不足的现状尚未成为理论界的研究重点。第二，针对海洋经济的定量研究主要是对现状的解释，通过这些研究很难找到海洋经济的统一量化测评标准，目前的研究尚未将海洋经济要素投入、结构调整、技术进步、制度环境改善等因素与海洋经济对区域经济带动效应的提升同时纳入量化评价体系。第三，目前对海洋经济协同创新的政府作用和制度环境的研究近乎空白，保障海洋经济开发的制度供给不足（孙才志 等，2015），海洋经济效率改善缺少理论基础和着力点。第四，我国以往的区划工作多集中在陆地系统，对海洋系统的关注很少。在“一带一路”倡议下，加强海洋国土的区划规划以优化空间格局，值得进一步探讨。

三、粤港澳大湾区海洋经济协同创新理论研究概述

（一）粤港澳大湾区海洋经济协同创新发展的新内涵

1. 转型升级与产业链全面融合创新

转型升级与产业链全面融合是粤港澳大湾区海洋经济协同创新发展的应有之义。粤港澳大湾区海洋经济协同创新发展要适应经济高质量发展的要求，以发展质量和效益为核心，提升创新型经济比重，优化海洋产业结构，推动大湾区涉海产业链全面融合创新。

当前，粤港澳大湾区海洋经济正从要素驱动过渡到创新驱动、服务驱动阶段，仍存在产业结构低端、创新驱动作用不显著等问题。以海洋产业结构为例，涉海服务业比重偏低，涉海制造业内部存在结构性失衡的问题，海洋工程装备制造业、海洋生物医药制造业等的核心零部件、核心技术仍受制于人，迫切需要通过增加研发投入、加强产学研合作、实现制造业服务化等途径，促进粤港澳海洋产业链全面融合、分工合作，实现海洋经济高质量协同发展。

2. 协同研发与新业态共育创新

加大协同创新力度、共育新业态是粤港澳大湾区海洋经济协同创新发展

的必然要求。习近平总书记强调，要促进香港同内地加强科技合作，支持香港成为国际创新科技中心。2018 年 9 月，科学技术部与香港特区政府签署了《内地与香港关于加强创新科技合作的安排》，并在此框架下制定了《内地与香港关于加强创新科技合作联合行动计划》，全方位深化香港与内地创新科技合作。

广东省在涉海电子信息制造、涉海信息与软件服务、海洋工程装备制造等产业领域具有深厚的基础，海洋科研力量较强。香港拥有物流及供应链管理应用技术、资讯及通信技术、纳米及先进材料三大涉海研发中心以及海洋污染国家重点实验室，能够为海洋经济协同发展提供基础研究支撑。澳门正着力建设中医药产业发展平台，有潜力成为粤港澳海洋生物医药产业合作的重要平台。粤港澳大湾区海洋经济协同创新要以“广深港澳科技创新走廊”为合作平台，推进海洋科技创新合作，推动协同研发与新业态共育创新。

3. **全面开放格局的拓展创新**

构建海洋经济全面开放新格局是粤港澳大湾区海洋经济协同创新发展的重要使命。这一使命要求粤港澳大湾区在内部理顺涉海经济体制机制，促进人流、物流、资金流、信息流畅通；以合作共赢的理念“拼船出海”，为我国构建海洋经济全面开放新格局提供支撑。

粤港澳大湾区海洋经济协同发展要求广东全面深化与港澳的合作。在 CEPA（《关于建立更紧密经贸关系的安排》）基础上升级粤港澳合作机制，从原来的投资贸易合作机制升级为投资贸易、产业、资本、人才、公共服务等全方位合作机制；促进内地经济社会管理与港澳规则对接，推动各地区海洋新兴服务业及现代服务企业在大湾区设立分支机构或扩大产能，建设粤港澳海洋产业深度合作高地，打造粤港澳大湾区海洋经济综合服务功能核心区和共享发展区。

粤港澳大湾区海洋经济协同发展要求大湾区加快构建开放式经济生态。在经济逆全球化、国际贸易保护主义抬头的时代背景下，粤港澳大湾区要秉持求同存异、取长补短、合作共赢的理念“拼船出海”，主动融入全球海洋制造服务网络，打造全球海洋资源配置枢纽；推动建设具有粤港澳特色的自由贸易区，建立与国际贸易通行规则相衔接的国际航运、物流、贸易、金融发展环境，形成真正的“境内关外”的制度优势，促进海洋经济与涉海产业全面发展。强化与“一带一路”沿线国家的合作交流。推进海上丝绸之路沿线港口联盟建设，谋划打造中国企业“走出去”综合服务集聚区，将粤港澳大湾区打造成“一带一路”环印度洋扇面的重要支点，以及中国—东盟、中国—中东、中国—非洲区域合作的重要平台。

（二）粤港澳大湾区海洋经济协同创新的动力机制

区域海洋经济协同创新的动力机制，是指驱动区域海洋经济协同创新影响因素的结构体系及其运行规则，这些体系和规则具有一定的稳定性和规律性。由于海洋经济的协同创新包括海洋经济要素整合、产业创新、制度创新三个层面，因而关于粤港澳大湾区区域海洋经济协同创新的动力机制的研究将围绕创新价值链的创造活动，从以下三个层面来构建（见图 1-1）。

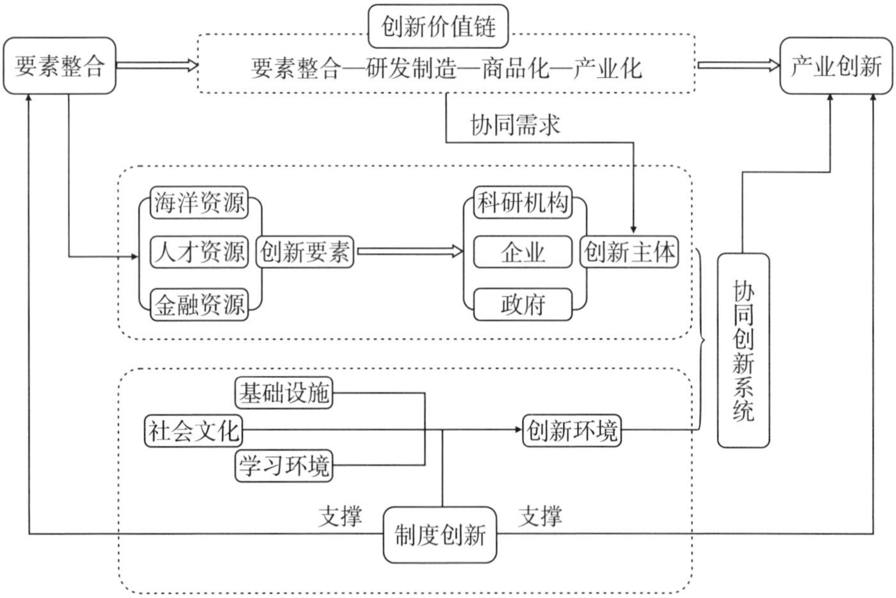

图 1-1　区域海洋经济协同创新动力机制

1. 结构体系的构建逻辑

区域协同创新系统服务于创新发展过程的始终，从要素整合、研发制造到商品化再到产业化，贯穿了创新价值链的全过程。创新价值链是围绕市场需求，通过知识创新活动将创新主体联结起来，实现知识的经济化过程与创新系统优化目标的功能链。结合创新价值链的全过程，从创新的流程来看，在区域协同创新系统中应包含知识创造、技术开发、产品开发及产业化等过程，因而区域协同创新系统是包含区域内所有创新活动和过程的复杂的综合性系统，并不仅仅服务于某一特定创新链的价值活动，其构建旨在服务于创新链的整体价值创造活动。区域协同创新系统贯穿创新价值链创造的全过程，在加快创新价值链不同环节新技术、新产品研发的同时，可以促进创新成果在不同环节之间的转化，对激发区域创新潜力具有重要意义。

海洋经济的区域协同创新从加强要素协同创新出发，提高要素供给质量，打破区域之间的创新壁垒，通过体制机制协同，优化要素配置，扩大有效供给，提高海洋经济全要素生产率，沿着创新价值链推进海洋产业协同创新发展。可见，粤港澳大湾区海洋经济的区域协同创新体系也贯穿于创新价值链始终，与要素整合、产业创新、制度创新三个层面相呼应：粤港澳大湾区海洋经济的区域协同创新以宏观层面的制度协同创新为支撑，从微观层面的区域要素整合出发，构建包括创新要素、创新主体和创新环境在内的区域协同创新系统，沿着“要素整合—研发制造—商品化—产业化”的创新价值链，最终实现中观层面的产业创新发展和转型升级。

2. **区域协同创新系统的构成**

关于区域协同创新系统的构成，当前主要有“二分法”和“三分法”两种分类方法。二分法是将区域创新系统划分为创新主体和创新环境；三分法则把创新要素从创新环境中剥离出来，与创新主体和创新环境并列。创新要素在粤港澳大湾区“9+2”城市群中不断流动集聚、整合协同，而为了突出创新要素在这一区域协同创新过程中的重要性，本书选择“三分法”，将区域海洋经济协同创新系统分为创新要素、创新主体和创新环境。在区域协同创新系统中，创新主体集聚，整合创新要素，在创新过程中不断实现价值增值，直接提升区域经济协同发展程度，并间接推动区域基础设施、社会文化、体制机制等建设，不断优化区域创新环境。与此同时，良好的创新环境提升了区域对人才、资金等创新要素的吸引力，强化了区域对创新主体的支持力度，激发了区域协同创新活动。

（1）创新要素。

区域协同创新活动伴随着创新要素的流动集聚、融合互通，要素流是区域协同创新网络形成的必要条件。区域海洋经济协同创新系统的创新要素包括海洋资源、金融资本、人力资本等。

关于海洋资源禀赋。作为海洋经济协同创新的物质基础，海洋资源的种类、储量与质量等级、赋存环境、空间布局等对海洋经济协同创新有着重要的导向作用，甚至成为决定性因素。例如，海洋油气资源的空间分布直接决定了海洋油气业的产业协同格局。因此，在推进海洋经济协同创新时，必须首先了解各海洋产业对海洋资源禀赋的具体要求，才能优化海洋资源配置。虽然粤港澳大湾区海洋经济发展模式正加速转向创新驱动型，但要素驱动特征依然明显，对海洋资源依赖性较强，因此要加快转变以劳动力、资本等传统要素投入为根本驱动力的增长模式，促进海洋经济要素协同创新，以技术创新提升全要素生产率，推动海洋资源要素结构优化。

关于金融资本供给状况。海洋经济高风险、高投入、高收益的特征要求资本大量投入和积累，因此，海洋经济协同创新必须有一个良好的金融环境。目前，融资障碍是部分地区海洋战略性新兴产业发展迟滞的主因，为此，对于海洋资源充裕、资金供给相对不足的地区，必须充分完善金融环境的功能。而粤港澳大湾区拥有港交所、深交所两大证券交易所，银行、私募基金、股权基金等金融机构大量集聚，金融体系高度发达，为粤港澳大湾区海洋经济协同创新发展提供了有力的支持。

关于人力资本的集聚水平。人力资本是经济增长的内生动力，也是区域经济发展水平差异的重要衡量标准。随着海洋经济的快速发展，涉海企业、科研机构、高等院校等机构对涉及海洋方面的各种类型人才的需求更为迫切。海洋高等院校等组织间有着各种各样的密切联系，提供了各种专门的人才交流互动的平台。在海洋产业集聚区内，对具有海洋相关知识的人来说存在着大量的就业机会，吸引了大量的海洋方面的专业人才、熟练工人。作为我国提供涉海就业岗位的重要地区，粤港澳大湾区拥有丰富的海洋人才，人力资本高度集聚，为海洋经济协同创新发展的人才供给提供了充分保障。

（2）创新主体。

区域海洋经济协同创新是围绕创新价值链开展的系列知识开发、技术开发、产品开发、产业开发的整合过程。作为创新资源流动及加工的节点，企业、科研院所和政府等创新主体在不同的创新环节中不断地进行价值创造。

粤港澳大湾区集聚了大量涉海企业，作为海洋经济发展的生力军，涉海企业将新知识和新技术最终转换为可以带来经济利益的产品。通过企业间的合作与竞争，以及海洋经济协同创新系统的要素流动，涉海企业克服各类约束并识别新的发展机会，获取新产品或新的商业模式。区域协同创新巩固了企业的技术和人力资本优势，使得企业能充分利用技术创新成果，降低自主创新的成本和风险，提升了创新绩效。

粤港澳大湾区科研资源丰富，拥有大量高等院校和科研院所，这些都是知识创新的主体，具备丰富的知识储备和强大的创新研发能力，承担着知识创新、技术创新的职责。在学术交流、科技成果转化、资金、声誉等协同创新需求的驱使下，高等院校和科研院所的着力点在于突破旧的技术或商业模式，并以技术转移、知识外溢等方式对企业乃至整个行业产生渐进式甚至变革式影响。在承担知识创新、技术创新职责的同时，高等院校和科研院所还承担着人才培养的职责，为区域海洋产业创新发展培养并输送高素质人才，对促进创新要素流动具有重要影响。

政府作为制度的制定者和实施者，通过人才政策、财税政策、金融政策、产学研协同机制等推动区域海洋经济的协同创新。制度创新是区域协同创新中重要的一环，新知识、新技术沿着创新价值链转化为具有经济效益的最终产品的过程需要协同的创新制度作为保障。

此外，在区域协同创新系统中，创新服务中介也发挥着重要的作用。各类中介服务机构作为创新辅助主体，间接参与创新价值链的各个活动环节，是区域创新资源流动、整合的重要桥梁。

在区域海洋经济协同创新体系中，企业是新知识、新技术的需求端，高等院校和科研院所是新知识、新技术的供给端，而政府则通过制定政策、制度支撑区域协同创新发展。以企业、高等院校和科研院所、政府为主的创新主体在内部动力因素和外部动力因素的共同作用下，形成耦合互动、共生协调的动态三螺旋，引领粤港澳大湾区海洋经济协同创新活动向纵深发展。

（3）创新环境。

区域创新环境是指区域内创新主体、创新要素及协调要素之间关系的制度和政策的总和。创新环境是区域创新活动中资源要素的供给源，对区域协同创新系统的形成和发展具有重要影响，创新过程中需要的一切要素资源均在创新环境中流动，良好的创新环境为区域协同创新提供了有力的支撑。区域创新环境包括两个方面：一是静态的环境，即促进区域内主体不断创新的区域环境；二是动态的环境，即为了持续激发区域创新活动，区域环境随着客观条件的变化而不断进行自我创造和改善，以构建具有自我调节功能的区域创新系统。蔡秀玲把区域创新环境分为基础设施环境、社会文化环境、区域制度环境、区域学习环境四个部分，其中基础设施环境是静态创新环境，而社会文化环境、区域制度环境和区域学习环境为动态创新环境，能激发区域创新活动，提高区域创新绩效。

在粤港澳大湾区海洋经济协同创新系统中，作为整个创新环境中最重要的支持者，政府及其政策、制度是海洋经济协同创新的核心因素和关键变量，海洋经济发展的制度创新的根本是要优化配置海洋经济协同创新的资源要素，最优化地提高产出、提升效率。由于存在市场失灵现象，使得海洋经济协同创新存在外部不经济现象，这时需要政府颁布法律法规，合理布局海洋产业，优化配置海洋要素资源，有效监督、促进整个协同创新体系的良性发展，支持海洋经济协同创新发展，实现海洋产业集聚区整体效益的最大化。

3. **动力因素**

粤港澳大湾区海洋经济协同创新的动力机制由内部动力因素和外部动力因素构成。粤港澳大湾区海洋经济协同创新是在内部、外部动力因素共同作用下完成的。

（1）内部动力因素。

粤港澳大湾区海洋经济协同创新的内部动力因素是驱动区域创新主体整合创新要素、进行协同合作的内在因素，是一种张力，包括海洋经济创新主体的协同创新需求、企业创新动力等。

关于协同创新需求。创新主体的需求是区域协同创新的根本动力。在创新活动中，由于创新过程复杂、创新要素不完善等，大部分创新主体都无法单独完成创新行为，需要通过协同创新的方式参与合作，寻求资源互补与共享，即创新主体产生了协同创新需求。例如，企业由于新产品、新技术的研发能力不足，难以满足顾客的产品需求，而以协同创新的方式与科研院所或高校开展合作，获取知识溢出效应。创新主体在协同创新需求的推力下，能够维持相对稳定的合作，实现协同创新过程的持续性。

关于企业创新动力。企业作为海洋经济的核心主体，是驱动海洋经济协同创新发展的主体力量。创新动力强的涉海企业，具有较高的创新积极性和创新活跃度，支持海洋产业研发，重视创新人才，营造企业的创新文化，并通过深度的产学研用一体化或构建产业创新联盟等方式开展协同创新，集聚和整合人才、资金等大量创新要素，着力海洋科技攻关，并加快新技术、新产品的市场化应用，沿着创新价值链推动企业实现价值提升。

（2）外部动力因素。

粤港澳大湾区海洋经济协同创新的外部动力因素是促进区域创新主体进行协同合作，独立于创新主体之外的影响因素，如政策和制度、市场需求等。

关于政策和制度。政府制定的政策和制度可以形成激发海洋经济“有效市场”的制度结构。政策和制度对区域协同创新系统具有规划指引和支撑保障的作用。各种激励性产业政策、制度和规划以自上而下的方式影响海洋经济的要素集聚、创新主体的积极性、海洋产业的集聚与结构优化。例如，海洋产业布局规划等政策可以纠正市场机制造成的海洋经济空间产业布局的失衡，从区域发展角度建立完善的海洋经济创新发展的分工体系，提升海洋经济创新发展的协同性；人才政策、财政金融政策等可以引导区域要素进行交流互动，激发创新主体的创新活力，促进创新主体合作交流，增强区域创新的协同性。

关于市场需求。市场需求引导企业的产品改进和技术的创新发展，是促进海洋经济协同创新的重要力量，牵引着各种生产要素自由流动。仅凭单个创新主体难以实现技术突破和产品创新，而各创新主体为了满足市场需求，必须集聚优势，进行通力合作，因而市场成为引导区域协同创新发展的主要动力。市场通过海洋资源禀赋进行引导，利用良好的金融环境为高度发达的海洋经济地区“锦上添花”，也为相对贫穷的地区“雪中送炭”，使得海洋经济在科学合理的规划下协调发展，从而实现生产要素的优化配置与动态均衡，由此推动区域海洋经济协同创新。

4. **运行机制**

在内部、外部动力因素相互联动、共同作用下，粤港澳大湾区海洋经济的区域协同创新体系形成了稳定的运行机制，推动海洋经济创新要素交互融合、创新主体迸发活力、创新环境持续优化，实现了海洋经济要素整合、产业创新、制度创新三个层面的协同创新。

（1）以市场需求为导向，内化为协同创新需求。

以市场需求为导向，形成了创新价值链的构建要求，并将创新价值链的构建要求内化为企业等创新主体的协同创新需求。市场是引导区域协同创新发展的主要动力，市场需求引导技术创新发展和产品升级改进。创新价值链的构建正是围绕着市场需求进行的，即通过知识创新活动联结创新主体，实现知识的经济化与创新系统的优化。由此，创新价值链以市场需求为导向，明确了其功能实现的构建要求，确定了“要素整合—研发制造—商品化—产业化”价值链的方向和重点。而由于创新价值链涉及多个创新环节，需要多方面的创新资源，单个主体无法独立完成创新活动，各创新主体需要以协同合作的方式寻求资源共享与优势互补，因此在现有创新资源和条件的限制下，海洋创新主体根据创新价值链的构建要求产生了具体的协同创新需求。

（2）以协同创新需求为引导，激发企业创新动力。

在具体的协同创新需求引导下，企业、科研院所等创新主体以政策和制度、基础设施等创新环境为支撑，开展协同创新。依托粤港澳大湾区海洋资源禀赋，创新主体充分发挥区域协同创新系统的极化效应，吸引和集聚人才、资金等创新要素，开展产学研用一体化深度合作，建立海洋产业创新联盟，着力海洋核心技术攻关，并加快新技术、新产品的市场化应用，在满足协同创新需求的过程中，沿着构建完善的创新价值链推动企业价值提升。与此同时，粤港澳大湾区不断发挥极化效应和扩散效应——极化效应加速创新要素和创新成果向创新主体聚集，扩散效应促进创新要素和创新成果向其他地区转移、辐射。极化效应和扩散效应相辅相成，在要素流动、成果扩散的过程中发挥创新的辐射、传递和带动功能，实现区域海洋经济创新的整体协同。

（3）以政策制度为保障，优化区域协同创新体系。

粤港澳大湾区以政策制度为保障，持续改善创新环境，强化对创新要素和创新主体的支撑作用，优化区域协同创新体系，增强区域协同创新体系的竞争力。政府的政策和制度是区域海洋经济协同创新的重要推动力，通过自上而下的制度设计，促进粤港澳大湾区海洋经济的协同创新。一是强化对创新要素的保障。政府以人才政策、财政金融政策强化区域资源要素的极化效应和扩散效应，保障创新要素的供给，促进人才、资金等资源的流动整合。二是强化对创新主体的支持。政府通过产业政策等激发创新主体的创新活力，加强各创新主体间的交流与合作，支持创新主体开展协同创新，在创新过程中不断实现价值增值，并进一步推动区域产业协同创新。与此同时，各创新主体集聚、整合创新要素，在沿着创新价值链实现价值增值的过程中，自下而上地逆向推动政策和制度的建立和健全，持续完善区域基础设施、社会文化、体制机制等的建设，不断优化区域创新环境。

综上所述，粤港澳大湾区海洋经济协同创新贯穿于创新价值链的始终，从构建创新价值链的要求出发，最终落足于创新价值链的构建完成。区域海洋经济协同创新发展以市场需求为导向，从创新价值链的构建要求出发，形成创新主体的协同创新需求，激发企业创新活力，并以政策和制度来保障创新要素向创新主体倾斜，以此大力推进区域协同创新，最终实现创新价值链的构建。围绕着创新价值链，粤港澳大湾区以宏观层面的制度创新为支撑，强化微观层面的要素整合，激发创新主体的协同创新活力，积极推动海洋科技创新，加快科技成果的市场化应用，最终实现中观层面的产业创新发展和产业结构升级。

第二章　我国海洋产业创新发展理论研究

海洋产业是围绕海洋而进行的一系列生产行为，也就是在海洋基础上产生的经济行为，或是建立在海洋上的、以海洋资源为对象的综合产业链。依据海洋产业发展的时间顺序和技术发展水平，可将海洋产业分为海洋传统产业和海洋战略性新兴产业。海洋产业的创新发展包括海洋传统产业的转型升级和海洋战略性新兴产业的创新发展。海洋传统产业是在20世纪60年代之前就已经出现并大范围发展，对高科技依附度不高的产业，海洋传统产业应以海洋科技为驱动实现转型升级。海洋战略性新兴产业的发展源泉是科学技术的进步，技术的发展支持新的海洋资源的发掘与海洋资源适用领域的扩展。

一、海洋传统产业创新发展相关理论

（一）概念界定

关于海洋传统产业，目前学术界并没有一个统一的定义。要定义“海洋传统产业”，首先需要明确“海洋产业”与“传统产业”的定义。根据《2021年中国海洋经济统计公报》对海洋产业的定义，海洋产业是指开发、利用和保护海洋所进行的生产和服务活动，包括海洋渔业、海洋油气业、海洋矿业、海洋盐业、海洋化工业、海洋生物医药业、海洋电力业、海水利用业、海洋船舶工业、海洋工程建筑业、海洋交通运输业、滨海旅游业等主要海洋产业，以及海洋科研教育管理服务业。

传统产业则是一个具有相对性、时间性和地域性的动态概念，至今还没有见到对传统产业的标准定义。传统产业的内涵是不断发展和变化的，在不同国家的不同发展阶段，传统产业的含义都是不同的，发达国家的传统产业可能是发展中国家的高技术产业，发达国家现在的传统产业可能是过去的高技术产业，目前的高技术产业又是未来的传统产业。一般认为，传统产业是指在历史上曾经高速增长，但目前发展速度趋缓，进入成熟阶段，资源消耗大、环保水平低的产业。

海洋传统产业作为海洋产业和传统产业相结合的交叉型产业，必须同时具备海洋产业与传统产业的性质与特点。据此，可以确定海洋传统产业的范围包括海洋渔业、海洋矿业、海洋盐业、海洋化工业、海洋船舶工业、海洋工程建筑业、海洋交通运输业、滨海旅游业。其中，海洋渔业、海洋交通运输业、滨海旅游业是海洋传统产业的三大支柱。

（二）理论基础

1. 创新理论

创新作为一种理论，可追溯到熊彼特 1912 年出版的《经济发展理论》。熊彼特认为，创新就是要把一种从来没有的关于生产要素和生产条件的“新组合”引进生产体系中。同时，熊彼特指出有五种创新形式，并将其归纳为三个大类：一是技术创新，包括新产品的开发、老产品的改造、新生产方式的采用、新供给来源的获得、新原材料的应用。二是市场创新，包括扩大原有市场份额与开拓新的市场。三是组织创新，包括变革原有组织形式、建立新的经营组织。

创新是驱动海洋传统产业转型升级的重要引擎。只有全方位推进海洋传统产业技术创新、组织创新、管理创新、制度创新，才能推动海洋产业由依赖物质要素向创新驱动转变，形成产业核心竞争力。其中，技术创新是关键。经过多年的发展，尽管我国海洋传统产业在创新发展方面取得了一定成效，但海洋传统产业整体技术含量不高，自主创新能力较弱，成果转化率偏低，迫切需要通过技术创新提高海洋传统产业综合竞争力和可持续发展能力。

2. 产业链理论

产业链理论给研究产业转型升级带来了全新的视角。首先，产业链是一种产业层次的表达。对产业链条进行细化，有利于形成新的产业，并生成更加细致的产品或服务分类，最终实现产业转型升级。其次，产业链是产业关联程度的表达。产业关联性越强，链条越紧密，资源的配置效率也就越高。为了实现传统产业的转型升级，就必然要对在技术、经济上有一定前后项关系的产业环节进行合理的组织，通过资源的重新组合来构建联系更密切的产业链，从而实现资源的优化配置和产业的转型升级。最后，产业链是资源加工深度的表达。从产业链的角度来看，产业转型升级正是产业链条延伸的结果。随着对原料的初级加工、深加工和精加工这一系列的技术活动的推进，产品的价值也在不断深化。

长期以来，我国海洋传统产业被锁定于产业链低端，产品附加值不高。虽然部分海洋传统产业在产业链上逐步朝中端发展，但距离高端部分仍有很大的差距。推动海洋传统产业转型升级，必须加大产业链纵向延伸和横向融合的力度，加快培育海洋传统产业全产业链。同时，推动海洋传统产业向产业链中高端跃升，大力提升产品附加值和产业竞争力。

3. **产业融合理论**

根据产业经济学理论，产业融合主要有三种方式：一是高新技术的渗透融合，即高新技术不断向传统产业渗透、融合，从而提升传统产业附加值，加速传统产业推出新品种及催生新模式、新业态、新产业。二是产业间的延伸融合。这种融合更多地表现为一、二、三产业之间的融合，如现代农业生产服务体系中的工业服务比例上升等。三是产业内部的重组融合。这种融合主要发生在具有紧密联系的产业或同一产业内部不同行业之间，并由此形成与原有产品或服务不一样的新型产品或服务。

推动海洋传统产业转型升级，要始终坚持多产业融合发展。要大力实施“互联网+”工程，推动互联网与海洋传统产业融合发展，为海洋传统产业的提质增效提供技术支持，并由此催生新产品、新业态、新模式。同时，加快推进一、二、三产业的深度融合，全面构建海洋传统产业融合发展新格局。

4. **产业集聚理论**

产业集聚是指在产业发展过程中，由于处于同一产业链的相关企业或机构同时具有共通性和互补性，从而在地理上形成紧密联系、相互支持的产业集群。根据产业集聚理论，这些企业或机构之间的竞争与合作关系导致横向扩展或纵向延伸的专业化分工格局，并通过溢出效应推动相关产业要素实现资源共享与规模经济，极大提高了产业集群的整体竞争力。因此，产业集聚可以通过完善产业链来促进产业价值链升级，进而最终实现产业的转型升级。

产业集聚作为推动海洋传统产业转型升级的重要路径，能有效解决海洋传统产业规模优势不突出、布局不科学、配套能力不强、创新资源和要素不聚集等问题。因此，加快海洋传统产业转型升级，应积极发展主导产业，大力培育关联产业，促进海洋传统产业集群的发展。

5. **循环经济理论**

循环经济理论诞生于20世纪60年代。该理论以生态学规律为指导，遵循减量化、再利用、再循环的原则，通过尽可能提高资源利用率和降低污染排放等途径，从而把经济活动对自然环境的影响降低到尽可能小的程度。与传统的经济发展方式不同，由于循环经济的典型特征是“低开采、高利用、低排放”，因此能有效解决可持续发展的两大障碍——环境污染和资源短缺，这是推动经济可持续发展战略的重要保障。

海洋传统产业作为资源密集型产业，其本质是对海洋资源的有效开发和利用。因此，对海洋资源的保护是海洋传统产业发展的基本前提。经过高强度、持续性的海洋开发，近海海域资源环境等面临严重的危机和压力，多数海洋传统产业存在内部结构不太合理、生产方式粗放落后、资源依赖明显等问题，严重制约了海洋资源的可持续利用，影响着海洋传统产业的健康发展。推动海洋传统产业转型升级，必须大力发展循环经济，合理开发海洋资源，保证海洋资源的可持续利用。

6. **生态经济学理论**

生态经济学起源于20世纪六七十年代，是以人类经济活动和自然生态环境为研究对象，以推动经济与环境相平衡、实现经济和生态可持续发展为目的，围绕人类经济活动和自然生态环境彼此间的影响、作用及联系，对生态系统、经济系统自身的构造和运动的客观规律进行研究的学科。作为建立在科学发展观基础上的一种全新经济发展模式，生态经济就是在生态环境可承受的前提下，建立复合型生态系统，推动经济发展和生态保护实现“双赢”。

海洋传统产业的转型升级依托并且受限于海洋生态系统。推动海洋传统产业转型升级，必须坚持生态先行，加强海洋生态环境保护和生态修复，提升环境保护的基础保障能力，统筹海洋经济可持续发展与海洋资源科学利用，为促进海洋传统产业与生态环境协调发展奠定坚实的基础。要加强海洋生态文明建设，切实保护海域环境，坚持合理开发、集约利用海洋资源，推进海洋生态经济和循环经济发展，构筑海洋传统产业生态经济圈。

（三）影响因素

海洋传统产业转型升级的过程是要素禀赋动态变化和选择的过程（王柏玲、李慧，2015），在这一过程中，受到多种因素的影响。从现实角度来看，海洋传统产业转型升级正是多种因素共同推动或拉动的结果，主要包括市场需求、技术创新、生产要素、市场竞争、政府干预。

1. 市场需求

社会生产价值通过满足市场需求实现。市场需求随着经济的发展会呈现出层次性和动态性的变动，它是海洋传统产业转型升级的内在基础动力。市场需求变动包含需求总量变动和结构变动，这两种变动会引起海洋传统产业规模的扩张或收缩，从而导致海洋传统产业的发展或消亡。从市场需求总量来看，人口数量与人均可支配收入水平增加会扩大消费需求；同时，市场需求总量也是影响海洋传统产业规模大小的重要因素，市场需求总量越大，海洋传统产业的整体发展规模也越大。从市场需求结构来看，市场需求结构是市场需求因素中影响海洋传统产业转型升级最直接的因素，市场需求结构的变化将会影响供给结构。随着市场消费需求的不断升级，新产品、新业态、新模式快速发展，海洋传统产业也加快从产业链低端向产业链高端攀升，从而实现海洋传统产业的转型升级。

2. 技术创新

技术创新是推动海洋传统产业转型升级的根本因素。西方发达国家海洋传统产业转型升级大都经历了以资源密集型和劳动密集型为主到以技术密集型为主的高级化演进历程。在这一过程中，技术创新是根本的推动因素。新技术在海洋传统产业中被广泛采用，使这些海洋传统产业得以改造、优化及提质增效。更重要的是，以信息技术、网络技术、数字技术等为代表的高科技创新能够促进不同产业或同一产业内的不同行业之间相互交叉、相互渗透、相互融合，逐步形成新产业属性或新型产业形态，为海洋传统产业转型升级注入新的内容和基础，深刻地改变海洋传统产业的产业属性，推动海洋传统产业向信息、知识和技术密集型产业转变。

3. **生产要素**

产业的发展离不开基本要素的供给和要素配置效率的提高。基本生产要素包括劳动力、资本、自然资源等，这些都是海洋传统产业转型升级的必要条件。从基本要素供给方面来看，劳动力由生产率水平相对较低的海洋传统产业流向生产率相对较高的海洋传统产业，能够推动海洋传统产业转型升级。此外，资本供给对支持资本密集型和技术密集型海洋传统产业的成长至关重要。在许多发展中国家，资本供给不足成为制约海洋传统产业从资源密集型和劳动密集型向资本密集型和技术密集型演进的主要因素。同时，海洋传统产业转型升级本身就是一个高端要素不断积聚、提升的过程。当前我国海洋传统产业转型升级难，一定程度上正是受高端要素供给不足、效率性要素较少的制约。因此，加快推进海洋传统产业高端要素聚集，是推动海洋传统产业由中低端向中高端水平迈进的关键。

4. **市场竞争**

市场竞争与优胜劣汰是市场经济的客观规律，也是海洋传统产业转型升级源源不断的动力。在激烈的市场竞争中，海洋传统产业要获得竞争优势，必须不断地开发新产品，实现产品的更新换代；提高产品质量，保持市场占有率；开发与引进新技术，提高劳动生产率，降低生产成本。不难理解，如果某一海洋传统产业缺乏竞争力，随着市场竞争激烈程度的增加，该海洋传统产业必将走向衰退，最终退出市场；相反，如果某一海洋传统产业竞争优势大，那么该海洋传统产业能够得到较快发展。因此，通过市场优胜劣汰机制，一方面，能够减少海洋传统产业的无效和低端供给；另一方面，能够促进新供给和优质供给形成，从而推动海洋传统产业新旧动能转换与转型升级。同时，如果市场竞争程度较高，生产要素就能够在市场机制的作用下自由流动，使资源获得优化配置，从而进一步推动海洋传统产业转型升级。

5. **政府干预**

产业政策是指导海洋传统产业转型升级的主要依据。政府通过制定产业发展战略和政策来鼓励或限制某些海洋传统产业的发展，这将为促进海洋传统产业转型升级创造条件。同时，政府通过对海洋传统产业发展过程中要素投入结构失衡和配置扭曲状况进行矫正，弥补市场机制的不足，提高要素供给体系的质量和效率，进而引导海洋传统产业向高端化转型升级。当前，不论是中央政府还是地方政府，为了促进海洋传统产业转型升级与提质增效，都从不同层面出台了相应的产业发展规划政策。积极贯彻落实相关产业政策，能在一定程度上促进海洋传统产业转型升级。

（四）理论机制

蒋兴明（2014）认为，产业转型升级是由产业链转型升级、价值链转型升级、创新链转型升级、生产要素组合转型升级所形成的有机整体。王柏玲、李慧（2015）认为，产业升级是一个以节约资源和生态保护为导向，为适应外部市场环境而不断开发和创造需求，根据要素禀赋的动态变化调整要素投入，融合最新科技，并通过持续的技术创新来逐步培养竞争力的过程。从全球的价值链来看，产业升级主要是指劳动密集型产业向资本密集型或技术密集型产业升级转变的过程，主要包含四个层次：流程升级、产品升级、功能升级、跨产业升级（Humphrey，2004）。

本书认为，海洋传统产业转型升级就是通过技术创新带动产品升级、工艺升级、功能升级、产业链升级，推动海洋传统产业从低附加值产业向高附加值产业转变，从要素密集型产业向技术密集型产业转变，从环境污染型产业向环境友好型产业转变，从粗放型产业向集约型产业转变。推动海洋传统产业转型升级，应大力实施创新驱动发展战略，以技术创新为重点，以市场需求为导向，以提升要素配置效率为目标，通过技术创新机制、“技术创新—市场需求”机制以及“技术创新—要素配置”机制三大机制，持续推动海洋传统产业转型升级。

1. 技术创新机制

如图 2-1 所示，海洋传统产业的技术创新机制主要体现在两个方面：

一是技术创新推动海洋传统产业从过度开发向绿色发展转变。海洋传统产业的转型升级离不开海洋资源和生态环境的支撑，然而，日益严重的资源环境问题已成为制约海洋传统产业高质量发展的重要因素。绿色发展作为一种新的发展方式，是传统产业转型升级的一个重要方向（朱彬，2015）。落实绿色发展理念，推动海洋传统产业实现可持续发展，关键在技术创新。一方面，技术创新对海洋资源和空间的开发具有巨大的促进作用。与陆地资源相比，海洋资源更为复杂和特殊，海洋资源开发和利用对技术创新与进步具有更高的依存度。依靠先进的科学技术，探索新的海洋资源或者拓展海洋资源的利用规模，推动海洋资源开发从近海、浅海走向远海、深海，可以缓解海洋资源日趋枯竭的问题。同时，技术创新有利于节约海洋资源，加快发展循环经济，促进海洋传统产业从粗放型发展方式向集约型发展方式转变。另一方面，技术创新不但能够提高海洋环境污染监测和评估工作的准确度，而且能够更好地化解海洋传统产业发展过程中的污染问题，推动海洋传统产业从环境污染型产业向环境友好型产业转变。

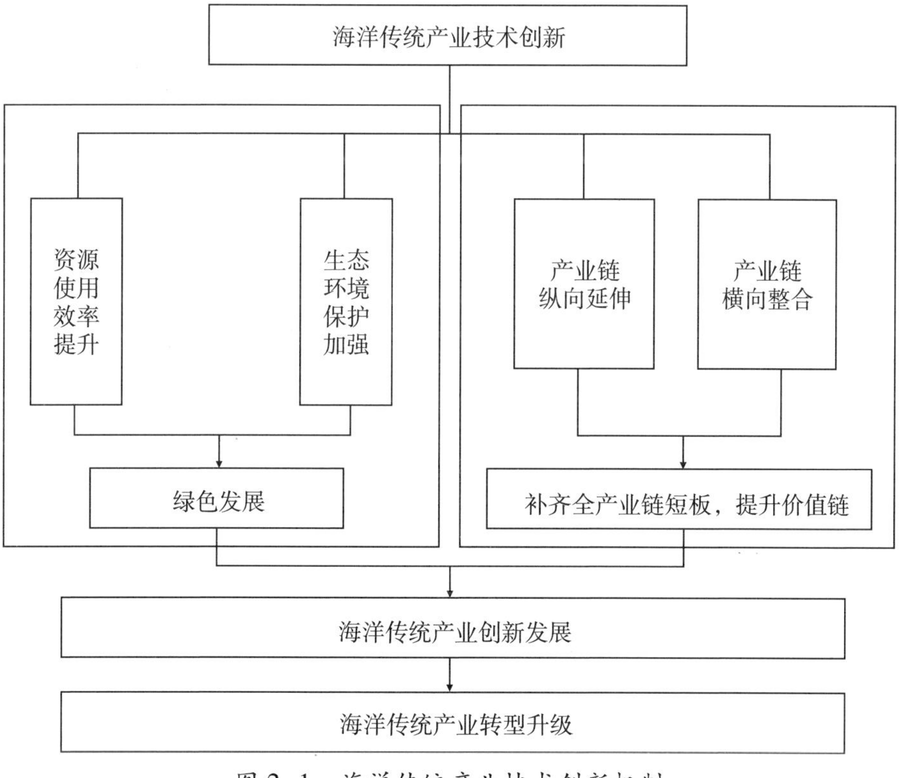

图 2-1　海洋传统产业技术创新机制

二是技术创新是补齐海洋传统产业链短板、提升价值链的重要驱动力。一方面，技术创新推动产业链纵向延伸。通过引入新技术、新工艺，能够提升海洋传统产业的加工程度和深度，提升产品的技术含量和产品附加值，促使海洋传统产业不断向上下游延伸产业链，同时向价值链中高端跃升，有效解决海洋传统产业链过短的问题。另一方面，技术创新推动产业链横向整合。通过信息化，不断加强产业间的横向联系，突破产业之间的边界，促进不同产业相互交叉、渗透、融合，并催生海洋传统产业的新业态，有效解决海洋传统产业链过窄的问题。随着产业链的不断提升和价值链的不断攀升，海洋传统产业不断从低级形态向高级形态、从低水平向高水平演进，最终实现海洋传统产业的转型升级。

2. **“技术创新—市场需求”机制**

“技术创新—市场需求”机制通过技术创新，以及市场需求的相互刺激和诱导效应，推动新旧产业更迭，从而实现海洋传统产业转型升级（见图 2-2）。一方面，受潜在市场需求的影响，当某个产业中的企业的技术创新带来了重大新产品的开发或产品质量的提升时，由于受消费示范效应的影响，由技术创新引致的产品创新或应用创新将不断刺激和诱导市场需求结构发生变化，即旧产品需求不断减少，新产品需求不断增加，并由此推动新旧产业的地位发生更替，带动海洋传统产业的发展和升级。另一方面，市场需求的改变也对企业的技术创新活动具有诱发性的拉动作用。随着市场需求的持续改变，由于部分消费者对新产品有了新的潜在需求，从而激发了新的替代性技术逐步出现，并由此引发技术创新与市场需求之间的新一轮良性互动。从动态的角度来看，海洋传统产业转型升级正是在这种累积和循环的过程中逐渐实现的。因此，技术创新和市场需求的良性互动是新旧产业发生更迭的重要原因，也是海洋传统产业转型升级的重要因素。

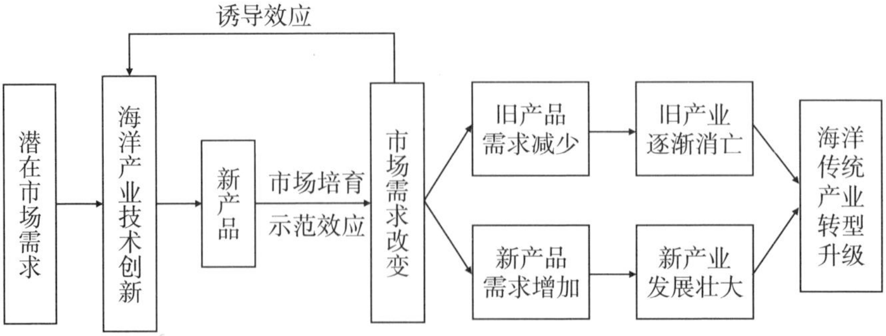

图 2-2　海洋传统产业“技术创新—市场需求”机制

3. “技术创新—要素配置”机制

如图 2-3 所示，海洋传统产业的“技术创新—要素配置”机制主要体现在三个方面：

一是技术创新能够改变要素配比结构，提升要素资源配置效率，从而实现海洋传统产业的转型升级。根据经济学原理，产业升级实质上是生产要素密集程度不断变化升级的过程，即产业从劳动密集型向资本密集型转变，进而向技术密集型转变的过程。目前，我国海洋传统产业更多的是资源密集型发展模式，主要是依靠丰富的海洋资源和劳动力资源优势，对海洋资源进行简单加工。因此，海洋传统产业亟须从资源密集型发展模式向技术密集型发展模式演进。通过在生产函数中引入技术、信息、知识等高端生产要素，以部分替代或完全替代自然资源、劳动力等基本生产要素，改变海洋传统产业的要素配比结构，推动海洋传统产业从资源密集型和劳动密集型向技术密集型转变，最终实现产业转型升级。

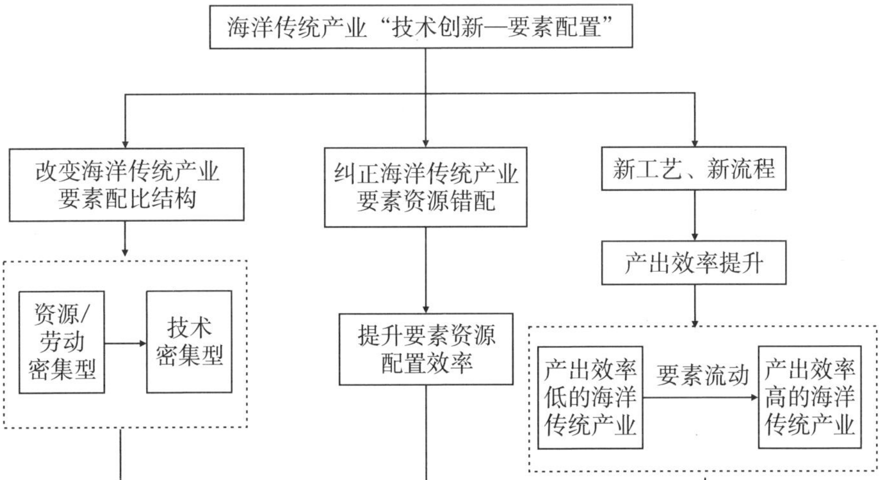

图 2-3 海洋传统产业“技术创新—要素配置”机制

二是技术创新能够纠正要素资源错配，提升要素资源配置效率，从而实现海洋传统产业转型升级。在海洋传统产业转型升级过程中，要素禀赋结构不合理是重要的制约因素，而技术进步偏向性是影响要素投入结构的关键因素。与陆地上的产业相比，海洋产业尤其是海洋传统产业的发展具有较强的资源锁定效应，地区的海洋资源禀赋结构往往决定了海洋传统产业的发展方式与路径。然而，由于技术创新能够有效增强海洋资源和要素的流动性，突破要素禀赋结构的制约并纠正要素资源错配，因而能提升要素资源的配置效率，从而推动海洋传统产业转型升级。

三是技术创新将引导要素资源在产业部门之间重新分配，使要素资源流向产出效率更高的产业，从而实现海洋传统产业转型升级。企业通过引入新工艺、新流程，提升企业生产效率，并且不断扩大规模，吸引生产要素流入。同时，通过技术溢出效应，其他企业通过学习与模仿也提升了技术水平，并最终提升整个产业的劳动生产率。根据库兹涅茨的产业转移理论，各类生产要素将从那些生产工艺落后且生产效率偏低的海洋传统产业流向那些生产工艺尖端且生产效率较高的海洋传统产业。显然，这种由技术创新引发的要素资源再配置效应将导致要素资源不断向产出效率高的海洋传统产业集聚，不断推动海洋传统产业的提质增效和转型升级。

二、海洋战略性新兴产业创新发展相关理论

（一）概念界定

继 2009 年时任国务院总理的温家宝首次提出战略性新兴产业之后，2010 年，时任国家海洋局局长的孙志辉指出，海洋战略性新兴产业是具有战略意义的新兴海洋产业，界定其为海洋高新技术产业，并指出要推动海洋战略性新兴产业发展，使其成为海洋经济新的增长点。海洋战略性新兴产业首先是一个政策性概念，不但具有战略性与新兴性的海洋产业特性，而且具有丰富的理论内涵。“战略性”体现了我国海洋经济发展的战略需求，其关乎经济增长方式转变和产业结构转型升级；“新兴性”指出了与传统产业在产业规模形成时序上的不同，是随海洋高新技术发展而形成的产业。同时，“战略性”“新兴性”决定了海洋战略性新兴产业的内涵和范围不会一成不变，必须依据产业发展阶段、时代发展特征适时调整，始终体现国家的海洋战略意图，引领海洋经济发展。

基于国家的海洋战略需求，海洋战略性新兴产业深度融合高新技术和新兴产业，着眼未来、超越传统，代表着先进海洋生产力的发展方向。随着国家战略高度的地位提升，海洋战略性新兴产业界定也成为我国海洋经济发展中的重大问题。由于海洋战略性新兴产业概念提出的时间尚短，国内专家学者在研究过程中尚未形成统一的产业界定标准。参考新兴产业界定的四个条件，即处于产业生命周期前期、具备核心竞争力、实现突破式创新、具有较高不确定性特征，同时根据姜江（2012）、刘堃（2013）、杜军和宁凌（2014）等国内学者的研究，本书认为海洋战略性新兴产业是以海洋高新技术为基础，以海洋高新科技成果产业化为核心内容，发展潜力巨大、需求市场广阔、产业带动作用强的海洋产业。

根据其界定，在海洋战略性新兴产业具体产业的选择上，考虑到国家"十二五"规划纲要中提出的"培育壮大海洋生物医药、海水综合利用、海洋工程装备制造等新兴产业"，结合学者关于产业选择的研究成果，并参考发达国家海洋管理部门根据海洋经济产业基础和发展阶段对海洋新兴产业所做的界定（见表2-1），本书选择海洋工程装备制造、海洋生物医药、海洋新能源、海水淡化与综合利用、海洋科研教育管理服务作为海洋战略性新兴产业。

表2-1　世界海洋强国海洋战略性新兴产业发展领域

国家或组织	发展战略	时间	发展领域
美国	全球海洋科学计划	1987年	重点行业为海洋观测、海洋生物技术、深海开发和海洋空间利用，近期发展海洋工程、海洋生物、海水淡化、海洋新能源等高新技术
日本	21世纪海洋发展战略	2002年	海洋矿产资源开发技术、海洋生物资源开发技术、海洋可再生能源技术、深海技术、海水资源利用技术
韩国	韩国21世纪海洋发展战略	2000年	海洋生物资源开发、海洋能源开发、海洋装备、海水淡化

续表

国家或组织	发展战略	时间	发展领域
欧盟	海洋综合政策蓝皮书	2007 年	海洋可再生能源产业、水下技术与装备产业、生物技术产业、海洋水产养殖业
澳大利亚	澳大利亚海洋产业发展战略	2003 年	海水淡化、海底矿产、海洋替代能源、海洋生物技术和化学品

（二）产业特征

海洋战略性新兴产业不仅是战略性新兴产业由陆地向海洋领域的延伸，还是我国近期产业结构调整和区域经济布局的重要环节，具有战略性、先导性、高技术性、高风险性、海洋性、环境友好性等显著特征。

1. **战略性**

海洋战略性新兴产业顺应国家海洋发展战略而提出，是高新科技和新兴产业的深度融合，对海洋经济转型升级、海洋产业结构调整和优化、沿海地区经济社会发展具有强大的带动作用。它是国家海洋强国战略的重大抉择，引领海洋经济与海洋产业未来的发展方向，关系到一个国家在世界政治经济竞争格局中的地位和战略行动能力。

2. **先导性**

海洋战略性新兴产业具有显著的先导性特征，反映了经济社会发展对产业结构调整的要求，对海洋产业乃至整个海洋经济都存在高度的产业关联性和强劲的带动作用，未来将成为沿海地区的主导产业和支柱产业。海洋战略性新兴产业处于产业价值链的核心环节，产业本身不但存在较大的增值空间，而且具备资源互补性好、产业互动性强等特点，在投入产出关系上对前向、后向产业具有较高的关联系数，辐射带动作用强。此外，海洋经济与陆域经济存在较强的联系，海洋战略性新兴产业将加快完善海陆产业链布局，带动陆域经济快速发展，形成海陆统筹、经济联动的局面。

3. **高技术性**

海洋战略性新兴产业有别于海洋传统产业的最大特征是高技术性。这种高技术水平的要求，不只限于某一类技术，而是融合了多种尖端技术，是多学科创新的产物，具有相当的复杂性。海洋战略性新兴产业承载的是当今最先进的海洋科学技术，同时代表着未来技术创新的发展方向。在海洋高新技术当中，共性技术、关键技术、海洋基础科学具备准公共物品的性质，存在相当程度的非竞争性、非排他性和正外部性，必须由政府介入或承担。正是由于科学技术的研发突破，海洋战略性新兴产业得以充分、高效地利用海洋中蕴含的丰富资源，推动海洋产业结构不断优化。

4. **高风险性**

海洋战略性新兴产业的内在动力为高新技术，需要投入大量资金、人力进行研发，但高新技术研发周期长且不确定性高，前期投入的损失大、风险高。同时，海洋战略性新兴产业潜在性需求不确定性较大，在由潜在需求转变为现实市场空间的过程中存在较大的变数。若潜在的市场需求无法被准确估测，对应的市场不能被清楚而具体地描述，则开发出来的产品可能无法充分满足消费需求（林书雄，2006）。创新的技术或产品面临的市场风险较大，也许超越当前市场的需求层次和水平，以至于海洋战略性新兴产业短期内可能市场需求不足。此外，新技术、新产品市场的广泛应用存在延滞性，新产品投入市场，初期应用范围较小，打开市场较慢，要实现市场充分应用可能滞后很久。

5. **海洋性**

海洋性是海洋战略性新兴产业有别于其他战略性新兴产业最根本的特征。海洋战略性新兴产业直接利用海洋资源进行生产活动，海洋资源是主要的生产要素，产品直接或间接应用于海洋或海洋开发活动。由于海洋经济的特殊性，海洋资源环境对产业发展存在极强的约束性。海洋战略性新兴产业准入门槛更高，海洋资源开发活动中需要耗费大量资金和技术，技术密集度和资金密集度要远高于其他战略性新兴产业。同时，风险也较其他战略性新兴产业更高，除了要承担创新的技术和产品带来的不确定风险之外，还要承担自然风险，如巨风大浪等自然灾害的威胁。产业发展受海洋自然条件的限制较大。

6. **环境友好性**

海洋战略性新兴产业是环境友好型的产业，对社会经济发展具有正外部性，反映了国家层面“物质资源消耗少和低碳高效”的发展要求，符合国内学者提出的海洋战略性新兴产业“环境友好”的条件。首先，密集的高技术创新活动有助于提高海洋资源利用效率，增加资源的单位产出，在产出总量一定的前提下可以节约资源。其次，随着科技的不断发展，新的海洋资源被发现并逐步具备开发能力，可以对处于过度开发的海洋资源进行替代利用，缓解海洋资源与环境的压力。最后，海洋资源开发技术的进步增强了目标资源获取的准确性和安全性，进而减少了特定海洋资源开发过程中对环境的污染和对伴生资源的破坏。

（三）形成模式

海洋战略性新兴产业独特的产业属性和发展特征，决定了其发展模式和培育路径的特殊性（见图 2-4）。在产业的形成和培育过程中，政府与市场是进行资源合理有效配置的两个主要方面。市场通过市场机制发挥作用，市场机制是战略性新兴产业形成的决定性力量，其中技术创新是海洋战略性新兴产业形成的推动力，而市场需求是海洋战略性新兴产业形成的拉动力。政府通过行政手段扶持产业发展，是加速海洋战略性新兴产业形成的催化力量。因此，基于“政府和市场”视角，海洋战略性新兴产业的形成和发展有三种模式，分别是市场自发形成、政府主导形成、市场自发与政府引导共同作用形成。

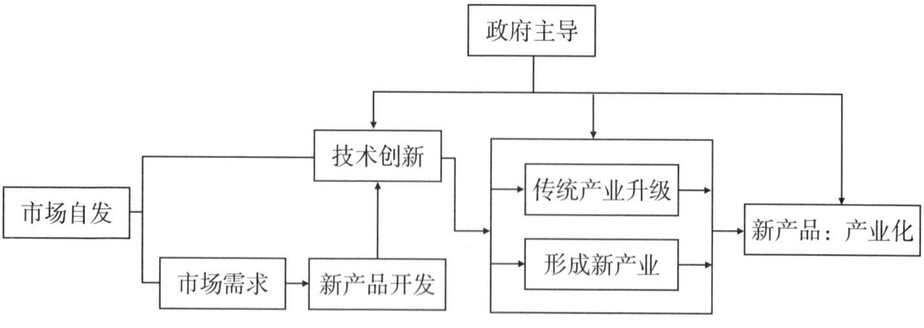

图 2-4　海洋战略性新兴产业的形成模式

1. **市场自发形成**

该模式通过市场机制驱动，旨在挖掘潜在市场的需求和获利空间。产业依赖市场内部的资本、技术、人才等生产要素，凭借比较优势获得生产要素和市场份额，并逐步实现产业化。这个过程呈现出企业主体性和自然选择性两个特点。企业主体性是指企业的经营决策完全自主，并完全凭借实力在竞争市场中谋求生存和发展；自然选择性是指产业的形成和发展是竞争激烈的市场竞争自然选择的结果，取决于技术水平和市场需求。

市场自发形成海洋战略性新兴产业的模式，其实质是技术创新通过市场选择后，在消费需求的拉动下实现产业化的过程。市场自发形成的模式具体而言有三种方式：一是技术推动，包括传统产业技术升级和新技术的产业化。作为知识和技术密集型产业，海洋战略性新兴产业形成和发展的主要推动力是海洋领域的技术创新及其产业化。二是需求拉动。海洋战略性新兴产业的出现是顺应当前或潜在的市场需求，在市场需求拉动下，涉海企业寻找和挖掘商业盈利点，搭建潜在需求与现实市场的契合点，从小众边缘市场逐步发展进入主流市场，促进产品的推广和普及。三是技术、需求双动力支持。技术推动和需求拉动单独来看并不具有普适性，海洋战略性新兴产业更多的是由技术和需求二者共同作用形成的，技术推动的方式是通过技术创新来满足市场需求的，而需求拉动的方式也需要通过技术创新来进行产品化。就产业化的不同阶段来看，早期技术推动更为重要，而需求拉动则随着技术日渐成熟而日趋重要。

市场自发形成模式的优势在于，海洋战略性新兴产业在形成和发展过程中经历过激烈的市场竞争的考验，比较优势较为显著，并且内生增长动力得到强化。然而以此模式培育海洋战略性新兴产业，其劣势也比较明显，即产业形成和发展的过程具有较大的风险性和不稳定性，并且产业形成和发展的过程比较缓慢。因此，这一模式更适用于市场发育程度高、高新技术产业基础雄厚、市场环境良好的国家或地区。

2. **政府主导形成**

该模式是指在政府强力的干预和主导下，海洋战略性新兴产业通过非市场机制优先获得生产要素、攫取市场份额，形成、发展并实现产业化。政府出于对国家或产业利益的考量，通过直接兴办企业、制定产业政策等，培育一些短期内不能吸引市场主体自发进入的产业。这些产业利用政府的产业政策获得比较优势，进行不完全竞争。这一模式呈现出两个特征：一是政府的主体性。产业的资源配置主要取决于政府支持，政府干预力量的大小直接决定了产业竞争优势的强弱。二是选择的主观性。政府基于对地区经济、产业特征、发展战略等的主观判断，选择培育的产业，但技术路径不一定符合产业演进趋势，产品也不一定满足市场需求。

政府根据当地经济发展规划，确定产业发展目标，通过行政命令强制企业完成，包括要求传统产业进行技术改造或升级，或者直接扶持某一创新技术的发展，并通过新技术的产业化形成一个新的产业。政府通过具体的产业政策、明确的产业指标，集中技术、人才、资金等多种资源，极大地加快了海洋战略性新兴产业形成、发展并实现产业化的过程。但政府主导形成的产业模式，是针对产业的初创期特性而制定的暂时性、阶段性政策，政府并不需要在产业整个生命周期内都发挥主导作用，而应随着技术、市场、经营主体的发展成熟而逐步退出干预。

政府主导形成模式的优势在于，政府的强力干预能够缩短海洋战略性新兴产业的培育时间，加快发挥极化效应和扩散效应，并推动产业快速地从新兴阶段跨越到主导产业和支柱产业阶段，同时相应控制了海洋战略性新兴产业的市场风险和不稳定性。但这一模式的缺陷也较为严重，产业通过政府支持获取竞争优势，并非在激烈的竞争中进行市场选择的结果，因此其创新能力、抗风险能力均较缺乏，具有一定的脆弱性；并且政府的主观选择也存在较高的决策风险，一旦技术路径和发展方向决策失误，将会对产业带来致命打击；此外，政府主导形成模式也存在政府失灵问题，可能导致重复建设、低效投资等。

3. **市场自发与政府引导共同作用形成**

纯粹的市场自发形成模式与政府主导形成模式均存在缺陷，实践中也较为少见，市场自发与政府引导共同作用形成是最为常见的模式。市场与政府有机结合，在不同的产业发展阶段轮番主导、共同作用，二者力量也随之消长，动态变化。

海洋战略性新兴产业形成和发展的最佳模式应为市场与政府合作，通过市场孕育和政府催化相结合，在市场充分发挥基础性资源配置功能，实现要素资源自由流动、企业自由竞争的前提下，政府主动引导、积极扶持，制定产业政策和发展规划，通过鼓励开展关键核心技术攻关、调整优化产业空间布局、提供优质的公共技术服务等，为海洋战略性新兴产业营造良好的发展环境。市场自发与政府引导共同作用，能更有效地推动海洋战略性新兴产业的形成与发展。在海洋战略性新兴产业的形成和发展过程中，政府与市场各有其作用和能力发挥的空间，二者的共同作用往往能取得良好效果。在目前国内外新兴产业的培育实践中，这一模式也较为成功。不同国家和地区的科技发展水平、资源禀赋与产业基础各不相同，应根据当地的市场发育程度、高新技术产业基础和市场环境等实际情况，选择合适的海洋战略性新兴产业的培育路径。

（四）作用机理

随着我国海洋经济进入新常态，传统粗犷的高污染、高能耗发展模式已经无以为继，海洋经济面临着增速下行、结构升级、增长方式转换等多方面的挑战。海洋战略性新兴产业作为海洋产业和新兴技术的深度融合，代表着先进海洋生产力的发展方向，具有资源消耗低、综合效益好、节能环保等优势，在推动海洋经济创新发展、实现产业结构转型升级的过程中起着决定性作用。

产业结构升级是指产业结构系统从较低形式向较高形式转换的过程，即产业结构的高级化，表现为产业结构的改善和产业效率的提升。黄婕能（2018）指出，产业结构转型优化的评判标准为产业结构的高级化和合理化，其中产业结构高级化的标准包括产业发展动力转为以技术创新为主、制造业产业链后期高附加值产品比重增加、产业结构中第二产业和第三产业比重增加等。

产业结构升级最主要的推动力为技术创新。龚轶 等（2013）认为，技术创新是产业结构优化转型的根本动力，尤其是物质、资本节约型创新。产业结构转型的相关研究同时认为，产业结构转型的市场动力为供需结构的变化，供给和需求变动会影响产业结构，带动产业结构转型升级。罗肇鸿（1988）

指出，技术创新从生产过程和需求两方面对产业结构产生直接或间接影响。技术创新创造新工艺、新产品，并发展形成新兴行业，海洋战略性新兴产业就是随着海洋技术创新发展而来的产业，“新兴性”指出了其与传统产业在产业规模形成时序上的不同。在龚轶 等（2013）、罗肇鸿（1988）等的研究基础上，本书提出了海洋战略性新兴产业推动海洋产业结构转型升级的作用机理（见图2-5），即海洋战略性新兴产业通过持续不断的技术创新，作用于海洋产业的生产结构和需求结构，迅速集聚资源、扩张规模，改善产业结构，提升产业效率，从而持续推动海洋产业结构转型升级。

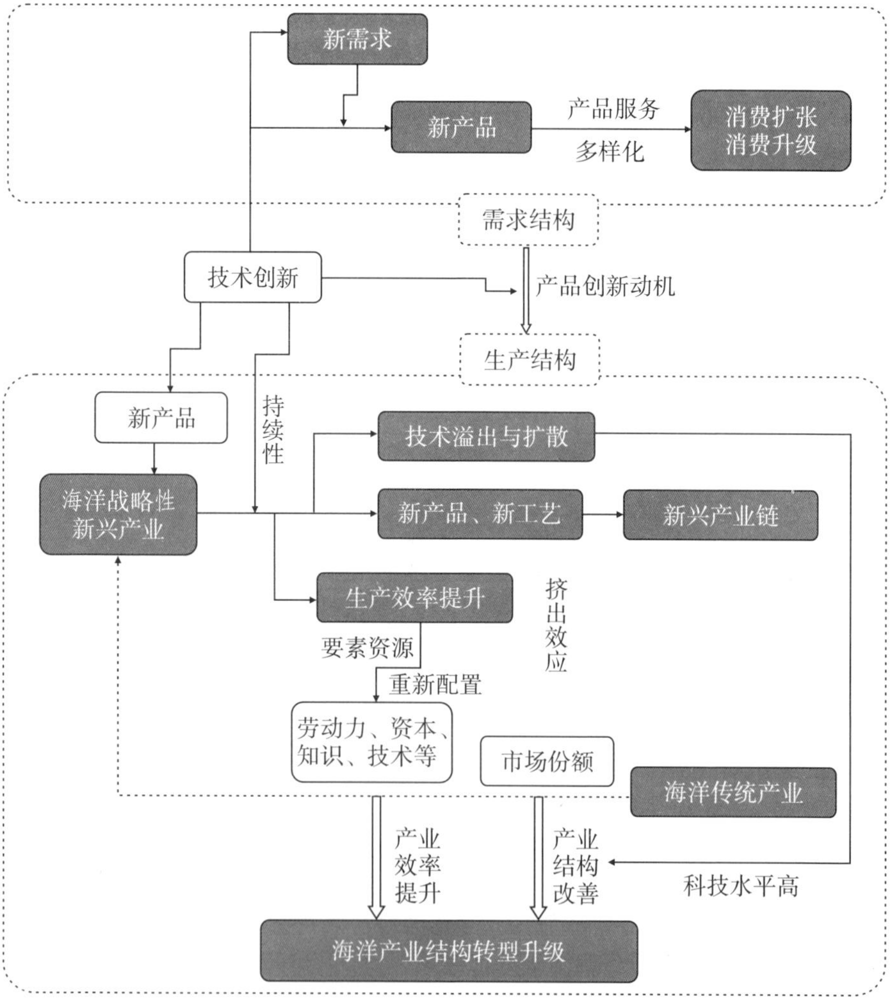

图2-5　海洋战略性新兴产业推动海洋产业结构转型升级的作用机理

1. **生产结构作用机理**

一是通过海洋高新技术的创新突破，创造出新产品、新工艺，并逐步发展形成海洋战略性新兴产业。海洋战略性新兴产业凭借新产品带来的市场垄断地位，迅速集聚资源，扩大生产规模，并推动海洋战略性新兴产业的产业链条逐步延伸和完善。由于新产品的生产技术对上下游产业提出了更高的要求，使得科技创新向上、向下延伸，形成一条完整的新兴产业链。海洋战略性新兴产业的发展依赖于持续性技术创新，即通过不断地创造出新产品、新工艺，维持技术垄断，扩大生产规模，逐步发展成为海洋经济中的主导产业，并不断提升产业链科技水平，持续推动产业结构的优化升级。与此同时，由于海洋传统产业技术更新速度慢，海洋战略性新兴产业对海洋传统产业产生“挤出效应”，以新产品、新工艺替代原有的产品，推动市场份额持续扩大，使得落后的、不经济的海洋传统产业衰退甚至消亡，部分海洋传统产业经由技术创新进行改造升级。海洋战略性新兴产业逐步取代海洋传统产业的过程，即熊彼特（2002）提出的“创造性毁灭”过程：创新技术应用于生产，淘汰旧的技术和生产体系，新的产业部门取代旧的产业部门，推动产业结构调整，海洋主导产业由发展粗犷、低效率的传统产业转变为高效环保的海洋战略性新兴产业。

二是技术创新会改进生产工艺和设备，优化组合投入要素，提高整体产出水平，提升海洋战略性新兴产业的劳动生产率和资本效率。Peneder（2003）指出，技术创新能力强的产业部门，其生产效率会迅速提升，这是促进产业转型升级的重要因素。技术进步会加大海洋战略性新兴产业和海洋传统产业部门间生产效率的差距，进而深化社会分工，重新配置生产资源，加快产业间要素资源的流动，推动劳动力、资本等要素资源从海洋传统产业流向效率更高、获利更高的海洋战略性新兴产业。Clark（1969）指出，劳动力资源会跨部门从较低收入的产业部门流向较高收入的产业部门，促进经济增长，并加快产业结构调整的步伐。随着海洋战略性新兴产业生产要素的迅速集聚，人力资本积累、知识积累和技术积累将加快，要素资源的投入质量得到持续优化，产业发展水平将不断提升。而与之相对，海洋传统产业的生产要素加快流出，市场份额持续下降，海洋传统产业日渐衰退甚至逐步消亡，海洋经济的主导产业部门将由传统产业转变为海洋战略性新兴产业。要素资源在海洋战略性新兴产业和海洋传统产业间重新配置，从生产效率较低的部门流向生产效率较高的部门，这一过程实现了产业结构调整和优化升级。正如李政、杨思莹（2017）所认为的，产业结构优化升级是资源配置的帕累托改进，是一个要素流动和资源再分配的过程。

三是社会分工的日益专业化和精细化使得海洋经济各部门的产业结构、效益上升到更重要的层次，技术创新催生新的产业，使得海洋战略性新兴产业的部门不断增多，部门之间的关联性也逐渐增强。产业部门间的知识溢出，是影响海洋战略性新兴产业创新和演进的重要因素。由于专业、知识、能力存在差异，海洋战略性新兴产业研发部门的技术水平各有不同，随着各产业技术创新的不断发展，知识、技术通过溢出效应在产业间相互扩散，使得创新资源和成果在不同的产业间重新配置。熊义杰（2011）指出，溢出效应是要素的扩散与聚集的差，并且不是单一形式的简单溢出，而是人员形式、资本形式、文化形式三种不同形式的溢出。Rogers（1962）提出的创新扩散理论认为，创新的属性、时间、空间和传递渠道等均会影响创新扩散的过程。技术创新溢出效应除了发生在产业内的水平效应，诸如示范效应、竞争效应和培训效应等，还包括发生在产业间的垂直效应，如产业链上下游的关联效应。技术创新通过水平效应和垂直效应，加快了技术溢出和扩散，促进了产业部门之间的整合与互补，联动产业发展，进而推动海洋产业结构转型升级。

2. **需求结构作用机理**

海洋技术创新会创造出新产品和新需求，通过满足这些新需求，海洋战略性新兴产业不断加快发展，以互补性产品与服务延伸及市场规模扩大，增加消费者对产品的多样性需求；同时，通过多样化的产品或服务创造并优化消费体验，推动消费市场扩大并实现消费水平升级。例如，海洋动植物活性先导化合物等海洋动植物代谢产品创造出市场需求，进一步推动海洋生物医药技术的创新，提升海洋生物技术成果的丰富性和多样化。相应地，对过时产品消费需求的逐步减退，也会使生产过时产品的传统产业衰退甚至消亡。此外，需求结构会直接影响生产结构，新需求的出现会通过激发产品创新的动机，从而加快海洋技术创新来满足新需求，例如消费市场对可燃冰清洁能源的应用需求会加快可燃冰开采技术的创新发展。市场需求为技术创新提供了明确的方向和指引，霍国庆 等（2017）和赵康杰 等（2014）认为，市场需求规模能够提升战略性新兴产业的研发投入和创新效率；程鹏 等（2017）指出，即便需求结构和市场结构存在差异，市场规模仍然能影响需求结构，进而促进创新。不同的需求规模、市场格局及需求结构均会影响市场结构（李政、杨思莹，2017），这些影响通过技术创新来促进产品或服务的更新，从而推动产业结构演进。

海洋战略性新兴产业通过持续性技术创新，作用于生产过程和消费过程，加快产业动态变化，提升生产和消费水平，并进一步决定了海洋经济的再生产过程，推动海洋经济由高投入、高消耗、低产出、低效率的粗放型增长方式转向集约、高效、低碳的技术密集型增长方式，实现海洋产业的转型升级。

第三章　海洋经济制度创新理论研究

经济的健康运行需要制度发挥作用，制度能够促进劳动的合理分工，减少不确定性，节省交易成本，缓解信息不对称，有助于经济体系安全稳定运行，促进经济的繁荣发展。海洋经济的创新发展离不开海洋经济制度的支持，粤港澳大湾区涉及三地两制，亟须通过制度协同创新来支撑粤港澳海洋经济的创新发展。

一、海洋经济制度创新与有为政府

（一）海洋经济制度创新与政府行为

制度创新，又可称为制度变迁或制度变革，是以诺斯为代表的新制度经济学家在深入研究制度创新问题的基础上创立的，他们认为制度是影响经济效率的重要因素。制度对经济绩效的影响是基础性的，正是因为有了制度创新，技术创新、资本集聚、劳动力素质提升才成为可能，经济增长才有了保证。因此，制度创新的重要性超过技术创新、资本集聚及资源汇集，它是决定经济绩效的关键因素。制度创新理论认为，制度创新的主体包括个人、个人之间自愿组成的合作团体和政府机构三种形式。戴维斯和诺斯指出，制度创新活动首先是由“第一行动集团”发起的，担负这一活动职责的集团可以分为三个层次，即政府、团体和个人，三个层次可以自由组合，而在可供选择的条件下，政府的制度创新最具优越性。政府的制度创新包括两种方式：自上而下的强制性创新和自下而上的诱致性创新。就中国的中央集权制度格局来看，政府主导的自上而下的强制性创新是主要的方式。我国改革开放以来的实践，实质上是中央政府主导的、以供给型制度创新为主要模式的制度变迁过程。

就海洋经济而言，海洋经济是集合性的概念，泛指人类以海洋资源开发、利用为核心的相关经济活动。海洋资源构成了海洋经济的基础。美国学者 S. Colgan（2013）认为，海洋资源是海洋经济活动的投入基础；Judith T. Kildow（2013）认为，海洋或者由海洋资源决定的产品或部分服务构成了海洋经济活动的内容。在海洋经济中，形成了多种以海洋资源为基础的产业，如海洋渔业、海洋油气业、海洋盐业、海洋化工业等。同时，海洋也为人类提供了生态服务的功能，形成了海水淡化、海洋生物医药、海洋生态旅游等产业。此外，海洋还为人类提供了联系世界的媒介，是沟通国际贸易的桥梁，是推动全球化发展的纽带。依托于海洋资源、生态与媒介功能，人类开展了开发和利用海洋的各种经济活动，而海洋要素的投入过程以及海洋经济活动中人的行为都需要制度来进行保障和规制。随着海洋开发愈加深入，制度创新的需求便愈加明显。可见，海洋经济发展的制度创新本质上是要优化配置海洋经济发展的投入要素，以实现产出的最优化及效率的提升。因此，制度创新对海洋经济发展至关重要。而纵观改革开放以来我国海洋经济的发展历程，海洋经济发展的制度创新主要是由政府自上而下的强制性供给实现的。

那么，在我国海洋经济发展中，为什么会出现由政府主导制度创新的现象呢？我国政府与国内市场的关系表现为典型的“强政府+弱市场”形态，这种形态的典型特点是不对称，即政府主导了海洋资源开发、利用与保护的多数活动，且政府依据海洋固有特点及自身管理海洋的需求供给了绝大多数的制度。之所以会出现这种状态，一方面，是因为传统的计划经济思维尚未得到根本改变，改革开放以来的海洋经济快速发展基本是由政府推动的，市场的培育、市场机制和市场制度的建立和完善基本由政府完成；另一方面，海洋自身固有的特点，特别是其复杂性和不确定性，推动了政府主导地位的形成。具体表现为：

首先，海洋资源具有生态公共物品的属性，容易造成公地悲剧。海洋经济是以资源开发、利用与保护为基础的资源型经济形态，与陆地资源相比，海洋资源具有普遍的公共物品特性，具有非排他性和非竞争性，诸如海水的流动性导致海洋水体资源、生物资源、能源资源等海洋资源难以确立排他性的产权关系；海底矿藏、海洋土地、海洋空间等海洋资源虽然具有固定的位置，可以进行产权划分，但是在现实中多以公权（国有或集体所有）的形式存在。这种产权特征大大增加了海洋资源实现高效配置的难度。如果将海洋资源完全交由市场配置，多数情况下会出现市场失灵，比如造成海洋资源过度开发、海洋生态环境恶化等。按照公共物品理论，政府是供给公共物品、解决市场失灵的主体，因此，形成由政府主导海洋资源开发、利用与保护的制度供给是必然选择。

其次，海洋的开发和利用具有不确定性，需要制度创新主体有足够的能力降低风险。对于人类而言，海洋的大部分还是一个未知的世界。海洋的探索需要陆地经济发展到一定程度，拥有资金、技术基础后才能开展。而多数海洋活动对技术要求高，需要投入的资金比陆地活动大得多，预期收益不明确，从而增加了海洋开发利用的风险。此外，海洋灾害频发，对海洋开发活动影响巨大，比如台风会直接影响海洋渔业捕捞活动、海上油气开发及运输等。当不确定性存在的时候，创新就成为必要的了。而政府的参与，如提供政策性资金支持、出台补贴政策等可以降低海洋开发过程中资金投入的风险，减少不确定性，提升参与主体的积极性。

再次，海洋的复杂性特征要求政府提供更多的制度保障。海洋是一个复杂的系统，具有多层次、多组合、多功能及连通性、不可分割性等特征，海洋系统的各种资源要素、生态要素相互联系、相互影响，紧密结合在一起，如果某种资源过度开发或者不合理开发，必然会影响海洋的整体变化。例如，天然气水合物作为一种新型能源已经进入商业开发阶段，而多数天然气水合物埋藏于海床之下，受到水压、海床等多种物理、化学、生态因素的影响，如果开发技术不成熟，可能引发海底地质灾害、海底大量温室气体涌入大气以及环境危机。另外，海洋的开发和利用由人类主导，任何海洋变化都离不开人类活动的足迹。到目前为止，人类活动已经对海洋造成了严重的影响，如渔业资源过度利用、海洋环境污染等。因此，要实现海洋经济的快速健康发展，必须建立适应海洋复杂性的制度约束与激励体系。

最后，市场发育不完善。不同于陆地资源开发，人类对海洋的认识、利用与开发起步较晚，到目前为止还远未达到全部认识海洋的深度和广度。此外，海洋经济要素市场发展缓慢，海洋科技成果转化率低，资本市场处于初级阶段，支持海洋经济发展的金融产品发展缓慢，海洋保险市场还处于探索阶段，若干市场性的制度与规范尚未建立，市场不能有效地发挥资源的基础性配置作用。

上述问题在很大程度上可以通过政府主导的制度创新进行解决和突破，可以说在诸多影响海洋经济的变量中，制度是关键变量。制度因海洋经济发展需求而产生，又催生新的知识创新、海洋管理创新、海洋技术创新和海洋产品创新，形成新的产品与产业形态，推动区域及国家海洋经济的发展。因此，必须通过由政府主导的制度创新，为市场的发展提供制度性保障，进而发挥市场在资源配置中的决定性作用，有效降低风险，为海洋经济的正常运行保驾护航，提升海洋经济发展的质量和效益。

（二）有为政府与海洋经济制度创新

对于政府在海洋开发、利用与保护中如何发挥最大化的作用，至今无论是学术界还是政界都未有清晰的认知。这主要源于对两个方面的认知不足：一是对海洋复杂性与不确定性的认知不足。海洋经济的综合性、海洋开发的复杂性、海洋生态的不对称性等特点，引发了政府在海洋经济发展中的作用是否与陆地资源开发一样，以及由政府主导的海洋开发是否应该减少政府干预的疑惑。二是政府对于自身的功能与作用认知不足。政府应该提供什么样的公共产品、设计什么样的制度、如何正确处理与市场的关系，在当前海洋经济发展的实践中都还处于模糊状态。实践中，政府对于海洋经济发展制度创新的认知不足是显而易见的——海洋与渔业管理机构频繁调整，政策呈现不连续性，政府经常在海洋公共产品的供给上出现“越位”“错位”和“缺位”，不仅过多地干预私人产品的生产和交换，而且在其职责范围之内的公共产品安排上经常显得乏力。这必然会带来以下问题：政府想成为有为政府，却超越了自身的边界，对实践进行过多的指导；缺乏对海洋经济发展制度创新逻辑的足够认知，所设计的制度不符合实际或效率太差；受从业人员的知识水平及部门利益的限制，综合性的制度创新和制度供给缺乏，不利于海洋综合管理。

要解决这些问题，核心的是要明确政府在制度创新和制度供给中的定位。西方经济学理论中讨论政府的边界与定位问题，一般是对政府与市场同时进行考察。作为配置资源最主要的两种方式，政府与市场一直是经济学理论界古老而永恒的话题。正如王广亮、辛本禄（2016）指出的，“从斯密的消极政府模式到凯恩斯的政府全面干预学说，再到 20 世纪 70 年代以后新市场自由化运动的兴起，政府和市场这两种力量总是处在此消彼长的变化之中”。在中国的制度环境下，政府和市场的边界探讨也一直在延续，并且尚未解决。

长期以来，因计划经济体制中以政府为主导的模式未从根本上改变，以及海洋本身的不确定性和复杂性特征，政府既要通过自身的机构调整来解决海洋经济发展中的问题，又要供给制度以指导和调控海洋经济发展，具有典型的双重品性，即便能力有限也要“有为”，我们称之为“有为政府”。所谓有为政府，即在不同的经济发展阶段能够因地制宜、因时制宜、因结构制宜，有效地培育、监督、保护、补充市场，纠正市场失灵，促进公平，提升全社会各阶层长期福利水平的政府。有为政府理论强调，一方面，政府需要在不同的经济发展阶段，根据不同的经济结构特征，采取因势利导的行为，发挥干预、增进与补充市场的重要功能，使无效市场变成有效市场，解决各种各样的市场失灵问题；另一方面，为解决市场失灵问题，要对政府机构和政府职能进行改革，包括简政放权、取消错误干预与管制等（王勇，2016）。有为政府更加注重主动改革和动态适应性，而这种特性能够使有为政府明确自身与市场的边界与关系。

党的十八大报告提出，要推进政企分开、政资分开、政事分开、政社分开，建设职能科学、结构优化、廉洁高效、人民满意的服务型政府。这与有为政府的逻辑基本吻合，符合“尊重市场规律，遵循市场规则；维护经济秩序，稳定经济发展；有效调配资源，参与区域竞争”的有为政府的标准。

基于有为政府理论，可以将海洋经济发展中政府的制度创新理解为：将海洋经济发展中制度改革或制度供给视为政府的重要任务，根据海洋经济发展的现实与未来需求，不断完善行为规则，通过法定程序为涉海利益相关者开发海洋、利用海洋和保护海洋设立行为准则，保障海洋经济的有序发展。有为政府的核心任务在于处理好海洋经济发展中政府与市场的关系，而要加强有为政府的建设，就必须简政放权、转变政府职能、破除行政性垄断，用制度促进市场的有序竞争，抑制市场的垄断行为（程恩富、高建昆，2014）。

二、海洋经济制度创新逻辑

海洋经济起源于人类对海洋资源的需求。人类对海洋的利用从“兴渔盐之利、行舟楫之便”开始，逐渐形成了最初的海洋经济活动。直至改革开放前，我国的海洋经济主要以海洋渔业、海洋交通运输业以及旧式的造船业为主。改革开放后，在国家的高度重视下，在地方政府的主导与推动下，各类海洋活动蓬勃兴起，海洋经济迅速发展，随之而来的海洋产权制度、海洋要素配置调节机制、海洋生态环保制度等逐步建立和完善。可见，海洋经济是随着人类对资源需求与发展空间约束的认知而逐步发展起来的，海洋经济发展中的制度也是随着人类对海洋的开发、利用与保护逐步建立和完善的。那么，海洋经济发展中的制度供给或制度创新为什么会出现呢？制度经济学家将这一问题归结为要素相对价格的变化，即预期收益超过成本时，制度创新就会产生。例如，科斯（1979）认为，“预期的净收益超过预期成本时，一项制度安排就会被创新”。汪丁丁（1992）认为，之所以会产生制度创新，是因为出现了以前没有的新事物，随之产生了利润，进而产生制度上的需求，制度创新就成为必然。从动态的角度看，制度创新是持续发展的，制度创新完成后，与经济发展匹配，在要素相对价格发生变化后会进入下一个不稳态，即新的制度创新过程，从而实现持续创新。

新制度经济学认为，制度创新（变迁）的逻辑过程是“第一行动集团”和“第二行动集团”共同推动的结果，这与新结构经济学中有为政府的动态变迁式的制度创新存在逻辑一致性，都强调政府主导下的海洋经济发展的制度创新——除要达到有为政府的目标外，还必须适应不断变化的市场环境，即制度创新要将政府与市场结合起来综合考虑。关于政府与市场的关系，经济学的主流观点是市场决定资源的配置，市场能够通过价格信号达到帕累托有效配置的机制，即有效市场。有效市场与有为政府是相互依存的，有效市场以有为政府为前提，有为政府以有效市场为依归。市场的“有效”配置机制和政府的“有为”制度创新机制是互补的，是一个有机的整体，只有将两者结合起来，才能实现功能上良性互补、效应上协同发展、机制上交替损益（程恩富、高建昆，2014）。

有效市场与有为政府并非同时存在。就海洋经济而言，海洋的复杂程度与不确定性以及人类对海洋的认知水平、海洋开发的技术手段等限制了市场的发育程度，导致在多数情况下，政府制度创新的主导程度明显大于市场有效性程度，使得海洋经济发展的制度创新在不同的阶段表现出不同的特点（见表 3-1）。

表 3-1 不同发展阶段的制度创新

发展阶段	政府与市场的关系	制度供给	作用对象
初期阶段	政府主导，市场辅助	战略、计划、财税与金融制度、法律法规等	技术、企业、组织、产业等
成长阶段	政府主导，市场先行	制度环境，产权、科技、金融	技术、企业、组织、产业等
成熟阶段	政府辅助，市场主导	制度环境，产权、科技、金融	技术、企业、组织、产业等

初期阶段。基于人类对资源与空间拓展的需求，海洋开始进入人类经济社会发展的关注领域，然而，由于海洋资源多远离陆地，人类认知有限，因此需要进行勘探，需要发明开发海洋资源的工具与技术，这就要求政府提供激励性政策及法律法规等制度性保障，以促进海洋经济发展。因此，这一阶段海洋经济发展的主要动力应来自政府的扶持和引导，市场则处于初级发育阶段，各要素对海洋经济的贡献有限。

成长阶段。进入成长阶段后，随着资金、技术等的逐步积累，滨海旅游及海产品加工、包装、储运等后继产业呈现出加快发展的趋势，海洋生物工程、海洋石油、海上矿业、海洋船舶等海洋第二产业逐渐发展，海洋经济也随之进入高速发展阶段。这一阶段，市场机制作用逐步发挥，但尚未进入有效市场阶段，政府仍处于主导地位。政府推动制度创新的主要着力点在于为适应快速发展的海洋经济进行体制机制调整，并在产权、要素市场的发育和推进等方面提供政策和制度支持。

成熟阶段。各类要素已经发育成熟，市场机制在海洋经济发展中已经起主导作用。这一阶段，政府制度创新主要聚焦于供给与市场机制运行有关的制度，包括技术创新政策、产业结构优化与高级化发展政策、金融与海洋融合政策等。

第二篇

粤港澳大湾区海洋经济现状分析与比较

随着世界经济的快速发展，陆域资源的承载力日益见顶，因此各国纷纷将视线转向海洋。海洋作为开展经济活动的重要通道和载体，其地位和作用日益显著。在《全国海洋经济发展“十三五”规划》《广东省沿海经济带综合发展规划（2017—2030年）》等诸多规划政策的支持下，广东海洋经济取得了长足发展，并涌现出一批如海洋生物医药等优势产业，而香港、澳门的航运业、滨海旅游业及相关服务业高度发达，区域间产业关联度大，合作发展空间广阔，促使粤港澳大湾区形成海洋产业体系较完整、经济辐射能力较强的开放型经济体系。

本篇阐述了粤港澳大湾区海洋经济发展现状，包括三章主体：第四章分析粤港澳大湾区海洋经济发展现状、海洋科技创新现状等内容，充分把握粤港澳大湾区海洋经济在发展和科技创新方面存在的问题。第五章梳理世界著名湾区海洋经济发展概况，总结了三大湾区海洋经济发展模式，为粤港澳大湾区海洋经济的创新发展提供经验借鉴。第六章从粤港澳大湾区海洋经济协同创新的基础条件出发，以海洋产业为主体进行互补性分析，并分析了粤港澳大湾区海洋经济协同创新发展面临的问题和挑战。

第四章　粤港澳大湾区海洋经济发展现状

海洋是经济社会发展的重要战略空间，是孕育新兴产业、引领新的增长点的重要领域，也是世界各国未来竞争的高地。党的十八大提出要“提高海洋资源开发能力，发展海洋经济，保护海洋生态环境，坚决维护国家海洋权益，建设海洋强国”。党的十九大进一步提出要“坚持陆海统筹，加快建设海洋强国”。壮大海洋经济，培育蓝色空间，对于我国经济向纵深发展，实现“两个一百年”的重要目标有着重要意义。整体来看，粤港澳大湾区海洋经济处在稳步增长阶段，海洋生产总值显著提高，海洋经济对地区生产总值的贡献度稳步提高；海洋社会环境进一步优化；海洋开放水平进一步提升；海洋科研实力不断升级，发展前景广阔。

一、粤港澳大湾区海洋经济发展概况

（一）广东及珠三角海洋经济发展现状

广东是我国建设海洋强国的排头兵，广东省委、省政府对海洋经济的发展高度重视，广东省委第十二次党代会提出了“建设海洋经济强省，打造沿海经济带，拓展蓝色经济空间”的战略规划，广东省委第十二届二次全会进一步提出了“坚持陆海统筹，建设海洋经济强省”的战略目标，开启了广东省海洋经济强省建设的新征程。自此，广东省迈进了海洋经济发展的新时代。

1. 广东海洋经济总体情况

近年来，广东省海洋经济呈总体向上的态势，海洋生产总值逐年增长，由 2011 年的 9266.79 亿元增长至 2018 年的 19326 亿元，8 年间年均增速达 11.07%，发展形成产业体系较完备、辐射带动能力较强的海洋经济体系。2011—2018 年，广东省海洋生产总值占地区生产总值的比重呈上升趋势，由

2011 年的 17. 30%波动增长至 2018 年的 19. 90%，海洋经济对广东省经济发展的贡献不断提升，逐步成为区域经济发展新的增长极。8 年来，广东省海洋生产总值占全国海洋生产总值的比重保持在 20. 30%以上，海洋生产总值连续 24 年位居全国首位，是我国海洋经济发展的核心地区之一。同时，广东省海洋经济产业结构不断优化，第一产业比重呈下降趋势，由 2011 年的 2. 44%下降至 2018 年的 1. 70%；第三产业比重则持续提升，由 2011 年的 50. 87%提升到 2018 年的 61. 20%。2011—2018 年广东省海洋经济发展总体情况如表 4-1 所示。

表 4-1　2011—2018 年广东省海洋经济发展总体情况

项目	2011 年	2012 年	2013 年	2014 年	2015 年	2016 年	2017 年	2018 年
海洋生产总值/亿元	9266. 79	10598. 06	11870. 82	12483. 59	14443. 10	15895. 00	18156. 00	19326. 00
增速/%	—	14. 37	12. 01	5. 16	15. 70	10. 05	14. 22	6. 44
占全省生产总值的比重/%	17. 30	18. 40	18. 20	19. 50	19. 80	20. 00	20. 20	19. 90
海洋第一产业占比/%	2. 44	1. 70	1. 60	1. 62	1. 80	1. 80	1. 50	1. 70
海洋第二产业占比/%	46. 70	48. 61	48. 61	46. 91	43. 10	41. 80	40. 10	37. 10
海洋第三产业占比/%	50. 87	49. 69	49. 79	51. 47	55. 20	56. 50	58. 40	61. 20

数据来源：《中国海洋经济统计公报》《2018 年广东省海洋经济发展报告编制和我省海洋经济运行总体情况》。

广东省海洋经济规模不断扩大，涉海法人单位数量不断增加。全国第一次海洋经济调查的数据显示，广东省涉海法人单位达 20376 家，并且主要集中在珠三角地区。广东省内 14 个沿海城市有 20103 家涉海法人单位，在全省的占比达 98.66%，仅广州、深圳两市的涉海法人单位就达到 10306 家，占全省的 50.58%。

2. 珠三角各市海洋经济发展情况

珠三角地区作为广东省乃至全国重要的经济地区，开发强度大，密度高，得益于良好的区位优势和政策优势，海洋经济发展迅速，海洋产业总产值占全省海洋产值的 75%以上。珠三角各市充分发挥产业优势和创新资源优势，形成了以创新为引领和支撑的海洋经济新体系及发展新模式。通过聚焦海洋工程装备制造、智能制造、“互联网+”、绿色低碳循环等海洋高端产业发展，珠三角地区加快形成了海洋产业新体系和区域创新体系。

（1）广州市。

2011—2015 年，广州市海洋生产总值从 1547.2 亿元增加到 2632.8 亿元，保持全省第一的领先地位，年均增速高达 14.96%。三次产业结构比例从 2011 年的 0.5∶27.9∶71.6 调整为 2015 年的 0.46∶19.75∶79.79，产业结构高级化趋势明显。广州市的优势海洋产业为海洋交通运输业、海洋船舶工业、滨海旅游业、海洋生物医药业。广州南沙已成为我国海洋工程装备制造业的重要基地。截至 2015 年末，广州港拥有各类码头泊位 870 个（其中万吨级以上泊位 74 个），锚地 88 个，最大锚泊能力 30 万吨。广州港共开通集装箱班轮航线 150 条，其中外贸航线 67 条，内贸航线 83 条。2015 年，海洋高技术产业完成固定资产投入，带动新增产值率达 16%；海洋高技术产业研发投入 6.29 亿元。广州南沙新区获批成为国家科技兴海产业示范基地、国家海洋高技术产业基地。

（2）深圳市。

“十二五”期间，深圳市海洋生产总值从 998 亿元增加到 1400 亿元，2015 年海洋生产总值占全市生产总值的比重为 8%。海洋交通运输业、海洋油气业、滨海旅游业等产业集聚态势业已形成，并且集聚了招商局国际、中集集团、中海石油深圳分公司、华侨城集团等一批年营业额超百亿元的海洋核心企业。深圳市以海洋电子信息、海洋生物、海洋高端装备等为代表的海洋未来产业快速发展，年均增长率超过30%。深圳市的海洋科技创新全国领先，形成了以企业为主体的海洋创新生态。

（3）珠海市。

“十二五”期间，珠海市主要海洋产业总产值年均增长率为19.7%，比同期地区生产总值的平均增幅（10%）高出9.7个百分点。2015年全市主要海洋产业总产值达956.9亿元，比上年增长15.0%。形成了海洋工程装备制造业、临港石油化工产业、临海航空产业、滨海旅游业和海洋会展业等优势产业。其中，海洋工程装备制造业不断发展壮大；游艇产业发展迅速，平沙游艇产业区成为国内技术密集度最高、产品档次最高的游艇制造基地；临港石油化工产业已经形成集聚发展态势；临海航空产业已经发展成为中国南方通用航空产业类别最齐全、运营企业最集中的区域；港口基础设施加快建设，海洋客货运输增长显著。

（4）东莞市。

2011—2015年，东莞市海洋生产总值持续稳定增长，由2011年的571亿元增长到2015年的750亿元，年均增长率为7%。2011—2015年，东莞市海洋三次产业比例逐年优化，海洋第三产业逐渐壮大。东莞市的优势海洋产业为海洋交通运输业、海洋渔业、滨海电力业和滨海旅游业，海水利用业、滨海砂矿业、海洋船舶修造业、游艇旅游业等新兴产业、港口优势产业特色突出。东莞港已经进入全面开发阶段，2015年港口吞吐量达1.31亿吨，同比增长1.9%；集装箱吞吐量达到336.28万标准箱（TEU，Twenty-foot Equivalent Unit，20英尺标准集装箱，简称标准箱），同比增长16.3%。滨海湾新区建设提速，成为融入“一带一路”的重要载体。

（5）惠州市。

惠州市海洋生产总值从2011年的525亿元增长到2015年的930亿元，年均增长率达到19.4%。2015年，全市海洋战略性新兴产业增加值超过100亿元，海洋第三产业增加值为379.2亿元。海洋渔业、临港工业、港口运输业、滨海旅游业发展迅猛，海洋渔业持续稳定增长，海洋产业的开发和加工能力增强，渔业增长方式不断转变，临港工业不断壮大，港口运输业迅速发展，开通了“惠州港—唐山港”航线，初步建立了专业的海洋运输体系和港口物流中心，海洋客货运输能力逐步增强。同时，惠州市的滨海旅游业发展强劲。海洋新兴产业发展势头良好，以清洁能源为主导的新兴产业逐步发展。

（6）江门市。

江门市的海洋经济综合实力进一步增强。2014 年江门市海洋生产总值 857.95 亿元，比 2010 年增长 212%，年均增长 33%；海洋产业增加值 326.42 亿元，较 2010 年增长 211%，年均增长 33%，占全市生产总值的 15.76%。江门市的海洋产业结构不断优化，以临港装备制造业、滨海旅游业、滨海电力业、海洋船舶修造业、海洋渔业、海洋交通运输业为主导的海洋产业体系快速发展，海洋生物医药、海水综合利用等新兴产业也已形成规模。江门市的海洋产业布局不断优化，大广海湾成为国家重大合作发展平台，以银洲湖、银湖湾、广海湾、川岛为启动区和核心区的海洋经济空间布局清晰，发展良好。

（7）中山市。

2011 年，中山市水产养殖面积 35.54 万亩（1 亩≈666.67 平方米）；水产品产量 34.59 万吨，增长 2.1%；水产品总产值 48.33 亿元，增长 5%；出口创汇 9975 万美元，增长 5%；农（渔）民人均纯收入和劳动力人均纯收入分别为 1.9 万元和 3.14 万元，分别增长 3%和 6%。海洋装备制造业、港口物流业、滨海旅游业、海洋生物医药业强势增长。2010 年，海洋装备制造业实现产值 113 亿元，同比增长 83.9%；现代化港口物流网络不断完善，正在全力推进“一港”（中山港）、“五区”建设；滨海旅游基地建设加快推进；海洋医药新兴产业迅速兴起。中山火炬区国家健康科技产业基地及华南现代中医药城两个园区通过加强产学研联合，引进了高新海洋制药业，开发了技术含量高、市场容量大、经济效益好的海洋中成药，逐步形成了一批上规模的海洋生物制药龙头企业。

（二）香港海洋经济发展现状

作为国际金融贸易和航运中心，香港是全球最自由的经济体之一，航运业、滨海旅游业及相关服务业高度发达。依托优越的地理区位优势、自由港政策优势，香港以转口贸易为契机，发展成为世界最大的集装箱枢纽港，是全球供应链上的主要枢纽港。2007—2018 年，香港港口集装箱吞吐量保持在

1959 万 TEU（Twenty-feet Equivalent Unit 的缩写，即 20 英尺标准集装箱）至 2449 万 TEU 之间（见表 4-2）。2018 年，香港港口集装箱吞吐量为 1959 万 TEU，虽处于 12 年间最低水平，但仍在全球主要港口中位居第七位。2017 年，香港港口货物吞吐量达 28160 万吨，同比增长 9.7%，其中，抵港货物 17460 万吨，离港货物 10700 万吨。

表 4-2　香港港口集装箱吞吐量发展情况

年份	2007	2008	2009	2010	2011	2012	2013	2014	2015	2016	2017	2018
吞吐量/万 TEU	2399.0	2449.0	2092.0	2369.0	2440.0	2309.0	2228.8	2228.3	2011.4	1981.3	2076.3	1959.0
增长率/%	2.0	2.1	-14.6	13.2	3.0	-5.4	-3.5	-0.3	-9.7	-1.5	4.8	-5.6

数据来源：2007—2018 年的中国港口年鉴。

（三）澳门海洋经济发展现状

澳门的航运业、滨海旅游业及相关服务业高度发达，在中国与葡语系国家的商贸合作中发挥着重要作用。澳门的海洋经济以滨海旅游业、海洋交通运输业、海洋文化产业等为主。尤其是通过滨海旅游业与海洋文化产业的融合发展，打造“世界旅游休闲中心”，推动了海洋旅游业大力发展。

2017 年，澳门港口货物吞吐量达 174374 吨，其中，抵港货物 148750 吨，离港货物 25624 吨；港口集装箱吞吐量达 13 万 TEU，其中，重箱吞吐量为 9.1 万 TEU，空箱吞吐量为 3.9 万 TEU。进口重箱增长 1.46%，达 8 万 TEU；出口重箱下降 2.64%，达 1.1 万 TEU。全年内港集装箱吞吐量较上年增长 1.22%，达 9.3 万 TEU；九澳港集装箱吞吐量较上年增长 0.73%，达 3.6 万 TEU。

二、粤港澳大湾区海洋科技创新现状分析

无论是参照国际一流湾区的发展路径，还是聚焦建设科技强国的大背景，建设广深港澳科技创新走廊、打造国际科技创新中心都是粤港澳大湾区建设的核心内容，也是粤港澳未来发展的方向。粤港澳大湾区科技创新基础良好，

海洋创新平台不断涌现，海洋科技创新能力持续增强，科技创新逐渐成为粤港澳大湾区的重要发展力量。

（一）广东海洋科技创新现状

海洋经济已成为广东经济发展的重要引擎，对海洋科技投入的依赖程度逐渐增加。随着海洋科技投入力度的增大，新型海洋产业的竞争力得到有效提高。2012—2014 年广东海洋科研经费、从业人员及机构数统计如表 4-3 所示。

表 4-3　广东海洋科技投入数据统计

年份	海洋科研经费/万元	海洋科研从业人员/人	海洋科研机构数/个	海洋科研经费增长率/%
2012	1744704	3088	25	13. 87
2013	1774881	3164	24	1. 73
2014	1960673	3250	24	10. 47

1. 科创平台建设

广东省已经建成了覆盖海洋生物技术、海洋防灾减灾、海洋药物、海洋环境等领域的省部级以上重点实验室 26 个，建设和认证市级以上企业科技研发中心、工程技术中心、企业重点实验室、中试基地等产业技术开发应用示范平台共 52 家。截至“十二五”期末，全省海洋产业园区、产业基地超过 50 个。广州、湛江获批国家海洋高技术产业基地。广东还完成了中山大学、华南农业大学、清华大学深圳国际研究生院等高校涉海学院的新增建设，实现了广东高校海洋学科跻身全国高校排名前 5 的历史性突破。广东积极推动地方与省部（院）之间的合作，如与中国水产科学研究院合作成立了广东省海洋渔业研究所、广东省淡水渔业研究所，支持中国科学院南海海洋研究所与深圳大学共建了“海洋科学菁英班”海洋专业人才培养基地等。表 4-4 详细列出了广东涉海方向的国家级重点实验室信息。

表 4-4　广东涉海方向的国家级重点实验室名录

名称	所在单位	所在地	行政主管部门
南海渔业资源开发利用重点实验室	中国水产科学研究院南海水产研究所	广州市	农业农村部
水产品加工重点实验室			
热带亚热带水产资源利用与养殖重点实验室	中国水产科学研究院珠江水产研究所	广州市	农业农村部
中国科学院海洋生物资源可持续利用重点实验室	中国科学院南海海洋研究所	广州市	中国科学院
中国科学院海洋微生物研究中心			
中国科学院热带海洋环境国家重点实验室			
中国科学院热带海洋生态与环境国家野外重点实验站			
中国科学院天然气水合物重点实验室	中国科学院广州能源研究所	广州市	中国科学院
中国科学院可再生能源重点实验室			
自然资源部海底矿产资源重点实验室	广州海洋地质调查局	广州市	自然资源部
水产品安全教育部重点实验室	中山大学	广州市	教育部
南方对虾质量安全控制实验室	广东海洋大学	湛江市	农业农村部
南海维权技术与应用重点实验室	国家海洋局南海分局	广州市	自然资源部

2. 科技成果转化

科技创新推动海洋产业结构优化调整，进而促进广东形成了分工合理、优势集聚、辐射联动的科技与产业区域发展格局，创新环境得到明显优化。珠三角地区以海洋油气业、海洋高端装备制造业和海洋服务业等为主导，集聚效应日渐增强，粤港澳大湾区海洋经济合作不断深化，如深圳市启动建设了全国首个海洋综合管理示范区。粤西以临海工业、海洋油气业和海洋渔业为主导，粤桂琼区域合作不断向海洋领域扩展。粤东以临海工业、海洋渔业为主导，粤闽合作持续推动了区域海洋经济发展。

2013—2015 年，海洋科技知识产权发展迅速，仅广东省便获得国家专利 197 项。广东省在海洋药物与生物制品、海洋观测监测仪器装备、海水养殖种苗繁育、现代化养殖装备技术等领域居全国领先地位。

3. **产学研创新联盟**

以企业为创新主体，通过成果转化与项目产业化，广东省推动企业、科研机构、大专院校加强协同创新，开展重大产业关键技术协同攻关，探索建立适应不同条件的利益分配与协调机制。在开展战略合作协同创新方面，广东省海洋与渔业局分别与国家海洋技术中心、中山大学、中国科学院南海海洋研究所、自然资源部天津海水淡化与综合利用研究所等单位达成合作意向，就海洋政策研究、海洋技术研发与成果转化、区域性海洋立体监测观测系统建设、大型海洋技术试验示范基地建设等方面加强合作；与自然资源部海洋减灾中心、海洋环境预报中心、卫星海洋应用中心及广东省气象局签订合作框架协议，共同建设海洋防灾减灾科技支撑平台；与国家航天局五院合作推进海洋信息化工作。

4. **国家科技兴海产业示范基地**

广东拥有两大国家级科技兴海产业示范基地——南沙国家科技兴海产业示范基地和国家海洋高技术产业基地。广东利用平台政策优势和区位优势，充分吸引海洋产业相关人才，推动一批海洋高科技技术机构和公司的集聚，重点发展海洋生物医药业、海洋高端工程装备制造业、现代化海水养殖业、现代化海洋服务业等产业，发挥科技创新和科技服务双平台的功能，以海洋科技创新为核心，构建集研发、孵化、交易、服务于一体的特色海洋高技术产业基地，引领和带动周围区域海洋科技的发展，使其成为具有影响力的海洋产业孵化器与加速器基地。

（二）香港科技创新现状

根据 2018 年全球创新指数（Global Innovation Index），由香港与深圳的创新及科技业组成的深港科技集群是世界第二大科技集群。香港的初创企业生态系统正在蓬勃发展。2016 年，香港约有 2000 家初创企业，2017 年增长了 16%。香港初创企业主要的研究重点包括资讯及通信科技、即需即用软件

(SaaS)、物联网、数据分析、生物科技、人工智能、机械人、VR（虚拟现实）和 AR（增强现实）、新材料等。在应用方面，金融科技、智慧城市及智能家居、医疗保健、大数据应用等，这些都是极为热门的领域。粤港澳大湾区的建设将为香港带来源源不断的机遇，香港可以进一步利用各方面的优势，包括研发优势、科技基础设施优势、法律制度及知识产权优势等，推动科技创新的不断发展，同时发挥商业平台的作用，协助创新公司打进亚洲市场，或者协助内地创新公司走向国际。具体情况见表 4-5 和表 4-6。

表 4-5　香港科技概况

主要指标	2014 年	2015 年	2016 年
本地进行的内部研发活动总开支/亿港元 （占本地生产总值的比重）	167 （0.74%）	183 （0.76%）	197 （0.79%）
高等教育界的内部研发总开支/亿港元	86	96	103
研发人员数量/以相当于全日制的人数计算	27378	28165	29047
工商机构的技术创新活动总开支/亿港元	170	175	200

数据来源：香港贸易发展局《香港科技及创新业概况》。

表 4-6　香港创新能力在世界上的排名

全球排名	2015 年	2016 年	2017 年	2018 年
全球创新指数	11/141	14/128	16/127	14/126
瑞士洛桑国际管理学院数码竞争力排名	14/61	11/61	7/63	11/63
国际电信联盟 ICT 发展指数	7/167	6/175	6/176	—

数据来源：香港贸易发展局《香港科技及创新业概况》。

1. 科研人才教育

香港的教育资源在世界排名前列。香港的大学在“QS 世界大学排名”及“泰晤士高等教育世界大学排名”中都比较靠前，在科学及工程学科方面尤其优秀（见表 4-7），为培育香港创科人才发挥了重要作用。在研究方面，香港的大学内部的研发支出及研发人员数目均有上升趋势。此外，大学内越来越多的研究项目成功转化为商业产品、与业界合作的项目，或是以其他形式为社会经济作出贡献。

表 4-7　香港各大学在世界的排名

学科	大学（排名）
电机及电子工程	香港科技大学（23），香港大学（32），香港中文大学（38），香港城市大学（51~100），香港理工大学（51~100）
计算机科学	香港科技大学（14），香港大学（26），香港中文大学（28），香港城市大学（50），香港理工大学（51~100）
数学	香港科技大学（41），香港中文大学（29），香港大学（28），香港城市大学（45），香港理工大学（51~100）
化学工程	香港科技大学（30），香港大学（49），香港中文大学（51~100）
化学	香港科技大学（23），香港大学（27）
医学	香港大学（34），香港中文大学（46）
物理及天文学	香港科技大学（51~100），香港大学（51~100）

数据来源：香港贸易发展局《香港科技及创新业概况》。

2. 科技基础设施

在 2018 年全球基础设施创新指数的排名中，香港在 126 个经济体中名列第一位。香港特区政府于 1998 年公布了资讯科技发展蓝图，并据此投资发展各项必要的基础设施，包括注资 50 亿港元成立创新及科技基金，创办由政府资助的香港应用科技研究院，建立香港科学园、数码港及 5 所研发中心。

香港科学园现有超过 680 家科技公司进驻，并有近 13000 名科技专才在园区内工作。整体而言，香港科学园重点发展五大科技群组，包括生物医药科技、电子、绿色科技、资讯及通信科技、物料与精密工程，同时积极推动三大跨界别的技术平台的建设——智慧城市、健康老龄化、机械人技术。香港科学园还成立了附属公司——港深创新及科技园公司，负责发展在落马洲河套地区的港深创新及科技园。

数码港由香港特区政府全资拥有，是一个创意数码社区，云集了超过 800 家社区成员。数码港的愿景是成为全球创新及科技枢纽。为推动本地经济发展，数码港一直致力于履行各项使命，包括培育数码科技界的初创公司及企业家，推动各组织间的协作以集中资源、缔造商机，以及推行策略发展计划和合作，促进数码科技普及化。

在香港特区政府的推行和操办下，5 所研发中心于香港成立（见表 4-8），其主要用于策划及统筹选定核心技术范畴的应用研发工作，并推动研发成果商品化及技术转移。

表 4-8　香港主要的研发中心

研发中心	所属机构
汽车零部件研究及发展中心	香港生产力促进局
香港资讯及通讯技术研发中心	香港应用科技研究院
香港纺织及成衣研发中心	香港理工大学
香港物流及供应链管理应用技术研发中心	香港大学、香港中文大学、香港科技大学
纳米及先进材料研发院有限公司	—

资料来源：香港贸易发展局《香港科技及创新业概况》。

3. 海洋污染国家重点实验室

海洋污染国家重点实验室于 2010 年经科学技术部批准建立，由香港城市大学领衔，与香港浸会大学、香港中文大学、香港理工大学、香港科技大学、香港大学、香港教育大学共同组建。实验室的研究成果处于全球海洋环境研究的前沿。该实验室集合了香港本地 7 所大学的精英力量，其共同努力所取得的研究成果可造福内地、香港以及海内外其他地区。

实验室主要致力于研究创新的化学、生物及工程技术，以求及早侦测、评核、预测及控制影响海洋环境的污染。此外，实验室还将研究有毒化学品污染、水体缺氧、生物毒素、水生病原菌等复杂的环境问题，并致力于污染监察科技研究、海洋生态系统影响研究、风险评估、污染控制与生物修复等。

4. 政府关于科创发展的资金支持

香港特区政府于 2018 年确定了四大发展范畴，即生物科技、人工智能、智慧城市、金融科技。政府拨款加上预留款共 600 亿港元左右，用以推广创新成果及科技发展项目。具体的项目资金分配如表 4-9 所示。

表 4-9　香港特区政府促进科创发展的资金支持

项目	资金
创新及科技资金	100 亿港元
设立两个创新研究平台，专注医疗科技、人工智能及机械人技术	100 亿港元左右
数码港——加强支持初创企业，推动发展数码科技生态系统	2 亿港元
数码港——推动电子竞技产业	1 亿港元
创新科技署推出科技人才入境计划	—

数据来源：香港贸易发展局《香港科技及创新业概况》。

5. 生物科技

在各种公共基金和投资的支持下，包括香港生物科技研究院在内的多家研究机构相继在香港成立，以推动生命科学和生物科技的发展。香港生物科技研究院于 1988 年创立，为生物科技行业进行研发工作，同时促进技术转移及产品商业化。该研究院于 1996 年成立了生物技术培育中心，为本地初创企业和国际生物科技公司提供设备、技术及行政支援。

香港也是全新药物的主要临床试验中心。2014 年，两家第一阶段临床试验中心在香港成立，至今已和一些跨国制药公司建立了广泛的合作关系。香港眼科医院、香港大学及香港中文大学可为新药进行临床试验，以获取美国新药注册审批。

6. 金融科技

科技正在改变金融业，并推动全球金融服务不断创新。在香港，金融科技蓬勃发展，市场上出现不少新的参与者，包括初创公司及传统金融机构，它们向环球市场及用户提供金融科技解决方案，如支付系统及数据分析。

香港推出了多项措施，支持金融科技不断向前迈进。2016 年 3 月，香港金融管理局成立金融科技促进办公室。此外，香港金融管理局、香港证券及期货事务监察委员会和香港保险业监管局也分别设立金融科技专用平台，加强监管机构与业界之间的沟通。三家监管机构还推出了监管“沙盒”(Sandboxes)，让金融机构收集用户对旗下金融科技产品或服务的意见及数据。香港特区政府继续促进金融科技发展，2017—2018 年财政预算案宣布了一连串支援措施，包括成立专为创新及科技初创公司而设的20亿港元“创科创投基金”。

（三）澳门科技创新现状

在海洋科技方面，澳门科技大学与中国海洋大学海洋发展研究院联合成立伙伴基地“澳门海洋发展研究中心”，致力于澳门海域的海洋科技、创新、环保等领域的研究，并积极组织了多项论坛。2018年7月，澳门科学技术发展基金与国家自然科学基金委员会合办了海洋科技论坛，通过分享、交流与讨论，激发灵感，与内地同行展开合作，促进了两地在海洋方面的学术交流和研究合作。随着澳门85平方千米海域的确定，澳门科技基金近年来积极鼓励澳门科技界开展海洋科研，部分科研人员逐步将研究领域拓展至海洋方面，一批与海洋相关的科研项目正在进行。

澳门科技的发展经历了突破性的改变，以政府在2000年订立科技政策纲要、2002年成立科技委员会、2004年设立科学技术发展基金作为里程碑。2005年，内地与澳门又签署成立了科技合作委员会，使其和内地的合作更为紧密。2010年，澳门在科学技术部的支持下，获批成立了中医药和集成电路两个国家重点实验室，把澳门的科研水平提升了一个层次。2011年，澳门通过科技奖励规章，全方位地鼓励和认可科技人员的努力和贡献。2018年，澳门增补企业创新研发资助，鼓励产学研合作、加快产业转化等，大力推动了澳门的科技创新发展。

在国家和澳门特区政府的大力支持下，澳门科技创新在短短几年内便取得了较好的成绩。如在中医药领域，澳门大学和澳门科技大学成果丰硕。澳门大学在国际顶级杂志《科学》《细胞》《自然》上发表了多篇论文，在质量控制、药物分析、药理安全等领域达到世界前沿水平。澳门科技大学3年内在影响因子10以上的期刊发表了30多篇论文，并成立了两家合组公司推动科研成果的产业化转化。

澳门大学的集成电路设计在国际领先。近年在国际水平最高、最权威的芯片奥林匹克IEEE ISSCC峰会被录用的论文有22篇，加上香港科技大学的18篇，使粤港澳大湾区占了我国被录用论文总数的73%。加上华为海思、中兴、全志等国内不少前10的芯片设计企业都在粤港澳大湾区，使得澳门在开展产学研合作方面具有显著的优势。

（四）科技创新存在的问题

粤港澳大湾区具备较为坚实的科技创新基础，海洋科技发展也取得了一定进展，但在支撑海洋经济协同创新发展方面尚存在一些问题：一是海洋科技创新能力仍有待提升。虽然粤港澳大湾区涉海实用专利申请数量逐年递增，但是涉海实用专利申请数量占实用专利申请总数量的比例依然较小，与海洋生产总值占国民生产总值的比例相比较，二者并不相匹配，即海洋科技创新还存在较大差距，海洋经济创新发展尚有较大空间。同时，粤港澳大湾区海洋科技“缺核少芯”的问题同样存在，即便是创新能力较强的香港和澳门，其科技创新仍主要集中在科研教育、金融等领域，海洋产业、海洋前沿科技的创新能力尚且不足，一些关键核心技术、原材料、零部件、设备等依赖进口，限制了海洋产业向全球价值链高端跃迁。二是涉海创新主体仍有所不足，涉海企业数量不多，限制了海洋技术创新对海洋经济协同发展的支撑强度。三是创新要素流动存在一定障碍，粤港澳三地经济制度、海洋经济发展水平、法律体系和行政体系的差异，不利于创新要素在区域内便捷流动、高效整合，制约了粤港澳大湾区的协同创新。

第五章 世界著名湾区海洋经济发展经验

湾区是由一个或相连的若干个海湾、港湾及邻近岛屿共同组成的区域。由湾区非同寻常的地理区位衍生出的经济效应被称为湾区经济。湾区经济是海洋经济的独特形式，是海洋与陆地合作的重要载体，是港口经济、集聚经济和新兴产业经济相互融合的独特形态。本章分析总结了世界著名湾区海洋经济的发展经验，以期为粤港澳大湾区海洋经济的创新发展提供借鉴。

一、总体情况

全球知名的海湾多达几千个，但真正意义上的世界级湾区只有四个，分别是纽约湾区、旧金山湾区、东京湾区和粤港澳大湾区。从全球范围来看，湾区经济一般会呈现出由港口经济、工业经济向服务经济、创新经济演化的过程。从主要经济指标来看，世界级湾区的经济发展普遍呈现出如下特点：

一是经济体量大，产出效率高。2016 年，粤港澳大湾区、东京湾区、旧金山湾区和纽约湾区的地区生产总值分别为 1.36 万亿美元、1.8 万亿美元、0.8 万亿美元和 1.4 万亿美元，分别占各国 GDP 的 11.9%、37.3%、4.9%和 8.9%；产出效率较高，人均地区生产总值分别为 20390 美元、41068 美元、99150 美元和 67567 美元，地均地区生产总值分别为 0.24 亿美元/千米^2、0.49 亿美元/千米^2、0.45 亿美元/千米^2 和 0.65 亿美元/千米^2，人均产出和地均产出均远高于其他地区。

二是产业结构合理，以第三产业为主。粤港澳大湾区、东京湾区、旧金山湾区和纽约湾区产业结构合理，2016 年三次产业比例分别为 1.1∶36.7∶62.2、0.3∶17.5∶82.2、0.3∶17.0∶82.7 和 0∶10.6∶89.4，第三产业的比重均达到 60%以上，形成了以第三产业为主导的产业结构，金融、电子信息及互联网、商务服务等新兴服务业成为湾区经济发展的重要推动力。

三是高度开放，呈显著的海洋经济特征。四大湾区海运发达，港口城市成为交通枢纽与对外开放的门户，国际投资活跃、贸易便利，经济开放性较强。2016 年，粤港澳大湾区、东京湾区、旧金山湾区和纽约湾区的港口吞吐量分别为 6520 万 TEU、766 万 TEU、227 万 TEU 和 465 万 TEU。得天独厚的地理位置赋予了湾区经济独特的经济形态，四大湾区以世界级港口为纽带，联通世界，辐射全球，推动港口经济、滨海经济、都市经济和网络经济高度融合发展，呈现出显著的海洋经济特征。

四是人才集聚，创新能力强。四大湾区拥有众多世界级的大学和企业，高素质人才集聚。截至 2016 年末，粤港澳大湾区、东京湾区、旧金山湾区和纽约湾区世界 100 强大学的数量分别是 4 所、2 所、3 所和 2 所，这些大学为湾区的经济发展提供了高质量的劳动力资源；四大湾区世界 500 强企业总部数量分别为 16 家、60 家、28 家和 22 家，为湾区产业集聚和经济发展提供了重要支撑，对湾区的产业集聚和发展带动具有重要的助推作用。四大湾区 2016 年的主要经济指标如表 5-1 所示。

表 5-1　四大湾区 2016 年主要经济指标

指标	粤港澳大湾区	东京湾区	旧金山湾区	纽约湾区
地区生产总值/万亿美元	1.36	1.8	0.8	1.4
地区生产总值占全国比重/%	11.9	37.3	4.9	8.9
占地面积/万平方千米	5.6	3.68	1.79	2.15
人口总量/万人	7000	4383	765	2372
人均地区生产总值/美元	20390	41068	99150	67567
地均地区生产总值/（亿美元·千米$^{-2}$）	0.24	0.49	0.45	0.65

续表

指标	粤港澳大湾区	东京湾区	旧金山湾区	纽约湾区
三次产业比例	1.1：36.7：62.2	0.3：17.5：82.2	0.3：17.0：82.7	0：10.6：89.4
主导产业	金融、航运、电子信息及互联网、装备制造	金融、商务服务、物流、精密机械、钢铁、石化	互联网、信息通信、生物医药	金融、商务服务、信息通信、艺术娱乐
港口吞吐量/万 TEU	6520	766	227	465
机场吞吐量/亿人次	1.75	1.12	0.71	1.12
世界 500 强企业总部数量/家	16	60	28	22
世界 100 强大学数量/所	4	2	3	2

数据来源：《广东统计年鉴》（2017）、香港特区政府统计处、澳门统计暨普查局、Wind 资讯、GFCI21、BCG、《福布斯》。

相较而言，粤港澳大湾区的经济与其他三大湾区呈相同特征，同时具备自身独有的一些优势。

第一，要素资源丰富，经济密度最小。粤港澳大湾区海岛、海湾数量众多，可利用的深水岸线较长，并建有多个深水港口，包括广州、深圳等国际性港口及东莞、惠州、珠海、江门等区域性港口。浅海、滩涂等蓝色土地资源丰富，海洋生物、能源、矿产等要素优势突出，油气和天然气水合物等能源开发利用前景广阔，风能、太阳能、地热能、波浪能等可再生能源丰富，还拥有丰富的滨海金属矿。2016 年，纽约湾区、东京湾区、旧金山湾区、粤港澳大湾区地区生产总值合计约 5.36 万亿美元，占全球 GDP 总值的 6.93%；占地面积合计 13.22 万平方千米，占全球的 0.089%，四大湾区的经济密度是全球的 78 倍。粤港澳大湾区占地约 5.6 万平方千米，分别是纽约湾区、东京湾区、旧金山湾区的2.6倍、1.5倍和3.1倍，人均地区生产总值只有其他三大湾区的30.18%、49.65%和20.56%，经济密度只有其他三大湾区的46%，发展空间广阔。

第二，腹地广阔，产业空间支撑强。粤港澳大湾区以广州为顶点，以佛山、中山、珠海、澳门、肇庆、江门为西翼，以东莞、惠州、深圳、香港为东翼，构成了“9+2”城市群。《四大湾区影响力报告（2018）：纽约·旧金山·东京·粤港澳》的数据显示，香港、深圳的影响力跻身湾区主要城市前5名，四大中心城市的影响力指数平均为0.444，位列四大湾区主要城市均值之首，四大中心城市具有较强的中心城市影响力效应，为湾区经济高质量发展提供了有力支撑。此外，粤港澳大湾区东临台湾海峡西岸经济区，西接广西北部湾经济区，北延湖南、江西等中部城市群，腹地广袤，为粤港澳大湾区提供了广阔的发展空间。

第三，产业兼具“制造+服务”特征，发展前景广阔。东京、纽约、旧金山三大湾区地区生产总值主要由第三产业构成，2016年第三产业比重均在80%以上，第一产业接近于零，其中纽约湾区第三产业占地区生产总值的比重最大，达89.4%。而粤港澳大湾区第三产业占比最低，为62.2%，虽然与其他三大湾区存在差距，但粤港澳大湾区的资源禀赋及主导产业兼具“制造+服务”的特征，目前已形成石油化工、服装鞋帽加工等中低端产业集群，以及电子信息、新能源汽车、无人机与机器人等高端产业集群，与香港的金融服务、航运服务，澳门的旅游服务、文化创意服务，以及前海深港现代服务业合作区等互补互促、协同发展。依托珠三角地区雄厚的制造业基础，加之港澳地区发达的金融与高端服务，双轮驱动，促进了粤港澳大湾区海洋产业的高质量发展。

二、发展经验

（一）纽约湾区

纽约湾区是世界金融的核心和中枢，其金融业、奢侈品、都市文化等都具有全球影响力。纽约湾区占地面积约2.15万平方千米，包括31个县，重要城市有纽约、纽瓦克和新泽西等，尤其是纽约。作为美国第一大城市，纽约在全球范围内就业密度最高、公交系统最繁忙，对外贸易周转额占全美的1/5，制造业产值占全美的1/3。纽约曼哈顿是CBD（中央商务区）的发源地，是世界上最大的CBD，也是美国的经济和文化中心，华尔街正坐落于此。华尔街上的纽约证券交易所和纳斯达克证券交易所，吸引了2900多家世界金融、证券、期货、保险和外贸机构集聚，成为世界金融的心脏。全美最大的500家公司有1/3以上的总部设在纽约湾区。同时，纽约湾区集聚了众多的科研院所和58所大学，包括著名的纽约大学、哥伦比亚大学等。

在基建、消费、信息、金融等综合性资源体系的基础上，纽约湾区海洋经济的发展呈现出如下特点：一是依托美国第一大商港纽约港，发展国际航运中心。纽约港曾经是欧洲进入北美及加勒比海地区的唯一港口，是美国第一大商港。随着全球贸易的发展和资本的大量涌入，纽约湾区逐渐发展成为国际航运中心，也使纽约迅速成为湾区最核心的城市、全球重要港口城市。二是金融实力雄厚，经济发展得到了金融的强大支持。作为“全球金融心脏”，纽约湾区拥有最为发达的金融业、商业和生产服务业，金融业占地区生产总值的比重达到15.39%，发达的金融体系又为新技术的研发、中试、转化、运用、推广等环节提供了强力支持。三是以科技为引擎，推动产业升级。纽约湾区以金融科技引领科技产业的转型升级。依托于湾区内58所大学的科研资源以及高度发达的金融业，纽约湾区着力于移动支付、云技术、区块链、信息安全、物联网等金融科技创新，加快产业转型升级，并不断催生出新业态、新模式。

（二）东京湾区

日本东京湾区占地面积约3.68万平方千米，由东京都、神奈川县、千叶县和埼玉县“一都三县”组成，集聚了日本1/3的人口、2/3的经济总量、3/4的工业产值，是日本最大的工业城市群及国际金融中心、交通中心、商贸中心、消费中心。东京湾区以东京为中心，环绕横滨、川崎、船桥、千叶四大城市；同时，东京湾沿岸形成了由横滨港、东京港、千叶港、川崎港、木更津港、横须贺港六个港口组成的、首尾相连的马蹄形港口群，年吞吐量超过5亿吨。庞大的港口群吸引了大量人才和产业流入，集聚了钢铁、石油化工、有色冶金、机械电子、汽车和造船等主要工业部门，逐步形成了京滨、京叶两大工业带，而两大工业带的工业产值占全国的40%，地区生产总值占全国的26.4%。日本年销售额100亿美元以上的大企业有50%设立于东京湾区，包括三菱、丰田、索尼等大量世界500强企业总部，使其成为全世界地区生产总值最高、人口密度最大的湾区，以及世界500强企业集聚程度最高的地区。

东京湾区呈现出显著的湾区经济特征：一是港口航运发达，集群效应显著。东京湾深入内陆逾80千米，是天然的优良深水港湾。凭借着东京湾区的地理优势和资源优势，六大重要港口职能分工明确，各有专攻：东京港定位为输入型港口、商品进出港、内贸港口、集装箱港；横滨港定位为国际贸易港、工业品集装箱货物集散港；千叶港定位为能源输入港、工业港；木更津港定位为地方商港和旅游港；川崎港定位为原料进口与成品输出港；横须贺港定位为军事港口，是美军航母舰队停泊、维护地。港口群通过差异化竞争，对内独立运营，对外有机统一，实现优势互补及集群效应最大化。二是临港工业集聚，产业分工格局合理。东京湾区临港工业带与湾区港口有机结合，降低了要素流动成本，优化了资源配置效率，吸引了钢铁、机械制造、石油化工等工业部门集聚发展，形成了集钢铁、石化、机械、电子、造船等主要工业产业于一体且分工合理的产业发展格局。三是发展生态建设模式，统筹陆海空间。日本出台了《环境基本法》《港湾法》《水污染防治法》《公共水域水质保护法》等一系列法律法规，基于这一套完善的生态环境保护法律体系，东京湾区大力发展生物多样性保护、废弃物循环利用等生态建设模式，有效统筹陆海发展空间，提升海洋资源利用与管理水平，促进了湾区海洋经济的可持续发展。

（三）旧金山湾区

旧金山湾区有全球最好的自然气候，占地面积约1.79万平方千米，包含9个县，重要城市有旧金山市、奥克兰市和圣何塞市等。众所周知的硅谷就坐落在圣何塞市，它以不到美国1%的人口创造了美国5%的GDP。旧金山湾区以发达的科技著称，拥有斯坦福、加州伯克利等20多所著名大学，还分布着航天、能源研究中心等高端技术研发机构。旧金山湾区以硅谷为核心，吸引了大量高科技人才，并集聚了30多家私人创业基金机构、全美40%以上的风险投资资本，以资本的强劲推动力加快技术创新与产业发展，孕育出了苹果、谷歌、脸书、英特尔等全球知名企业。

凭借优越的地理区位优势、雄厚的科教资源，旧金山湾区的海洋经济发展呈现如下特点：一是海洋经济以第三产业为主导。旧金山湾区海洋经济第三产业占比达90%以上，其中滨海旅游及休闲业占比最高且呈逐年增长之势，由2008年的76.20%增长到2012年的85.30%；其次是海洋交通运输业，但比重下降趋势明显，占比由2008年的19.20%下降至2012年的7.9%。海洋生物医药业、海洋矿业、海洋建筑业、海洋船舶制造业等第二产业占比较低。虽然第二产业比重逐年增长，但到2012年也只有6.80%。二是科教资源丰富，构建了创新创业的生态系统。旧金山湾区拥有包括斯坦福大学、加州大学伯克利分校等在内的数以百计的科研机构，雄厚的科教资源吸引了大量优质科技企业进驻，形成了高科技产业集群，并通过产学研深度结合构建了“科技+产业+基金”的创新创业生态系统，为海洋经济的发展注入了持续的动力。三是城市群合理分工、协调发展。旧金山湾区统筹规划和引导湾区海洋经济发展，因地制宜地对各主要城市赋予了不同的定位，以优化海洋产业的空间布局。旧金山湾区根据城市的特色和基础进行合理分工，海洋产业特色明显，例如旧金山市的海洋经济以滨海旅游业和金融服务业为主，圣何塞市重点发展高新技术产业，奥克兰市则以交通运输等港口经济为主。

表5-2 旧金山湾区海洋经济产业构成

产业	2008年	2009年	2010年	2011年	2012年
海洋建筑业	3.20%	3.50%	3.50%	3.40%	5.30%
海洋生物医药业	0.30%	0.30%	0.20%	0.40%	0.30%
海洋矿业	0.40%	0.40%	0.60%	0.80%	1.20%
海洋船舶制造业	0	0	0	0	0
滨海旅游及休闲业	76.20%	78.40%	82.40%	82.70%	85.30%
海洋交通运输业	19.20%	17.50%	13.20%	12.70%	7.90%

数据来源及说明：美国海洋经济统计年鉴，百分比代表每个产业占海洋经济的比重。

三、经验总结

全球湾区的发展都存在共性，经济大多呈现以下特征：高度开放、创新引领、区域融合。高度开放是指湾区海运发达，港口城市成为交通枢纽与对外开放的门户，国际投资、国际贸易便利，经济开放性较强。创新引领是指湾区经济从要素驱动转向以科技创新驱动，如东京湾区定位于“打造全球知名的高端制造业走廊”。区域融合是指在一体化进程中始终强调协同、合作，重视区域优势互补和协同发展。

（一）以战略规划统筹湾区城市发展

全球知名湾区的发展都是由政府出台战略规划，统筹布局、高位推动的。政府制定发展战略，明确湾区内都市圈各城市的发展定位，通过城市群的合理分工、优势互补、密切合作，推动湾区各城市的协调发展。例如，东京湾区实施了工业分散战略，将机械、电器等工业由东京逐步迁移至横滨市、川崎市，从而使东京的高端服务功能与京滨、京叶两大产业集聚带错位发展、优势互补。旧金山湾区实施了科技驱动经济社会发展的战略，依托高校资源，发展形成了以高附加值产业引领技术变革、以腹地生产加工为配套的大范围产业集聚区。纽约湾区则制定了投资驱动与创新驱动并行的经济社会发展战略，通过强大的金融力量驱动服务业高速发展，并凭借高校科研实力构筑现代服务业创新生态。

（二）以“政府+市场”引导湾区经济发展

通过政府指导与市场引领的密切结合，共同引导湾区的经济发展。政府作为市场环境的创造者和培育者，建立健全相关法律体系，大力整合创投资源、营造文化氛围，以此促进科教资源持续产生溢出效应，带动海洋传统产业转型升级、海洋新兴产业蓬勃发展。市场引领海洋产业技术创新方向，并依托技术转移平台，促进市场资源和企业资源充分对接，促进科教资源辐射扩散，促使具有全球竞争力的科技企业持续涌现、具有全球竞争力的海洋产业迅速集聚。

（三）以科技创新驱动湾区产业发展

湾区经济发展的重要驱动来自科技创新。三大知名湾区集聚了大量高科技人才、科研机构等创新要素，其根据不同的创新体系、驱动机制及产业环境而因地制宜地进行合理布局。东京湾区强化企业的创新主体作用，通过产学研深度合作，以企业的技术应用需求带动创新链的延伸、发展、完善，并驱动各个产业的创新发展。旧金山湾区依托丰富的科教资源，强化企业主体的创新行为，并通过金融创新支持科教资源向科教资本转化，促进了旧金山湾区自主创新成果的转移、转化。纽约湾区构建了科技金融生态系统，凭借多元资本市场的融资体系，促进信息技术等湾区高科技产业的创新发展。

（四）以多元文化促进湾区融合发展

湾区城市凭借高度开放的市场、大量的就业机会、宜居宜业的环境，吸引了大量外来人口集聚，荟萃了来自世界各地的多元文化，也由此孕育出开放包容、多极多元的文化氛围。例如，作为日本传统公司文化的发源地，东京湾区形成了忠于公司的忠诚文化和日本引领型企业文化中的“忧患意识”。旧金山湾区“掘金梦”、容忍失败、开放包容的独特文化，塑造了科技金融的“文化基因”。纽约湾区则是“美国梦”的起源，营造了努力奋斗、和谐包容的文化氛围。开放包容、多极多元的文化氛围又进一步吸引了人才集聚，加快了湾区开放，促进了湾区城市的融合发展。

第六章　粤港澳大湾区海洋经济创新发展互补性分析

粤港澳大湾区“9+2”城市群中，海洋产业的发展优势各不相同，产业梯度显著，区域间产业关联度大，有着较强的产业互补性和共同的发展要求，粤港澳大湾区海洋经济协同创新存在广阔的发展空间。本章从粤港澳大湾区海洋经济协同创新发展的基础条件入手，探讨了其海洋经济发展的互补性，并提出了在互补性的前提下，粤港澳大湾区海洋经济协同创新发展面临的问题和挑战。

一、粤港澳大湾区海洋经济协同创新发展的基础条件

粤港澳三地互补优势明显，为粤港澳大湾区海洋经济协同创新发展提供了坚实的基础。珠三角地区的优势在于完善的制造业产业链、廉价的劳动力和土地、较强的科技实力、极具活力的第三产业、华南区的商贸中心地位，以及吸引到的各地人才和资金。但珠三角地区缺少世界一流的高校，产业服务不完善，创新服务效率低，创新平台带动能力弱，区域间创新发展差异较大。香港的优势则集中在拥有国际化的联系网络、完善的产业服务、较高的市场化运作与管理水平、发达的物流和信息枢纽、多所高水平的大学，以及完善的法律、规章、制度和办事准则，但香港发展空间极其有限，同时面临着产业结构固化、经济增长疲软的压力。

（一）产业结构互补性强，有利于培育利益共享的产业链和价值链

粤港澳三地的产业具有互补性——珠三角地区制造业占比较高，而港澳地区服务业高度发达。粤港澳大湾区的制造业主要集聚于珠三角地区，珠三角地区作为全国乃至全球重要的制造中心，产业基础雄厚，具有较完善的产

业链，但也存在产业层次不高、专业技术含量低等问题。此外，珠三角地区现代服务业起步较晚，发展水平偏低，与制造业转型升级发展不匹配，难以形成联动效应。香港的制造业占比仅在7%左右，其支柱产业是仓储物流、金融类和专业类服务等现代生产性服务业，其完善的产业服务体系及较高的市场化运作与管理水平国际领先，其先进性能够带动珠三角地区制造业的发展。澳门与葡语系国家的密切贸易联系，有利于其成为香港、珠三角九市在葡语系国家和“一带一路”层面上的“精准联系人”。粤港澳三地可以借助大湾区战略平台，在分别发挥各自特色的同时，共同打造世界级的先进制造业基地和现代服务业基地，以实现优势互补和错位协调发展。

海洋经济方面，珠三角地区形成了以海洋渔业、海洋生物、海洋油气与天然气水合物、海洋工程装备制造、海上风电等为重点产业的海洋第一、第二产业集群，以及产品、平台逐渐丰富和完善的海洋公共服务业；香港则拥有发达的港口物流、航运服务、海洋金融保险、科研教育及其他专业服务等综合性海洋产业服务集群，与珠三角地区互成明显的比较优势和互补优势。同时，粤港澳三地均拥有发达的滨海旅游业，在游艇、邮轮母港等重点产业已逐步展开合作。这些因素共同构成了粤港澳大湾区海洋经济协同发展的基础，未来将成为实现建设海洋强国目标的重要支撑点和核心点。

（二）拥有发达的城市群，有助于形成核心城市带动区域产业协同发展的局面

粤港澳大湾区有以香港为核心的金融、航运、贸易中心圈，有以深圳为核心的创业创新高端产业中心圈，还有以整个区域为基准的智能制造及教育文化旅游产业圈，大湾区的发展兼顾经贸、科技、教育、文化和生态环保等各类领域，推动了城市群的可持续发展。在核心城市的引领下，粤港澳大湾区将珠三角地区的制造业与港澳两地的服务业有机结合，逐渐形成了三大都市圈，分别是：以深圳和香港为核心城市，以现代服务业、金融业、创新科技为主导的港深莞惠都市圈；以珠海与澳门为核心城市，以旅游业、绿色经济、现代制造业为主导的澳珠中江都市圈；以广州为核心城市，以现代制造业与工商服务业为主导的广佛肇都市圈。三大都市圈通过城市、港口互联互通，形成了核心城市带动区域产业协同发展的局面，并逐渐形成了环珠三角

产业带、珠西先进装备制造产业带和广深港创新科技产业带。整体来看，粤港澳大湾区“拥海、抱湾、合群、通陆”，三大都市圈各有特色又紧密联系，通过海洋、珠江口两岸和陆地的糅合，成为发达的城市群。

（三）具有独特的区位优势及协同创新优势，成为创新要素资源的集聚地

从地理位置上看，粤港澳大湾区南接东南亚、南亚，东接台湾海峡西岸经济区，北接长江经济带，西接广西北部湾经济区，区位优势突出，在“一带一路”建设中将发挥内外联动、海陆统筹的重要支点和枢纽作用，具有巨大的产业发展空间。

粤港澳大湾区是一个充满活力的创新创业网络，创新资源集聚加速，协同创新优势愈发明显。目前，粤港澳大湾区是世界级的制造业基地、成长中的新兴高端技术产业和高端生产服务业聚集区、金融创新区。粤港澳大湾区形成了珠三角九市“1+1+7”的国家自主创新示范区建设格局，广深港澳科技创新走廊为粤港澳大湾区打造世界级综合科技创新中心提供了空间载体。《2017 年全球创新指数报告》显示，粤港澳地区的创新指数位列世界第二。粤港澳大湾区的发明专利数量年均增幅为 33.1%，其中 2017 年发明专利数量 258009 件，较上年增长 33.19%，分别是东京湾区、旧金山湾区和纽约湾区的 1.9 倍、4.7 倍和 6.5 倍，其中以深圳为代表的大湾区东部的专利数量最多。2017 年，珠三角地区研发投入强度达 2.94%，比 2016 年的 2.85%增加 0.09 个百分点，其中深圳的研发投入强度已经和美国加利福尼亚州相当。同时，珠三角地区高新技术企业数量快速增长。2016 年珠三角地区高新技术企业 18873 家，比 2015 年增加 8313 家，增幅达 78.72%，其中深圳 8037 家，广州 4740 家。据统计，2017 年深圳高新技术企业已突破 1 万家，广州新增超过 4000 家，达 8700 多家。此外，深圳—香港地区以数字通信为主要创新领域，在全球创新集群中排名第二，这除了归功于以华为、中兴、腾讯为代表的创新巨头的崛起，还得益于香港对科技创新的日益重视。自 2010 年以来，香港的研发开支和研发人员数量持续增加，由高等教育机构和工商机构承担的科技创新在资讯、电气及电子、制造、纳米、生物科技等方面表现突出。

截至 2016 年，除珠三角地区及港澳地区的大学之外，珠三角地区有新型

研发机构180家，科技企业孵化器634家，众创空间500多家。港澳方面，香港的科技基础设施在2018年全球创新指数中排名第一，教育资源在世界排名前列，中国科学院和香港6所大学共建了22个联合实验室，在生物科技、金融科技等方面具有突出的研发地位。澳门近年来也开始布局科技创新资源，通过澳门大学、澳门科技大学及相关科研机构，致力于海洋科技、中医药、集成电路等方面的研究开发。

海洋经济方面，粤港澳大湾区海洋创新要素资源也十分明显。珠三角地区建成的国家和省属涉海科研院所有17所，省部级海洋重点实验室（重点学科）有26个，国家级海洋科技创新平台有3个，中山大学、华南农业大学、暨南大学、广东海洋大学等高校的海洋学科建设位居全国前列，产业示范基地、产学研创新联盟和科技成果转化平台体系愈发完善，海洋科技服务人员超过5万人。香港一方面以香港大学、香港科技大学等为代表，在涉海基础研究方面与国际接轨；另一方面，在产业资金、FinTech（金融+科技）、涉海综合服务等方面的应用创新成为粤港澳大湾区海洋经济发展的强大助推力。澳门则成立了澳门海洋发展研究中心，并逐步开展了海洋科技、创新、环保等方面的研究。

（四）拥有世界级海港群、空港群及高效物流体系，为海洋经济发展提供有力的基础设施支撑

粤港澳大湾区的港口与航空市场规模领先全球，具有国际化综合枢纽的重要地位。2017年粤港澳大湾区航空客运量达到2.02亿人次，货运量达793.58万吨，均超过其他三大湾区。粤港澳大湾区内拥有5个国际机场、11个港口，年货物吞吐量超过10亿吨，集装箱吞吐量超过7000万TEU，是全球港口最密集、航运最繁忙的区域。区域内铁路网、公路网密布，城际交通发达。随着港珠澳大桥、广深港高铁、深中通道等一系列基建项目的实施和建成，大湾区将构建起海陆空通达的交通网络，营造更加高效便捷、互联互通的物流体系，逐渐形成粤港澳大湾区“1小时经济圈”，为打造内联外通的产业发展格局奠定了基础。2016年粤港澳大湾区与世界三大湾区的产业与经济状况如表6-1所示。

表 6-1　2016 年粤港澳大湾区与世界三大湾区产业与经济状况比较

地区	地区生产总值/万亿美元	人均地区生产总值/万美元	第三产业占比	主导产业	港口集装箱吞吐量/万 TEU
东京湾区	1.8	4.1	82.2%	金融、商务服务、物流、精密机械、钢铁、石化	766
纽约湾区	1.4	6.8	89.4%	金融、商务服务、信息通信、艺术娱乐	465
旧金山湾区	0.8	9.9	82.7%	互联网、信息通信业、生物医药	227
粤港澳大湾区	1.36	2.0	62.2%	金融、航运、电子信息及互联网、装备制造	6520

数据来源：根据综合开发研究院课题组成果《以“双转型”引领粤港澳大湾区发展》(2017)、《广东统计年鉴》(2017)，以及香港特区政府统计处、澳门统计暨普查局的数据整理而得。

二、粤港澳大湾区主要海洋产业的互补性分析

目前粤港澳三地在海洋产业方面各具特色，有着较强的产业互补性和共同的发展要求。珠三角地区主要以船舶和海洋工程装备制造业、航运物流、海洋生物科技的研发和生产、海洋公共服务产业为主，形成了以广州、深圳、珠海、中山、东莞等地区为核心的船舶工业集群和珠西海工装备制造业集群。同时，以中海油深水海洋工程装备制造基地、中船珠海基地、中山海事重工造船基地、中铁南方装备制造基地等为代表的海洋工程装备制造项目快速发展，为资源开发与产业发展提供了有力支撑。此外，珠三角地区还拥有以广州、深圳为核心的国际航运中心、邮轮母港以及海洋公共服务产业的研发和制造中心，以广州、深圳、中山为核心的海洋生物科技产业集群。但目前来看，珠三角地区的海洋产业整体水平仍然不高，缺乏前沿的高端技术，海洋产业方面的综合服务、金融支持等也比较欠缺。相比之下，香港在海洋交通运输、邮轮母港、海洋生物科技以及海运服务、金融支持等方面优势明显，

但没有相关的海洋制造业基础。澳门的海洋经济结构比较单一，以邮轮母港等滨海旅游业为主。

（一）海洋交通运输业

发展粤港澳大湾区的航运物流是海洋产业合作的重点。粤港澳大湾区内部有 11 个港口，万吨级以上的泊位有 300 多个，年货物吞吐量超过 10 亿吨，集装箱吞吐量超过 7000 万 TEU，是全球港口最密集、航运最繁忙的区域。香港致力于发展高增值海运服务。香港现有超过 800 家与海运服务相关的公司，提供包括船舶管理、船务代理、船务经纪、海事保险、海事法律、海事仲裁等在内的多元化海事服务。如今，广州、深圳港口的年吞吐量已经超过香港。目前，香港、深圳的多个港口、码头均由和记黄埔港口控股、中远太平洋有限公司、招商银行控股国际有限公司等多家企业集团共同运营。面对世界众多海运城市的激烈竞争，未来珠三角地区将依托全球重要的制造业基地以及广州、深圳、珠海、东莞等大型港口，积极利用香港国际航运中心的优势，大力发展集装箱运输和多式联运，积极开辟国际海运干线班轮，发展国际直达航线，推动粤港澳大湾区成为全球最大的航运和物流中心。

（二）滨海旅游业

目前粤港澳大湾区滨海旅游业保持较快增长，是大湾区海洋经济的支柱产业，海岛游、邮轮游艇等新兴海洋旅游业蓬勃发展。2016 年广东进入邮轮母港时代，南沙、蛇口、太子湾等邮轮母港相继开通运营，实现了与香港、澳门邮轮码头的互联互通。同年，中山与澳门实现游艇自由行，标志着中山成为全国首个拥有经国务院批准的对外开放游艇码头、全国首个与澳门特区开通游艇自由行的内地城市。南沙船舶工业集群、珠海平沙游艇产业制造基地、香港船舶专业维修服务共同为大湾区邮轮游艇产业奠定了坚实基础。

从产业链角度来看，粤港澳大湾区正逐渐形成依托广州、深圳、珠海、中山、东莞等地区的船舶与海工装备产业基础，以广州南沙、深圳前海、珠海横琴、万山群岛、中山翠亨以及香港、澳门的母港泊位为载体，以香港海运服务业为重要服务保障，以广州、深圳、珠海、汕头、湛江五大滨海城市和海陵岛、川山群岛、万山群岛、大亚湾中央列岛、南澳岛、湛江湾六大岛群为主要旅游目的地（以及上海、东南亚部分地区的少量航线），以珠海横琴长隆海洋世界、阳江海陵岛“南海一号”等精品旅游线路为突破口的滨海旅游和邮轮产业链。

发展邮轮产业可以带动上下游很长的产业链条。邮轮经济的四大关联方分别是邮轮公司、邮轮港、邮轮旅游者及造船（修船）厂。船舶制造业为邮轮产业发展提供技术支撑。广东作为我国造船业的传统区域，是我国三大造船基地之一，在造船、修船和相关配套装备制造方面拥有较强的实力，主要有中国船舶集团旗下的大型造船企业中船黄埔文冲船舶有限公司（黄埔长洲厂区、黄埔文冲厂区和南沙龙穴厂区）、广船国际有限公司。邮轮港口城市是邮轮产业发展的重要依托，目前已具备发展邮轮旅游条件的除广州、深圳两个大型综合性港口外，还有珠海、惠州、虎门、中山、江门、新会6个中小型港口。该区域港口已初步形成了以广州港、深圳港为主的国际集装箱运输系统，并形成了与香港港口优势互补、合资合作、共同繁荣的集装箱运输格局，弥补了香港港口承运能力的不足，并在水路集疏运、空箱调运、航班安排等方面支持了香港港口的发展，为粤港两地经济的发展发挥了重要的支撑作用。

（三）海洋生物科技

目前来看，珠三角海洋生物科技产业已具备一定规模：深圳以健康元、海王生物等为龙头的海洋生物医药产业集群异军突起；广州重点发展海洋生物活性物质筛选、海洋生物基因工程等高新技术产业，以及海洋生物医药生产性服务业，搭建一体化公共技术支撑平台；中山重点发展海洋生物制造业，大力支持海洋生物活性物质筛选、海洋微生物资源研究开发、医用海洋动植物养殖和栽培等。

香港在海洋生物科技方面的优势明显，涉及范围广，在研发、科技基础设施、金融支持、产权服务等方面都有很强的竞争力，在国际大规模基因工程、新兴传染病防治、新产品临床试验等方面尤为突出。香港在海洋生物科技方面与国际、内地交流密切，是大湾区在海洋生物科技方面与国际交流的窗口。2017年，中国科学院广州生物医药与健康研究院在香港科学园成立干细胞及再生医学研究中心。澳门在中医药领域的研究成果丰硕，澳门大学在

《科学》《细胞》《自然》等国际顶级杂志上发表了多篇论文，在质量控制、药物分析、药理安全等领域已达到世界前沿水平。澳门科技大学在影响因子10以上的期刊上发表了30多篇论文，并成立了两家合组公司来推动研究成果进行产业化转化。

未来可结合珠三角各城市与香港、澳门各自的优势，打造以珠三角地区为研发制造基地、以香港和澳门为窗口，与世界前沿接轨，并提供推广、销售、金融支持、产权交易等服务的海洋生物科技产业链。落马洲河套地区的港深创新及科技园将进一步促进学术界与业界的合作，积极推动大湾区海洋生物科技行业的发展。

（四）海洋公共服务

香港大学、香港科技大学、广东海洋大学、深圳大学具有明显的基础研发和技术支持优势。深圳、广州重点拓展海洋电子信息产业，开展船载智能终端、船用导航探测雷达等高端海洋电子设备及系统的研制开发；建立海洋自动检测设备生产基地，开展海洋检测、信息挖掘、海洋预警等技术的研究；开展深海水声发射和接收潜标组网探测系统的研究开发；开展光纤水听器技术的应用研究；推动4G技术在海洋通信领域的应用；打造大数据储存及分析平台。粤港澳大湾区其他城市也可在海岸线和海域开展测绘和运行监测的实地应用，以及大数据的实时搜集。未来可打造以粤港澳三地高等院校和科研院所为支持，以深圳、广州为重点研发制造中心，以大湾区全海域为应用场所的海洋公共服务系统。

（五）海洋经济创新的金融支持

香港作为国际金融中心，金融服务业一直是本港最重要的经济支柱之一。香港是全球最活跃及流动性最高的证券市场之一，是全球最活跃的首次公开招股市场之一，也是全球最重要的金融科技创新中心之一，建立了在内地以外最大的人民币资金池，在银行、保险、基金、证券、债券、私募等方面有品类丰富的资金支持和专业支持。2018年8月，自然资源部、中国工商银行联合印发《关于促进海洋经济高质量发展的实施意见》，要求创新海洋经济发展金融服务方式，探索符合海洋经济特点的金融服务模式和产品，构建海洋经济抵押、质押融资产品体系，形成海洋经济供应链金融服务模式，完善涉海项目融资服务方式，探索海洋经济投贷联动业务模式，探索建立海洋经济信贷风险补偿和担保机制，试点共建海洋经济特色金融机构，加强涉海投融资项目的组织与实施，构建顺畅的政银合作机制。

未来可通过内地金融机构在香港的分支机构，加强对香港金融服务业和金融科技创新优势的利用，完善粤港澳大湾区海洋经济发展的金融支持；依托香港航运的金融优势，积极推广船舶融资租赁等海洋金融产品；支持南沙、前海蛇口自由贸易试验片区开展航运交易、航运金融、临港大宗商品交易、支付与结算、航运经纪、航运信息等业务；推进粤港澳航运服务行业管理标准和规则的衔接，推进粤港澳航运服务业人员职业资格互认；鼓励保险公司巩固船舶保险、货运险、理赔保险等传统业务，开发、创新险种，提升航运等涉海保险服务水平，加快保险要素集聚，做大保险产业集群。

（六）海洋环境保护

粤港澳大湾区属于珠江河口地区，陆地、河流与海洋相连，是密不可分的生态体系。地理边界的连接、生态系统的整体性、环境影响的关联性决定了粤港澳大湾区必须通过区域合作来实现生态环境治理和绿色发展。2009 年以来，粤港澳三地依次签署了《珠江三角洲地区改革发展规划纲要（2008—2020 年）》《珠江三角洲环境保护一体化规划（2009—2020 年）》《粤港合作框架协议》《粤澳合作框架协议》《共建优质生活圈专项规划》等合作协议，旨在加强粤港澳三地合作，推动生态建设和环境保护。2016 年《中华人民共和国国民经济和社会发展第十三个五年规划纲要》和 2017 年《深化粤港澳合作　推进大湾区建设框架协议》将完善大湾区生态建设和环境保护合作机制上升到了国家高度。目前，粤港、粤澳方面已经建立了多重合作机制。

粤港自 20 世纪 80 年代成立持续发展与环保合作小组以来，多年致力于珠三角地区空气、水质、林业、海洋资源和环境、区域环境、节能清洁生产等方面的保护工作。2010 年成立海洋污染国家重点实验室，由香港城市大学领衔，与香港浸会大学、香港中文大学、香港理工大学、香港科技大学、香港大学、香港教育大学共同组建，致力于研究创新的化学、生物及工程技术，以求在早期侦测、评核、预测、控制影响海洋环境的污染，研究内容包括有毒化学品污染、水体缺氧、生物毒素、水生病原菌等复杂的环境问题，以及污染监察科技、海洋生态系统影响、风险评估、污染控制与生物修复等。实验室的研究成果处于全球海洋环境研究的前沿领域。

粤澳历年来致力于大气协同治理、固体废物处理，共同发展环保产业。澳门废旧车辆自 2014 年以来转移至广东处理；粤澳重点合作项目崖门新财富环保电镀基地于 2012 年纳入珠三角发展规划纲要重点项目；2016 年，澳门与江门签订共建大广海湾经济区框架协议，明确“优先发展装备制造业和资源循环型环保产业”，依托崖门新财富环保电镀基地建设环保产业园。

三、粤港澳大湾区海洋经济协同创新发展面临的问题与挑战

（一）体制障碍、区划限制及地区利益冲突等阻碍大湾区海洋经济的有效整合

影响粤港澳大湾区海洋经济创新合作的最大障碍是行政区划的藩篱尚难以破除。由于不同的行政区划界限、行政体制的分割，粤港澳三地在产业对接、信息沟通、资源配置等方面尚存在一定的协调难度，阻碍了三地海洋产业及海洋科技资源的有效整合。同时，多层面、跨区域的产业及经贸合作协调机制仍有缺失，三地合作困境主要有交易费用和制度成本问题、政府公共管理模式上的差异、地方主义和同质竞争等，这些问题制约了粤港澳大湾区海洋经济协同创新发展的进程。

（二）粤港澳三地的海洋新兴产业仍较弱小，集群效应难以发挥

在创新驱动战略背景下，粤港澳大湾区在海洋新兴产业领域取得了较快发展，但行业集中度低，企业普遍规模偏小，竞争力不足，有实力的龙头企业不多，特别是缺乏能够进行跨区域、跨行业合作的大企业和产业集团，因此无法通过龙头企业向产业上下游进行扩张，产业集群尚显稚嫩，难以在更大范围内整合资源并形成海洋经济创新合力。

整体来看，珠三角地区海洋经济存在以下问题：发展方式粗放，海洋新

兴产业发展缓慢；海岸线虽长，海洋产业却过度集中于特定的近岸海域，海洋产业发展的区域布局和空间布局不科学；海洋科技成果转化力度不能有效支撑海洋产业的发展；海域使用矛盾突出，海洋生态恶化的势头未得到有效遏制等。香港、澳门的滨海旅游、航运物流等传统产业仍是海洋经济的主要部分，虽然在新兴海洋产业领域的基础研究有一定优势，但港澳两地相关实体产业基本处于空白状态，难以对海洋经济起到足够的培育和支持作用。

（三）海洋资源配置能力的不对等对海洋经济协同创新造成一定影响

政府和市场是资源配置的主体，对于海洋经济资源配置而言，不同的海洋要素资源配置主体的作用差异较大。香港一直秉承“小政府、大市场”的原则，经济发展主要由市场自身力量决定，是市场主导型的典型代表，其海洋经济仍是政府引导和市场自然需求相结合的实践，政府的作用是以自由港政策等方式体现的。在这种体制下，其资源要素配置能力体现在：第一，市场化程度较高，资源的配置更能体现市场规律；第二，政府以服务为主，繁文缛节较少，决策效率较高；第三，得益于其国际开放性的特征及良好的市场经济体制和发展环境，与世界经济联系密切，能够完全与国际接轨，降低了交易成本。而珠三角地区，则具有典型的“大政府、小市场”的经济特征，在海洋资源配置能力上，政府具有主导性的作用，特别是在重点海洋产业上，政府的作用更加明显。这种体制可以在较短的时间内集中力量实现资源配置，适合海洋油气、海上风电等需要平衡资源、生态环境间关系的产业发展，但对于金融、保险、旅游、贸易等产业，则会造成干预过度、效率低下等问题。资源配置能力的不对等，导致港澳与珠三角地区在海洋经济协同创新方面面临一定的压力。

第三篇

粤港澳大湾区海洋经济要素协同创新研究

随着海洋开发向深度和广度不断拓展，海洋经济得到了迅猛发展，已经形成了独立的经济体系。在海洋经济体系中，海洋要素的供给及海洋要素的经济效率对形成高端化、多元化、现代化的海洋经济有效需求至关重要。粤港澳大湾区海洋经济发展涉及三地，要素流动整合面临更多障碍和挑战，亟须在要素协同创新方面重点突破。

本篇关于要素协同创新的研究包括第七、第八、第九章内容：第七章分析了粤港澳大湾区海洋自然要素、海洋社会要素、海洋环境要素的供给情况，并进一步探讨了海洋要素资源分布与海洋经济的相关性，考察了粤港澳大湾区海洋要素资源与海洋经济发展的匹配度。第八章根据包括广东省在内的 11 个沿海省区市 2006—2015 年的数据，构造了海洋环境综合指数，并使用 DEA 方法测度海洋全要素生产率指数，从全国层面横向对比考察粤港澳大湾区海洋供给要素的经济效率。第九章基于前两章的分析，总结了粤港澳大湾区海洋要素利用存在的问题，并提出了海洋经济要素的优化路径。

第七章　海洋经济要素供给现状分析

在海洋经济体系中，海洋经济要素的供给及海洋经济要素的经济效率对形成高端化、多元化、现代化的海洋经济有效需求至关重要。海洋经济要素包括自然要素、社会要素和环境要素，本章从这三个方面分析了粤港澳大湾区海洋经济要素供给现状，并探讨海洋要素资源分布与海洋经济的相关性，以求充分把握粤港澳大湾区海洋要素资源与海洋经济发展的匹配度。

一、海洋经济要素供给现状分析

依据海洋经济的特点，海洋经济要素供给可以从自然要素、社会要素、环境要素三个方面来进行分类分析。其中，自然要素是指依托海洋自然属性形成的要素禀赋条件，反映可供开发利用或具有潜在利用价值的海洋资源，包括海域资源、海洋生物资源、海洋能源资源和海洋矿产资源。海洋优质资源越多，经济种类越丰富，海域功能越全，海洋资源优势越明显，海洋自然要素供给条件就越优越。社会要素由涉海就业人数、海洋科技研发能力等组成，反映海洋人力资源水平及发展动力。环境要素由海洋基础设施、海洋生态环境、政府管理水平等组成，反映海洋经济可持续发展能力。

（一）海洋自然要素供给现状分析

1. 海洋岸线绵长，海岛、海湾数量众多

粤港澳大湾区位于我国大陆南部，由广东省 9 市（广州、深圳、珠海、佛山、肇庆、惠州、东莞、中山、江门）和香港、澳门 2 个特别行政区组成。粤港澳大湾区地处海陆交互地带，面向南海，三江汇聚，自然地质条件优越，资源环境承载能力较强。粤港澳大湾区土地面积为 5.6 万平方千米，在我国陆地面积中的占比约为 0.58%；其中城镇群拥有建设用地面积约 9130 平方千

米，耕地面积约 7820 平方千米。粤港澳大湾区海域面积为 20176 平方千米，占我国 300 万平方千米海域面积的 0.67%；海洋岸线绵长，其中大陆和岛屿海岸线总长 3201 千米，大陆海岸线长度为 1479.9 千米。广东全省大陆海岸线长度达 4314.1 千米，在全国 11 个沿海省区市中位居第一（见图 7-1）。

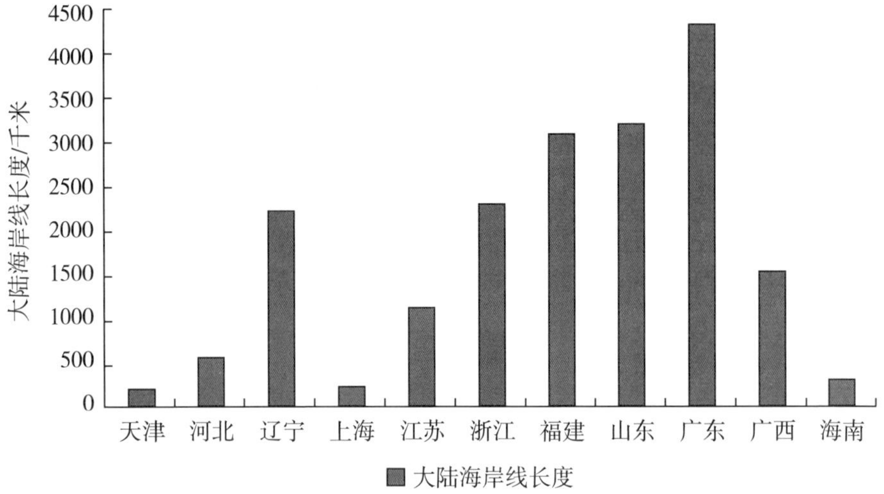

图 7-1　沿海省区市大陆海岸线长度

粤港澳大湾区海岛、海湾数量众多，海湾包括大鹏湾、大亚湾、伶仃洋、广海湾、镇海湾等；海岛达 1121 个，大部分为基岩丘陵，其中广东全省有海洋岛屿 1134 个，岛屿岸线长度达 4135.5 千米。粤港澳大湾区可利用的深水岸线丰富，并建成有多个深水港口，包括广州、深圳等国际性港口和东莞、惠州、珠海、江门等区域性港口，为粤港澳大湾区海洋运输产业的发展奠定了良好基础。

2. 蓝色土地面积广阔，滨海旅游资源丰富

粤港澳大湾区内浅海、滩涂等蓝色土地资源丰富，面积达 7225 平方千米。广东全省的浅海、滩涂等蓝色土地资源丰富程度位于全国之首（见图 7-2）。丰富的蓝色土地资源为粤港澳大湾区发展海洋养殖业提供了良好基础。粤港澳大湾区滩涂面积大且不断增长，广东沿海 7 市的滩涂面积约有 714.88 平方千米，主要分布于惠州考洲洋、范和港等区域。

粤港澳大湾区具有丰富多样的滨海旅游资源，包括海洋自然景观旅游资

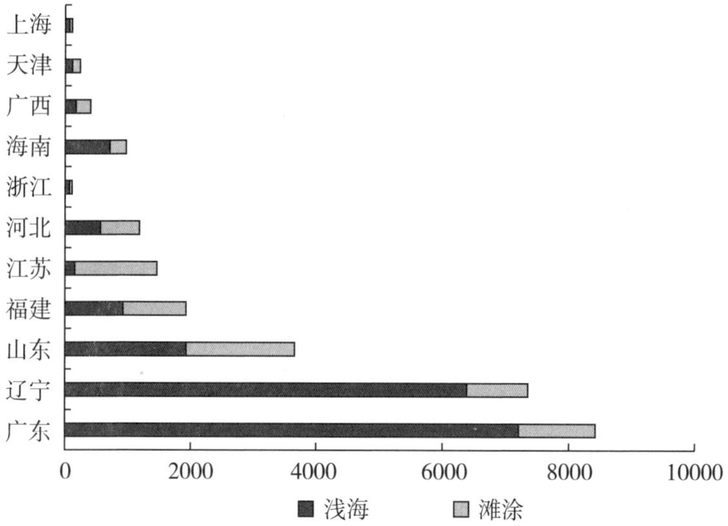

图 7-2 广东及其他沿海省区市蓝色土地资源情况（单位：平方千米）

源、海洋娱乐与运动旅游资源、人类海洋历史遗迹旅游资源、海洋科学旅游资源、海洋自然保护区旅游资源等。仅就广东来说，全省近海与海岸面积达 815.1 千公顷（1000 公顷 = 10 平方千米），拥有湿地面积 1753.4 千公顷，在全国 11 个沿海省区市中位于前列（见表 7-1）；同时，广东的红树林地面积达 18641 公顷，居全国第一。湾区内不仅拥有大梅沙、小梅沙、巽寮湾、双月湾等优质沙滩，福田红树林湿地、南沙湿地等滨海自然景观，还拥有独具岭南特色的人文景观，以及崖门、虎门销烟、“南海一号”等人类海洋历史遗迹。

表 7-1 广东与其他沿海省区市湿地面积及近海与海岸面积对比

省区市	湿地面积/千公顷	近海与海岸面积/千公顷
天津	295.6	104.3
河北	941.9	231.9
辽宁	1394.8	713.2
上海	464.6	386.6
江苏	2822.8	1087.5
浙江	1110.1	692.5

续表

省区市	湿地面积/千公顷	近海与海岸面积/千公顷
福建	871.0	575.6
山东	1737.5	728.5
广东	1753.4	815.1
广西	754.3	259.0
海南	320.0	201.7
合计	12466.0	5795.9

3. 海洋生物、能源、矿产等要素资源优势突出

粤港澳大湾区及周边海域油气和天然气水合物等能源开发利用前景广阔。油气资源多分布于珠江口盆地，据预测，石油资源蕴藏量达80亿吨；天然气水合物已经圈定11个远景区、19个成矿区，锁定了2个千亿方级矿藏。同时，粤港澳大湾区拥有丰富的可再生能源，包括风能、太阳能、地热能、波浪能等，万山、桂山海域已发展海上风力发电。此外，大湾区内砂矿资源丰富，矿产资源主要为海砂，珠江口海域的海砂按照分布状况分为表层砂体和埋藏砂体，20米水深以内浅海分布的表层砂体和埋藏砂体分别有19个和17个，总储量据预测达 17.87×10^{8} 立方米。广东省拥有丰富的滨海金属矿。我国滨海砂矿探明储量为15.25亿吨，其中以锆石和钛铁矿为主的滨海金属矿仅有0.25亿吨，占比不到1.64%，而广东与福建的滨海金属矿合计占我国滨海矿藏总量的90%以上。

（二）海洋社会要素供给现状分析

1. 海洋人力资源规模庞大

进入20世纪以来，海洋经济日益壮大，提供的就业岗位逐年增多，涉海就业人员数量呈现快速增长的态势。从11个沿海省区市来看，粤港澳大湾区内的广东省是涉海就业人数规模最大的地区，2015年达到860.3万人，占全国涉海就业总人数的23.97%。2001—2015年，广东在这15年的涉海就业人数规模始终居于全国首位，由2001年的505.3万人增加到2015年的860.3万

人（见表 7-2），年均增速达 3.9%。由此可见，2001 年以来，粤港澳大湾区海洋就业人数规模保持较高增速，滨海旅游等海洋服务业成为提供涉海就业岗位的重要产业，粤港澳大湾区也是我国提供涉海就业岗位的重要地区。

表 7-2　广东及其他沿海省区市涉海就业人数情况

单位：万人

省区市	2001 年	2006 年	2010 年	2011 年	2012 年	2013 年	2014 年	2015 年
广东	505.3	709.7	803.4	820.4	831.6	842.6	852.0	860.3
天津	106.4	149.4	169.2	172.7	175.1	177.4	179.4	181.2
河北	58.0	81.5	92.2	94.2	95.5	96.7	97.8	98.8
辽宁	196.0	275.3	311.6	318.2	322.6	326.8	330.5	333.7
上海	127.5	179.1	202.7	207.0	209.8	212.6	215.0	217.1
江苏	116.9	164.2	185.9	189.8	192.4	194.9	197.1	199.0
浙江	256.4	360.1	407.6	416.3	422.0	427.5	432.3	436.6
福建	259.7	364.8	412.9	421.6	427.4	433.0	437.9	442.2
山东	319.9	449.3	508.6	519.4	526.5	533.4	539.4	544.7
广西	68.9	96.8	109.5	111.9	113.4	114.9	116.2	117.3
海南	80.6	113.2	128.1	130.9	132.7	134.4	135.9	137.2
合计	2095.6	2943.4	3331.7	3402.4	3449.0	3494.2	3533.5	3568.1

2. 海洋科技资源有待加强

从全国范围来看，粤港澳大湾区内的广东省是涉海科研大省，2015 年海洋科研从业人员数量为 5434 人，位于全国第二。但广东海洋科研从业人员数量比全国第一的北京少 7272 人，科研力量有待加强。2015 年，虽然广东以 4820 人的海洋科技活动人员数量位居全国第二，但是广东每万名涉海就业人员中科技活动人员总数只有 5.6 人，在全国 11 个沿海省区市中位居第七；广东高级职称科技人员数量有 1481 人，每万名涉海就业人员中高级职称科技人员总数只有 1.7 人，在全国 11 个沿海省区市中位居第八（见图 7-3）。

近年来，粤港澳大湾区内的广东省海洋研发经费内部支出由 2011 年的

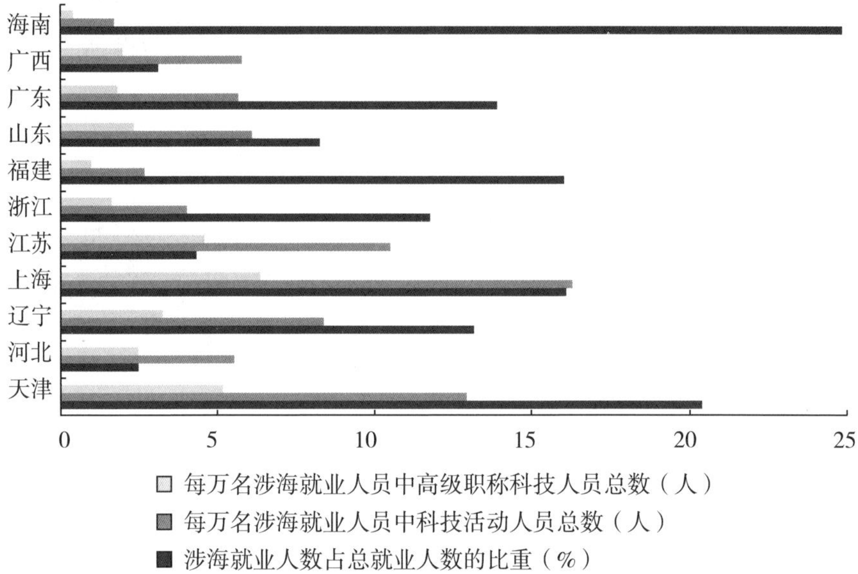

图 7-3　2015 年广东及其他沿海省区市海洋经济人力资源比较

85.8 万元增加至 2015 年的 177.9 万元（见表 7-3），但 2015 年海洋研发经费内部支出占全国海洋研发经费内部支出的比重仅有 10.7%，并且，海洋研发经费内部支出在海洋生产总值中所占比重依然较低，这在一定程度上制约了粤港澳大湾区海洋科技创新能力的提升。

表 7-3　广东及其他沿海省区市海洋研发经费内部支出情况

单位：万元

省区市	2011 年	2012 年	2013 年	2014 年	2015 年
广东	85.8	101.5	111.9	140.8	177.9
天津	52.2	65.3	69.6	79.6	89.5
河北	3.3	3.7	4.2	6.8	9.1
辽宁	32.2	39.7	63.5	57.1	102.3
上海	128.5	143.4	176.4	216.4	230.7
江苏	58.4	49.4	64.9	106.0	83.1
浙江	31.9	33.7	33.1	39.1	55.6

续表

省区市	2011 年	2012 年	2013 年	2014 年	2015 年
福建	22.0	25.6	24.3	35.4	36.6
山东	151.8	172.9	191.7	195.1	180.2
广西	2.7	4.1	3.9	9.5	8.5
海南	0.9	0.01	0	0	0.3
合计	569.7	639.31	743.5	885.8	973.8

“十二五”以来，粤港澳大湾区内的广东省的海洋科技力量有所提升，海洋专利申请受理数量由 2010 年的 229 件增长至 2015 年的 976 件（见表 7-4），年均增速达 33.6%，远高于全国同期 13.4%的平均增速，表明广东海洋科技发展水平在“十二五”期间获得快速提升，海洋经济发展后劲充足。

表 7-4　广东及其他沿海省区市海洋专利申请受理情况

单位：件

省区市	2010 年	2011 年	2012 年	2013 年	2014 年	2015 年
广东	229	278	273	327	432	976
天津	86	111	130	113	134	188
河北	0	6	8	3	6	4
辽宁	502	546	616	575	595	878
上海	725	831	842	1073	1196	1170
江苏	136	133	125	172	220	320
浙江	42	67	47	115	350	154
福建	31	23	24	53	60	55
山东	267	232	401	455	498	561
广西	6	33	16	15	54	48
海南	3	2	2	0	0	0
合计	2027	2262	2484	2901	3545	4354

（三）海洋环境要素供给现状分析

1. 海洋基础设施较为完备

粤港澳大湾区海洋经济基础设施水平在全球范围内都处于领先地位。从港口设施来看，粤港澳大湾区拥有香港、深圳、广州等大型港口码头，在全球海洋运输中具有至关重要的作用。2015 年，粤港澳大湾区集装箱吞吐量达 8423.4 万 TEU，其中广东 4915 万 TEU，香港 2011.4 万 TEU，澳门 1497 万 TEU。在集装箱吞吐量居世界前 20 位的港口中，粤港澳大湾区的香港、深圳、广州港口均入选其中。“十二五”期间，广东港口集装箱吞吐量由 2010 年的 3868 万 TEU 增长至 2015 年的 4915 万 TEU，集装箱吞吐量连续多年居全国首位（见表 7-5）。

表 7-5　广东及其他沿海省区市港口国际标准集装箱吞吐量

单位：万 TEU

省区市	2010 年	2011 年	2012 年	2013 年	2014 年	2015 年
广东	3868	4103	4256	4420	4752	4915
天津	1009	1159	1230	1301	1406	1411
河北	62	77	90	135	184	253
辽宁	969	1200	1514	1798	1860	1838
上海	2907	3174	3253	3362	3529	3654
江苏	391	488	504	554	511	518
浙江	1404	1584	1759	1910	2136	2257
福建	867	970	1073	1169	1271	1364
山东	1531	1691	1899	2076	2256	2402
广西	56	74	82	100	112	142
海南	82	112	137	142	162	154
合计	13146	14632	15797	16967	18179	18908

2. **海洋生态环境压力有所缓解**

“十二五”期间，粤港澳大湾区工业废水排放总量、一般工业固体废物倾倒丢弃量均呈较为明显的下降趋势。2015 年工业废水排放总量为 161454.8 万吨，一般工业固体废物倾倒丢弃量为 1.1 万吨，海水污染状况在一定程度上有所缓解。2015 年，广东海洋自然保护区面积为 3389 平方千米，拥有自然保护区的数量达 50 个，数量居全国首位。

二、海洋要素资源分布与海洋经济的相关性研究

海洋要素资源分布必然遵循海洋的自然规律，应根据不同海域海洋资源、海洋环境现状，以及未来的环境承载力、现有的资源开发强度与发展潜力，遵循其主体功能要求，科学开发海洋，规范开发秩序，调整开发内容，提升开发能力及效率，逐步将无序开发转变为循环利用型开发方式。同时，海域使用管理应向集约、节约、精细化管理转型，逐步构建人海和谐、陆海统筹的开发格局，实现海洋开发可持续发展。尤其在“十三五”期间，粤港澳大湾区海洋经济结构调整步伐加快，海洋经济在拓展发展空间、建设生态文明、加快动力转换等方面发挥了重要作用，应紧紧抓住“一带一路”建设的重大机遇，推进海洋经济持续、健康发展。不同区域海洋经济体分布与发展的特征首先取决于所处海域的自然资源特征，主要包括其管辖的海域面积和海岸线长度、所属海域的主体功能和空间特征、所有资源的开发强度与开发潜力、海域的环境质量及其风险承载力等。下面将从上述角度分析海域自然属性对粤港澳大湾区海洋要素资源构成和分布的影响。

（一）海岸线长度、海域面积与海洋经济相关性分析

海洋经济与陆地经济的显著区别在于，其对所在海域的区位、自然资源和自然环境等自然属性依赖性更强，例如只有在海域水深达到一定要求的区域才有可能建设港口码头，在具有砂质岸线、景色优美的区域才有可能发展滨海旅游业，因此综合评价海域开发利用的适宜性和海洋资源环境承载能力，并根据海域的基本功能和资源状况来布局海洋经济产业就显得尤为重要。同时，应根据经济社会发展的需求，统筹安排各行业因地制宜，节约和集约用

海，合理控制各行业用海规模，引导海洋产业优化布局，从效率改善、技术进步、规模效应入手，提升海洋经济全要素生产率。

对比大陆海岸线长度与海洋生产总值，可见粤港澳大湾区拥有相对更长的大陆海岸线、更大的海域面积，海洋经济总产值也处于全国之首。从全国范围来看，2015 年，粤港澳大湾区内广东省的单位大陆海岸线产值是 4.3 亿元/千米，每 1 万平方千米单位管辖海域面积的产值是 344.7 亿元（见表 7-6）。除了上海、天津两个直辖市之外，广东单位大陆海岸线产值处于全国前列，而单位管辖海域面积产值则相对落后。在各地技术水平相差无几的情况下，拥有大陆海岸线长度较长、管辖海域面积较大的地区的海洋生产总值也相对较高。粤港澳大湾区内的广东省海洋生产总值并未充分匹配其管辖海域面积，说明粤港澳大湾区尚没有完全发挥其管辖海域面积大的自然优势，粤港澳大湾区海洋经济发展仍有较大空间。

表 7-6　2015 年广东及其他沿海省区市大陆海岸线长度、管辖海域面积与海洋生产总值

省区市	大陆海岸线长度/千米	管辖海域面积/万平方千米	海洋生产总值/亿元	单位大陆海岸线产值/（亿元·千米$^{-1}$）	单位管辖海域面积产值/（亿元·万千米$^{-2}$）
广东	3368	41.90	14443.1	4.3	344.7
天津	154	0.30	4923.5	32.0	16411.7
河北	487	0.72	2127.7	4.4	2955.1
辽宁	2017	4.13	3529.2	1.7	854.5
上海	213	1.08	6759.7	31.7	6259.0
江苏	1040	3.75	6101.7	5.9	1627.1
浙江	2200	26.00	6016.6	2.7	231.4
福建	3523	13.60	7075.6	2.0	520.3
山东	3024	4.73	12422.3	4.1	2626.3
广西	1595	12.90	1130.2	0.7	87.6
海南	1823	200.00	1004.7	0.6	5.0

注：管辖海域面积包括内水、领海及专属经济区；大陆海岸线长度及管辖海域面积数据来源于各地区海洋功能区划，且为约数。

（二）劳动力供给与海洋经济相关性分析

劳动力供给是海洋经济发展的重要因素之一。为明确海洋经济与劳动力供给的相关关系，本书使用包括广东在内的11个沿海省区市2011—2015年的数据进行相关性分析。由表7-7可知，涉海就业人数与海洋生产总值显著相关，且相关性高达85.95%。进一步使用面板回归方法考察涉海就业人数对海洋生产总值的影响，经检验F值为117.84（0.0000），适用固定效应模型（FE模型）。经FE模型估计，得到如表7-8中“（1）”所示的结果，涉海就业人数的系数为125.3，在1%的水平上显著，表示涉海就业人数对海洋生产总值有显著的正向影响，并且每增加一单位（万人）涉海就业人数，海洋生产总值将增加125.3亿元。

表7-7　涉海就业人数与海洋生产总值相关系数

	涉海就业人数	海洋生产总值
涉海就业人数	1.0000	
海洋生产总值	0.8595	1.0000
	（0.0000）	

注：表格数据为相关性系数，括号内为P值。

表7-8　面板FE模型回归结果

	（1）海洋生产总值	（2）海洋生产总值
涉海就业人数	125.3*** （7.692）	
海洋研发经费内部支出		2.109*** （0.592）
Constant	-34，730*** （2，440）	4，744*** （140.7）
Observations	55	55
R-squared	0.861	0.228
Number of id	11	11

注：参数的显著性水平*** $p<0.01$，** $p<0.05$，* $p<0.1$。

广东及其他沿海省区市劳动力投入与海洋经济产值的相关性是一致的，但各地每单位劳动力投入的海洋经济产出各有不同。广东海洋经济的人均海洋产值呈连年增长之势，由 2011 年的 11. 20 万元/人逐年增长到 2015 年的 16. 79 万元/人，年均增长率达 10. 65%。但横向来看，广东的人均海洋产值处于较低水平，2015 年在全国 11 个沿海省区市中位于第六位，与上海的 31. 14 万元/人、江苏的 30. 66 万元/人、天津的 27. 17 万元/人有较大差距（见表 7-9）。可见粤港澳大湾区内广东海洋经济的人均海洋产值尚有较大的优化提升空间。

表 7-9　广东及其他沿海省区市涉海从业人员人均海洋产值

单位：万元/人

省区市	2011 年	2012 年	2013 年	2014 年	2015 年
广东	11. 20	12. 63	13. 39	15. 53	16. 79
天津	20. 38	22. 50	25. 67	28. 05	27. 17
河北	15. 41	16. 98	18. 01	20. 98	21. 54
辽宁	10. 51	10. 51	11. 45	11. 85	10. 58
上海	27. 14	28. 34	29. 66	29. 07	31. 14
江苏	22. 41	24. 55	25. 25	28. 36	30. 66
浙江	10. 90	11. 72	12. 30	12. 58	13. 78
福建	10. 16	10. 49	11. 61	13. 66	16. 00
山东	15. 46	17. 04	18. 18	20. 93	22. 81
广西	5. 49	6. 71	7. 83	8. 79	9. 64
海南	4. 99	5. 67	6. 57	6. 64	7. 32

（三）海洋科技创新与海洋经济相关性分析

海洋科技创新是海洋经济创新发展的驱动力。用海洋研发经费内部支出衡量海洋科技创新能力，对包括广东在内的 11 个沿海省区市 2011—2015 年的数据进行相关性分析发现，海洋生产总值和海洋研发经费内部支出显著相关，相关系数为0.4719（见表7-10）。进一步考察海洋科技创新对海洋生产总值的影响，经检验F值为61.31（0.0000），不拒绝固定效应模型。使用固定效应模型进行估计，得到如表7-8中“（2）”所示的结果，海洋研发经费内部支出的回归系数为2.109，在1%的水平上显著，表示海洋研发经费内部支出对海洋生产总值有显著的正向影响，并且每增加一单位（万元）海洋研发经费内部支出，海洋经济生产总值将增加2.109亿元。

表7-10　海洋研发经费内部支出与海洋生产总值相关系数

	海洋研发经费内部支出	海洋生产总值
海洋研发经费内部支出	1.0000	
海洋生产总值	0.4719	1.0000
	（0.0003）	

注：表格内数据为相关性系数，括号内数据为P值。

虽然海洋生产总值与海洋科技创新密切相关，表明海洋科技研发投入越高，海洋生产总值越高，但具体到各地区来看，海洋科技研发投入却并不一定能充分有效地支持海洋经济发展。2011—2015年，广东每单位海洋研发经费内部支出贡献的海洋经济产值持续下降（见表7-11），一方面体现了广东对海洋科技创新日益重视，科技研发投入持续增加；另一方面体现了海洋经济增长并未与海洋科技研发投入保持同幅增长，即海洋经济增速与海洋科技研发投入的增长并不完全协同，说明海洋科技研发投入尚未充分推动海洋经济的创新发展，粤港澳大湾区海洋科技创新支撑海洋经济发展方面还有较大的提升空间。

表7-11　广东及其他沿海省区市单位海洋研发经费内部支出贡献的海洋经济产值

单位：万元

省区市	2011年	2012年	2013年	2014年	2015年
广东	107.12	103.51	100.84	93.96	81.19
天津	67.42	60.32	65.43	63.22	55.01

续表

省区市	2011 年	2012 年	2013 年	2014 年	2015 年
河北	439.82	438.38	414.71	301.72	233.81
辽宁	103.90	85.43	58.93	68.60	34.50
上海	43.72	41.47	35.75	28.88	29.30
江苏	72.83	95.61	75.83	52.74	73.43
浙江	142.22	146.81	158.85	139.07	108.21
福建	194.73	175.11	206.91	168.93	193.32
山东	52.89	51.89	50.58	57.86	68.94
广西	227.33	185.61	230.62	107.49	132.96

注：由于海南省的海洋研发经费内部支出过低，造成据此测算的海洋经济产值畸高，已无参考价值，故未列示海南省的数据。

（四）对海洋自然灾害等的海域风险承载力分析

一个区域的海洋经济发展情况和所处海域与对海洋自然灾害等风险的承载能力息息相关，良好的海域自然灾害风险承载力是海洋经济健康发展的必要条件之一。我国海域最主要的致灾原因有风暴潮、海浪、海冰、赤潮、海岸侵蚀、地震等，其中，海冰灾害主要发生在环渤海区域，主要对渤海海域的海洋油气业带来影响；赤潮灾害发生的主要区域在长江口及其附近海域，对海洋渔业生产造成影响；海岸侵蚀则会对沿岸的构筑物等造成破坏；地震一般来说会对铺设在海底的各类管道、光（电）缆造成损害，严重时可能导致区域性信息传输中断。而粤港澳大湾区近海海域发生最频繁、带来损失最大的海洋灾害主要是风暴潮、海浪等灾害。《中国海洋灾害公报》显示，2012—2017 年，广东省由于海洋自然灾害造成的直接经济损失分别为 17.47 亿元、74.41 亿元、60.41 亿元、28.77 亿元、9.63 亿元和 54.10 亿元，6 年来直接经济损失总计约 245 亿元。2012—2017 年广东及其他沿海省区市海洋自然灾害造成的直接经济损失情况如表 7-12 所示。

表 7-12 广东及其他沿海省区市海洋自然灾害造成的直接经济损失

年份		2012	2013	2014	2015	2016	2017
致灾原因		风暴潮、海浪、海冰、赤潮等	风暴潮、海浪、海冰等	风暴潮、海浪、海冰等	风暴潮、海浪、海冰等	风暴潮、海浪、海冰、海岸侵蚀等	风暴潮、海浪、海冰、海岸侵蚀等
海洋自然灾害造成的各省（区、市）直接经济损失/亿元	广东	17.47	74.41	60.41	28.77	9.63	54.10
	辽宁	4.49	3.24	0.15	0.06	0.45	0.22
	河北	20.44	—	0	0	9.35	0.64
	天津	0.04	—	0	0	0.80	0
	山东	34.92	1.44	1.49	0.44	2.39	0.26
	江苏	6.24	0.29	0.51	0.58	0.37	4.63
	上海	0.06	—	0	0.05	0	0
	浙江	47.62	28.23	4.37	11.25	2.42	0.92
	福建	22.76	45.08	4.30	30.79	16.21	1.27
	广西	5.33	4.90	28.30	0.47	2.69	0.12
	海南	0.83	5.89	36.31	0.33	5.69	1.82

三、本章小结

本章从自然要素、社会要素、环境要素三个方面对广东及其他沿海省区市的海洋经济要素供给现状进行了较为细致的剖析，并从海岸线长度和海域面积、劳动力供给、海洋科技创新、海洋自然灾害四个方面考察了海洋要素资源分布与海洋经济的相关性。

关于海洋经济要素供给：对海洋自然要素供给现状进行分析发现，粤港澳大湾区海岸线绵长，海岛、海湾数量众多，蓝色土地面积广阔，滨海旅游资源丰富，海洋生物、能源、矿产等要素资源优势突出。对海洋社会要素供给现状进行分析发现，粤港澳大湾区海洋人力资源规模庞大，其中广东是全国范围内涉海就业人数规模最大的地区，海洋科研从业人员数量也位于全国第二，但广东海洋科技资源有待加强，2015 年每万名涉海就业人员中科技活动人员总数只有 5.6 人，海洋研发经费内部支出占全国海洋研发经费内部支出的比重仅有 10.7%。不容忽视的是，“十二五”期间广东海洋专利申请受理数量快速增长，海洋科技发展水平快速提升，海洋经济发展后劲充足。对海洋环境要素供给现状进行分析发现，粤港澳大湾区海洋基础设施较为完备，在全球范围内处于领先地位，尤其是港口设施；粤港澳大湾区海洋生态环境压力有所缓解，工业废水排放总量、一般工业固体废物倾倒丢弃量均呈较为明显的下降趋势。

关于海洋要素资源分布与海洋经济的相关性：对海岸线长度、海域面积与海洋经济的相关性进行分析发现，粤港澳大湾区拥有相对更长的大陆海岸线、更大的海域管辖面积，海洋经济总产值也处于全国之首。对劳动力供给与海洋经济的相关性进行分析发现，涉海就业人数与海洋生产总值显著相关，并且涉海就业人数对海洋生产总值有显著的正向影响，每增加一单位（万人）涉海就业人数，海洋生产总值将增加 125.3 亿元；近年来广东海洋经济的人均生产总值连年增长，但在全国范围内仍处于较低水平，粤港澳大湾区海洋经济的人均生产总值尚有较大的优化提升空间。对海洋科技创新与海洋经济的相关性进行分析发现，海洋科技创新与海洋生产总值显著相关，并且对海洋生产总值有显著的正向影响，每增加一单位（万元）海洋研发经费内部支出，海洋生产总值将增加 2.109 亿元；近年来，广东每单位海洋研发经费内部支出贡献的海洋经济产值持续下降，可见一方面粤港澳大湾区科技研发投入持续增加，但另一方面海洋科技研发投入尚未充分推动海洋经济的创新发展，粤港澳大湾区海洋科技创新在支撑海洋经济发展方面还有较大提升空间。对海洋自然灾害等的海域风险承载力进行分析发现，粤港澳大湾区近海海域发生最频繁、带来损失最大的海洋自然灾害主要是风暴潮、海浪等灾害。

第八章　海洋全要素生产率指数测算

海洋经济创新发展，需要改变依靠传统要素投入实现经济增长的动力模式，转而通过海洋技术进步与创新实现海洋全要素生产率的提升，同时尽量减少海洋经济增长过程中对海洋环境带来的污染。在充分考虑海洋环境污染排放和海洋环境污染治理的情况下，本章选取了4个相关指标，运用熵值法将其拟合为一个海洋环境综合指数，将其与沿海各省区市的海洋生产总值相乘，得到海洋绿色生产总值，利用Malmquist指数生产率模型测算包括广东在内的11个沿海省区市2006—2015年海洋全要素生产率指数和海洋绿色全要素生产率指数，并将其拆分为技术效率与技术进步率，以期通过提高海洋全要素生产率来实现下一阶段的海洋经济创新发展，推动要素驱动转向创新驱动，加强政策引导，促进要素在海洋空间、主导产业部门和关键技术领域的集聚，通过优化要素配置提升海洋经济效率。

一、研究方法

在数据包络分析（Data Envelopment Analysis，DEA）基础上发展起来的Malmquist指数生产率模型，是目前较为流行的应用前沿生产函数对全要素生产率增长率进行测算和分解的一种非参数模型。DEA模型在一定的投入和产出指标输入条件下，由线性规划法计算出效率前沿面——由既定投入下实现产出最大化或既定产出下实现成本最小化的决策单位（DMU）组成的前沿生产面，待考察的决策单位与效率前沿面之间的差距即为该决策单位的相对效率，运用Malmquist指数产生率模型可将此差距拆分为技术效率与技术进步率。在运用DEA模型研究各省（区、市）技术效率时，我们把每一个省（区、市）都视为一个生产决策单位，假设在每个时刻$t=1$，…，T，决策单位使用生产技术S^t将投入要素$x^t \in R_+^N$转化为产出$y^t \in R_+^M$，S^t为t时刻的技术可能集：

$$S^t = \{(x^t,\ y^t):\ x^t \text{ 生产 } y^t\} \tag{1}$$

S^t 应满足固定规模报酬与要素可强处置的条件，同时，t 时刻的产出距离函数可以定义为 Farrell 所测算的产出技术效率的倒数，即在给定投入 x^t 下，生产能够向产出 y^t 方向扩张的最大比例的倒数：

$$D_i^t(x^t,\ y^t) = inf\{\theta:\ (x^t,\ y^t/\theta) \in S^t\} = (sup\{\theta:\ (x^t,\ \theta y^t) \in S^t\})^{-1} \tag{2}$$

特别地，$(x^t,\ y^t) \in S^t$ 时，$D_i^t\ (x^t,\ y^t) \leqslant 1$；当且仅当 $D_i^t\ (x^t,\ y^t) = 1$ 时，$(x^t,\ y^t)$ 为技术前沿面上的点，此时生产在技术上是最有效率的，既定投入实现了最大产出。其中，技术前沿面或最优生产实践面是根据所选取的样本数据，由线性规划技术计算所得。而涉及两个不同时刻的距离函数 $D_i^t\ (x^{t+1},\ y^{t+1})$ 则表示在 t 时刻的技术水平下，生产点 $(x^{t+1},\ y^{t+1})$ 所能达到的最大可能产出与实际产出之比：

$$D_i^t(x^{t+1},\ y^{t+1}) = inf\{\theta:\ (x^{t+1},\ y^{t+1}/\theta) \in S^t\} \tag{3}$$

需要注意的是，所定义的 $(x^t,\ y^t) \in S^t$，$(x^{t+1},\ y^{t+1}) \in S^{t+1}$，但 $(x^{t+1},\ y^{t+1}) \notin S^t$（如出现技术进步），因此这里的距离函数 $D_i^t\ (x^{t+1},\ y^{t+1}) >1$ 也是可行的。

此时，以 t 时刻的技术为参照系，基于产出的 Malmquist 指数可以定义为：

$$M_i^t = D_i^t(x^{t+1},\ y^{t+1}) / D_i^t(x^t,\ y^t) \tag{4}$$

同理，$D_i^{t+1}\ (x^t,\ y^t)$ 表示以 $t+1$ 时刻的生产技术为参照时生产点 $(x^t,\ y^t)$ 所能达到的最大可能产出与实际产出之比，此时，基于产出的 Malmquist 指数则可以定义为：

$$M_i^{t+1} = D_i^{t+1}(x^{t+1},\ y^{t+1}) / D_i^{t+1}(x^t,\ y^t) \tag{5}$$

为避免选择生产技术参照系时的随意性，准确测算出以时刻 t 为基期的 $t+1$ 时刻的 Malmquist 指数，我们用两个 Malmquist 指数的几何平均值来最终计算全要素生产率增长率的变化，即：

$$\begin{aligned} M_i(x^{t+1},\ y^{t+1};\ x^t,\ y^t) &= \left[\left(\frac{D_i^t(x^{t+1},\ y^{t+1})}{D_i^t(x^t,\ y^t)}\right)\left(\frac{D_i^{t+1}(x^{t+1},\ y^{t+1})}{D_i^{t+1}(x^t,\ y^t)}\right)\right]^{\frac{1}{2}} \\ &= \frac{D_i^{t+1}(x^{t+1},\ y^{t+1})}{D_i^t(x^t,\ y^t)}\left[\left(\frac{D_i^t(x^{t+1},\ y^{t+1})}{D_i^{t+1}(x^{t+1},\ y^{t+1})}\right)\left(\frac{D_i^t(x^t,\ y^t)}{D_i^{t+1}(x^t,\ y^t)}\right)\right]^{\frac{1}{2}} \\ &= \text{技术效率变化指数（EFF）} \times \text{技术进步率指数（TECH）} \end{aligned} \tag{6}$$

其中，技术效率变化指数（EFF）测度的是每个决策单位从时刻 t 到 $t+1$ 向最佳生产前沿面的趋近程度，EFF 大于 1（小于 1）表明技术效率提高（效率下降）；技术进步率指数（TECH）测度的则是从时刻 t 到 $t+1$ 生产技术前沿向产出增加方向上的移动，若 TECH 大于 1（小于 1）则表明从 t 到 $t+1$ 期出现了技术进步（技术退步）。在实证研究中，我们使用上述非参数的线性规划技术计算 Malmquist 指数。假定有 $k=1, \cdots, K$ 个省（区、市）在时刻 $t=1, \cdots, T$ 使用 $n=1, \cdots, N$ 种投入 $x_{k,n}^t$，生产 $m=1, \cdots, M$ 种产出 $y_{k,m}^t$。在固定规模报酬和投入要素可强处置条件下，我们可以得到 t 时刻的生产技术前沿 S^t 的计算公式：

$$S^t = (x^t,\ y^t): y_m^t \leqslant \sum_{k=1}^{K} z_k^t y_{k,m}^t;\ \sum_{k=1}^{K} z_k^t y_{k,n}^t \leqslant x_n^t;\ z_k^t \geqslant 0 \quad (7)$$

其中，z 表示每一个横截面观测值的权重。

要测算 k'省（区、市）以时刻 t 为基期 $t+1$ 时刻的 Malmquist 指数，在以上理论推导基础之上，还需要解决四个不同的线性规划问题：$D_i^t(x^t, y^t)$、$D_i^{t+1}(x^t, y^t)$、$D_i^t(x^{t+1}, y^{t+1})$ 和 $D_i^{t+1}(x^{t+1}, y^{t+1})$。对于每一个 $k'=1, \cdots, K$ 的省（区、市），$D_i^t(x^t, y^t)$ 的线性规划表达式为：

$$\begin{aligned}
&[D_i^t(x_{k'}^t,\ y_{k'}^t)]^{-1} = max\theta^{k'} \\
s.\ t.\quad &\theta^{k'} y_{k',m}^t \leqslant \sum_{k=1}^{K} z_k^t y_{k,m}^t \qquad m=1, \cdots, M \\
&\sum_{k=1}^{K} z_k^t x_{k,n}^t \leqslant x_{k',n}^t \qquad n=1, \cdots, N \\
&z_k^t \geqslant 0 \qquad k=1, \cdots, K
\end{aligned} \quad (8)$$

同理可得 $t+1$ 时刻的距离函数 $D_i^{t+1}(x^{t+1}, y^{t+1})$ 的线性规划表达式，将式（8）中的 t 替换为 $t+1$ 即可。由于 $(x_{k'}^t, y_{k'}^t)$，$(x_{k'}^{t+1}, y_{k'}^{t+1}) \in S^{t+1}$，所以 $D_i^t(x_{k'}^t, y_{k'}^t) \leqslant 1$，$D_i^{t+1}(x_{k'}^{t+1}, y_{k'}^{t+1}) \leqslant 1$。$D_i^t(x^{t+1}, y^{t+1})$ 与 $D_i^{t+1}(x^t, y^t)$ 也可由式（8）类似的线性规划技术得到，只不过此时需同时使用 t 时刻与 $t+1$ 时刻的相关数据信息。另外，$(x_{k'}^{t+1}, y_{k'}^{t+1}) \notin S^t$，$(x_{k'}^t, y_{k'}^t) \notin S^{t+1}$，所以 $D_i^t(x_{k'}^{t+1}, y_{k'}^{t+1})$ 与 $D_i^{t+1}(x_{k'}^t, y_{k'}^t)$ 的取值可以大于 1。

二、数据收集与指标选取

由于香港和澳门海洋全要素生产率指数与中国内地的可比性不强，并且缺乏相关数据，因此以广东为代表测算海洋全要素生产率指数。为明确广东海洋全要素生产率指数在全国所处的水平，本书同时测算包括广东在内的全国沿海省区市纳入环境保护因素的海洋全要素生产率指数，通过与其他沿海省区市的横向对比，以及2006—2015年间的纵向对比，充分把握广东的海洋全要素生产率水平及其变化趋势。研究数据主要来源于《中国统计年鉴》和《中国海洋统计年鉴》。

在产出指标的选取方面，已有的研究多将各沿海省区市海洋生产总值作为产出的度量指标，往往忽略了海洋环境污染对海洋经济效率的不利影响。为了从海洋经济可持续发展的角度测算各沿海地区海洋经济效率，本书拟合海洋环境综合指数，将其纳入生产率评价模型，即海洋环境综合指数与沿海各省区市的海洋生产总值相乘，得到海洋绿色生产总值。其中，各省区市海洋生产总值数据直接来源于相关统计资料，并分别经各地区居民消费价格指数（CPI）平减得到。投入指标选取方面，相关研究通常选取资本、劳动两种投入要素，然而，根据Solow经济增长模型，$Y=F(K, L, A)$，经济体的投入除资本、劳动外，还有技术；Fare et al. 也指出，可以将代表研究与发展的相关资源纳入效率评估的微观模型之中。据此，本研究选取的投入指标为资本、劳动以及各地区的技术投入要素：劳动投入为各地区涉海就业人员数量，技术投入为年末各地区海洋专利授权数量，数据直接来源于官方统计资料；由于无法获得公开的各地区海洋资本存量数据，本研究首先采用永续盘存法对各地区资本存量进行估算，并以各地区海洋生产总值占地区生产总值的比重为比例，测度各地区海洋资本投入量。在基准年资本存量基础上，利用永续盘存法估算出各省区市各年度资本存量的具体计算方法为：

$$K_{i,t} = K_{i,t-1}(1 - \&_{i,t}) + I_{i,t}/P_{i,t} \tag{9}$$

其中，$K_{i,t}$和$K_{i,t-1}$分别为t和$t-1$期第i个省区市资本存量；$\&_{i,t}$、$I_{i,t}$和$P_{i,t}$分别为t期第i个省区市折旧率、当年投资总额和投资价格指数。张军 等（2004）在认真处理和研究基准年资本存量、各年投资流量、投资品价格指数、折旧率的选择与确定的基础上，运用永续盘存法估算了1952—2000年中国内地 30 个省区市各年的资本存量。本研究按照张军等人的估计方法，将 2006 年 11 个沿海省区市资本存量数据作为基准年资本存量，按照式（9）估算了 2006—2015 年各沿海省区市的资本存量，并用地区海洋生产总值与地区生产总值的比例进行折算，以此作为各沿海省区市海洋资本投入数据。

三、海洋环境综合指数的构造

为准确度量沿海各地区的海洋环境综合指数，并考虑到我国环境污染多来源于工业制造业部门，因此本书选取海洋固体废物综合利用率和海洋工业废水排放达标率作为正向指标，选取海洋工业固体废物排放量、海洋工业废水直接入海量与海岸线长度之比作为逆向指标，利用熵值法将其拟合为海洋环境综合指数。鉴于海洋统计数据的可得性，暂以各沿海省区市工业固体废物排放量、工业废水直接入海量来替代各沿海省区市海洋工业的固体废物和废水排放量。

熵值法是进行多指标综合评价时使用得较为普遍的一种客观赋权法，它根据客观环境及各指标所提供的原始信息量对各指标赋予相应的权重，避免了主观因素可能带来的偏差。利用熵值法拟合海洋环境综合指数的主要步骤为：

（1）指标的同量纲化处理。为避免不同指标的不同量纲对综合评价的影响，我们首先对各评价指标做无量纲化处理。设 x_{ij} 为地区 i 第 j 个环境污染指标的取值（$i=1, 2, \cdots, m$；$j=1, 2, \cdots, n$），则原始指标数据矩阵为 $X_{ij}=(x_{ij})_{m\times n}$，第 i 个地区第 j 项指标值的比重为：

正向指标无量纲化：$x_{ij}' = x_{ij}/\sum_{i=1}^{m} x_{ij}$ （10）

逆向指标无量纲化：$x_{ij}' = x_{ij}/\sum_{i=1}^{m} x_{ij}$ （11）

其中，正向指标表示该指标与海洋环境综合指数有正向关联，指标值越大，海洋环境综合指数越大；逆向指标则反之。经过同量纲化处理，原始矩阵转化为无量纲矩阵 $X_{ij}'=(x_{ij}')$。

（2）计算指标 j 的熵值 e_j：

$$e_j = -\frac{1}{1nm}\sum_{i=1}^{m} x_{ij}' 1nx_{ij}',\ 0 \leqslant e_j \leqslant 1 \tag{12}$$

（3）计算指标 j 的差异性系数 e_j'：

给定指标 j，各样本的值 x_{ij}' 差异性越小，式（12）所计算出的指标 j 的熵值 e_j 越大，说明指标 j 在综合评价中的作用越小。为与主观感受一致，本书定义 $e_j'=1-e_j$，则 e_j' 越大，指标 j 在综合评价中越重要。

（4）计算指标 j 的客观权重 ω_j：

$$\omega_j = \frac{e_j'}{\sum_{j=1}^{n} e'_j} = \frac{1 - e_j}{\sum_{j=1}^{n} 1 - e_j} \tag{13}$$

（5）计算综合指数 POL_i：

$$POL_i = \sum_{j=1}^{n} x_{ij}'\omega_j \tag{14}$$

POL_i 为第 i 个样本的海洋环境综合指数；j 为所选取的环境指标；ω_j 为第 j 种环境指标在综合评价中的权重。POL_i 越大，表示海洋环境污染控制得越好，海洋经济的环境友好程度越高。

本书计算了包括广东在内的 11 个沿海省区市每年的海洋环境综合指数，如表 8-1 所示。

表 8-1　沿海省区市海洋环境综合指数

省区市	2006 年	2010 年	2011 年	2012 年	2013 年	2014 年	2015 年
广东	0.60	0.71	0.74	0.74	0.74	0.74	0.76
天津	0.89	0.89	0.91	0.90	0.90	0.90	0.90
河北	0.51	0.71	0.66	0.65	0.67	0.67	0.72
辽宁	0.45	0.56	0.51	0.52	0.53	0.53	0.49
上海	0.66	0.83	0.72	0.72	0.73	0.72	0.72
江苏	0.86	0.86	0.86	0.84	0.86	0.86	0.86
浙江	0.64	0.81	0.81	0.81	0.82	0.82	0.82
福建	0.72	0.76	0.68	0.81	0.81	0.81	0.77
山东	0.85	0.86	0.85	0.85	0.85	0.86	0.85
广西	0.57	0.71	0.69	0.73	0.74	0.72	0.71

续表

省区市	2006 年	2010 年	2011 年	2012 年	2013 年	2014 年	2015 年
海南	0.70	0.79	0.65	0.70	0.71	0.66	0.70
全国沿海	0.68	0.77	0.73	0.75	0.76	0.75	0.75

四、海洋全要素生产率指数测算结果与分析

为分析广东及其他沿海省区市海洋全要素生产率指数的动态变化，本书对所选取的 11 个沿海省区市考虑海洋环境综合指数前后的海洋全要素生产率指数、技术进步指数、技术效率指数进行了测算，表 8-2 为 2006—2015 年沿海省区市海洋平均全要素生产率指数估算结果。

表 8-2　2006—2015 年沿海省区市海洋平均全要素生产率指数估算结果

年份	Malmquist 指数	绿色 Malmquist 指数	技术效率指数	绿色技术效率指数	技术进步指数	绿色技术进步指数
2006—2007	1.008	1.073	1.034	1.016	0.975	1.056
2007—2008	0.826	0.851	0.971	1.010	0.851	0.843
2008—2009	0.731	0.785	0.986	1.001	0.741	0.784
2009—2010	1.031	1.046	1.012	1.033	1.019	1.013
2010—2011	0.880	0.813	0.935	0.905	0.941	0.898
2011—2012	0.876	0.899	1.013	1.020	0.865	0.881
2012—2013	1.012	1.025	1.005	1.025	1.006	1.001
2013—2014	0.959	0.935	0.960	0.949	0.999	0.985
2014—2015	0.941	0.933	1.019	1.001	0.923	0.932
平均	0.918	0.929	0.993	0.996	0.924	0.933

根据表 8-2 及图 8-1 可以得到：总体而言，2006 年以后广东及其他沿海省区市海洋平均全要素生产率指数下降趋势较为明显，且主要由海洋技术进

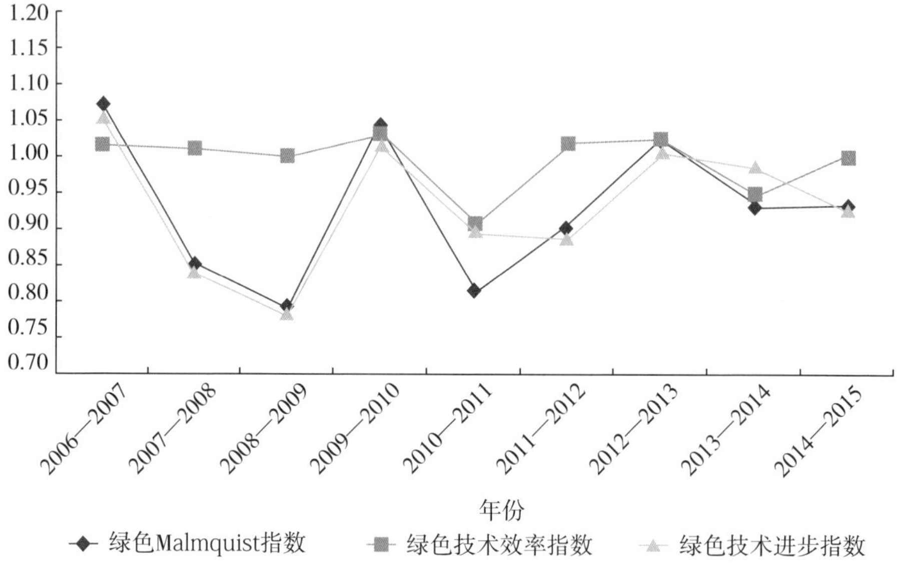

图 8-1　2006—2015 年沿海省区市海洋平均全要素生产率指数趋势图

步率的变动所致，海洋技术效率变化幅度不大，即海洋全要素生产率的变动趋势由海洋技术进步率的变化主导，说明我国海洋经济具有增长效应，缺乏水平效应。具体而言，根据表 8-2，从海洋平均全要素生产率指数时间序列来看，加入海洋环境综合指数后，2006—2015 年海洋全要素生产率的增长率、技术效率与技术进步率均有小幅上升，表明广东及其他沿海省区市海洋经济发展过程中对环境的友好程度较高，较为注重海洋环境保护和海洋生态修复，传统的海洋全要素生产率指数测算低估了海洋经济的实际经济效率。参照图 8-1，加入海洋环境综合指数变量以后，2006—2015 年的海洋经济增长可以划分为三个时期：2006—2009 年，广东及其他沿海省区市海洋绿色全要素生产率指数显著下降，其中海洋绿色技术效率指数变动较小，海洋绿色技术进步指数持续下降；2010—2012 年，广东及其他沿海省区市海洋绿色全要素生产率指数震荡波动，其中海洋绿色技术效率指数、海洋绿色技术进步指数均呈现为先下降、后上升的 V 形曲线，2012 年海洋绿色全要素生产率指数与 2010 年基本持平；2013—2015 年，再次进入海洋绿色全要素生产率指数下降期，其中海洋绿色技术效率指数震荡下降，海洋绿色技术进步指数持续下降。实证研究表明，广东及其他沿海省区市海洋绿色技术效率指数总体变动幅度不大，海洋经济的增长及海洋绿色全要素生产率的变动主要由海洋绿色技术进步驱动，且环境友好型后发技术优势还在持续扩张。

表 8-3　2006—2015 年各沿海省区市海洋平均全要素生产率指数估算结果

省区市	Malmquist 指数	绿色 Malmquist 指数	技术效率指数	绿色技术效率指数	技术进步指数	绿色技术进步指数
广东	0.926	0.942	1.006	1.046	0.921	0.901
天津	0.997	0.991	1.008	1.000	0.989	0.991
河北	0.884	0.918	1.000	1.000	0.884	0.918
辽宁	0.867	0.869	0.961	0.957	0.902	0.909
上海	0.972	0.985	1.000	0.998	0.972	0.988
江苏	0.962	0.989	1.000	1.000	0.962	0.989
浙江	0.921	0.939	1.014	1.040	0.908	0.903
福建	0.933	0.947	1.004	1.000	0.930	0.947
山东	0.921	0.914	0.981	0.982	0.939	0.931
广西	0.798	0.830	0.965	0.955	0.827	0.869
海南	0.912	0.896	0.988	0.981	0.923	0.913
平均	0.918	0.929	0.993	0.996	0.924	0.933

为细化分析海洋全要素生产率指数的区域增长差异，本书测算了 2006—2015 年广东及其他沿海省区市海洋平均全要素生产率指数。

从表 8-3 可以看出，广东 2006—2015 年的 Malmquist 指数为 0.926，低于天津、上海、江苏、福建 4 个沿海省市。具体而言，广东技术效率指数为 1.006，仅次于天津的 1.008，说明广东的海洋经济技术使用效率较高；广东技术进步指数为 0.921，低于天津、上海、江苏、山东、福建、海南多个省市，也低于 0.924 的全国平均水平。可见尽管广东海洋技术进步指数不高，但对已有技术的使用效率较高。

加入海洋环境综合指数变量之后，广东海洋全要素生产率在区域层面上的排名并未变化，广东海洋绿色全要素生产率指数为 0.942，低于天津、上海、江苏、福建4个沿海省市。具体而言，广东绿色技术效率指数为1.046，在11个沿海省区市中位居第一，表明广东的海洋经济绿色技术使用效率最高；而广东绿色技术进步指数为0.901，在11个沿海省区市中处于除广西之外的最次水平。可见广东海洋绿色全要素生产率处于全国中游水平，源于广东海洋绿色技术进步指数的拖累，需要加大力度开展海洋环境污染治理和海洋生态环境保护。

五、本章小结

本章拟合海洋环境综合指数，纳入基于DEA方法的全要素生产率评价模型，分析了考虑海洋环境因素前后海洋全要素生产率指数的长期变动趋势。基于要素现状分析及实证分析结果，得到的主要结论有：

（1）近年来，广东的海洋环境综合指数在全国范围内处于相对较低水平，海洋经济发展的环境代价较大，海洋污染较为严重，海洋污染排放的管控和海洋生态环境的治理有待加强。但在2006—2015年的10年间，广东海洋环境综合指数整体呈明显的上升趋势，说明广东海洋环保意识不断增强，海洋生态环境的治理力度在持续增大。

（2）2006—2015年，广东及其他沿海省区市的海洋经济增长可以划分为三个时期：2006—2009年海洋绿色全要素生产率指数显著下降，其中海洋绿色技术效率波动不大，海洋绿色技术进步指数持续下降；2010—2012年海洋绿色全要素生产率指数震荡波动，其中海洋绿色技术效率指数、海洋绿色技术进步指数均呈现为先下降、后上升的V形曲线；2013—2015年为第三个时期，再次进入海洋绿色全要素生产率指数下降期，其中海洋绿色技术效率指数震荡下降，海洋绿色技术进步指数持续下降。

（3）2006—2015年，尽管广东海洋技术进步指数不高，但对已有技术的使用效率较高。考虑海洋环境的影响，广东海洋绿色全要素生产率仍然处于全国中游水平，源于广东海洋绿色技术进步指数的拖累，需要加大力度开展海洋环境污染治理和海洋生态环境保护。

第九章　粤港澳大湾区海洋经济要素优化路径选择

海洋经济创新发展的重要切入点是通过海洋技术进步与创新实现海洋全要素生产率的提升，以海洋要素效率的提升实现海洋产业结构的优化，以海洋要素资源的集聚实现海洋空间结构的改善。同时，政府通过海洋制度供给引导投资和资源流向，是海洋经济突破规模和技术约束，实现产业部门、空间布局和技术水平“三大突破”的重要基础。粤港澳大湾区海洋经济协同创新发展，必须从提升要素效率入手，加快构建海洋科技创新体系，建设具有国际竞争力的海洋科技人才高地、海洋科技创新中心、海洋高技术成果高效转化基地和产业基地，引领海洋战略性新兴产业的超前部署及临海产业的深度发展，为海洋经济实现跨越式发展提供有力支撑。

一、以海洋要素资源配置机制创新提升海洋全要素生产率

在海洋经济体系中，海洋要素的供给及海洋要素的经济效率对形成高端化、多元化、现代化的海洋经济有效需求至关重要。海洋要素供给条件的改善，是海洋经济体系健康运行及海洋经济创新发展的坚实基础；提高海洋产业生产要素的中高端供给水平，是提高海洋经济运行效率的重要前提。通过提高海洋全要素生产率来实现下一阶段粤港澳大湾区海洋经济协同创新，能够实现海洋经济发展由要素驱动向创新驱动的转变。政府要利用政策的指导作用，引导海洋经济要素在海洋空间、主导产业部门和关键技术领域集聚，通过优化要素供给及改善政府治理水平，提升海洋经济效率。

1. 加强海洋资源市场化配置的制度建设

要明晰海洋资源的产权，合理评价海洋资源的资产价格，推进海洋资源

的市场化交易平台建设，推动海域使用权的流转，提高海洋资源的使用效率；要推进海洋公共产品、重大项目的市场化配置进程，充分运用政府和社会资本合作模式，提高海洋资源的使用效率。

2. **深入实施科技要素创新**

要统筹粤港澳大湾区内科技人才、科技企业和科技成果等资源，加快构建区域协调创新机制，深化粤港澳科技创新交流，支持共建国家级创新平台、联合实验室和研究中心。要加大海洋科学技术研究的财政支持，优化科技研发环境，推动海洋科研公共服务平台建设；强化产学研合作，积极创建产学研合作战略联盟、中介机构和各种公共服务平台。要充分利用现代的先进技术，促进海洋经济信息化，加入“互联网+”的经济潮流，例如建立健全海洋资源和产品质量的溯源机制。要加快海洋信息化资源整合，推进“智慧海洋”建设。

3. **积极引进海洋科技人才**

要构建海洋科技人才和管理人才的引进机制，出台管理办法，对引进的人才给予补贴、住房等一系列优惠条件。要构建高效的人才合作机制，建立粤港澳三地人员往来“一地两检”制度，加快为港澳的就学、就业、创业人员在教育、医疗等公共服务领域提供与本地居民同等的待遇，促进粤港澳地区海洋科技人才的高效流动。

4. **加速金融资本市场要素配置**

要积极探索海洋经济融资模式，发挥多元资本在海洋产业结构调整和资源优化配置方面的引导和激励作用。要利用金融工具和金融政策，推动对海洋经济产业结构和企业结构的优化；利用不同金融机构的信息优势和产业培育经验，提供海洋经济发展所需的市场信息、技术信息、企业成长等方面的帮助。要集合政府、社会、民间等多种渠道，建立符合产业发展特征的投资基金，提升其市场化程度，同时加强监管，规避投机风险。要探索多种融资性支持途径，如银行信贷、政策性银行支持、合作性金融、资本市场（股票融资和债券融资）、股权投资、信托、小额贷款、融资性担保、融资租赁等。要积极发挥海洋保险、担保等风险控制性金融对海洋经济发展的支持作用。

二、以海洋技术突破带动海洋全要素生产率的提升

1. 加强粤港澳大湾区海洋创新资源的规划和布局

要建立开放、共享、流动、竞争、激励与约束相结合的海洋科技工作运行机制，促进跨区域、跨学科和跨部门海洋科技资源的优化整合，切实解决海洋科技资源分散的瓶颈问题。要强化海洋科技创新激励与保护机制，建立科学合理的海洋科技创新评价与考核体系，对基础研究、应用研究进行分类评价，创新海洋科技项目遴选制度，制定促进海洋科技创新的知识产权保护政策，完善海洋科技创新的财税激励政策。

2. 强化企业自主创新的主体地位

要强化以企业为主体、以市场为导向、产学研相结合的创新体制，发挥市场在海洋科技资源配置中的基础性作用，尽量减少创新活动中的行政干预。要保护企业家精神，支持企业创新，激发企业、企业家的创新动力，强化企业的创新主体地位。

3. 建立国际海洋科技合作新机制

要充分利用粤港澳海洋科技资源，形成分工合理的海洋科技创新体系。要完善创新合作体制机制，优化跨区域合作创新发展模式，构建国际化、开放型区域创新共同体。要进一步拓宽海洋科技创新的国际交流与合作，鼓励本土海洋企业与跨国企业建立海洋高新技术特别是深海技术研发机构，积极融入全球海洋科技创新分工体系，在更大范围、更广领域整合利用全球海洋高技术创新资源。要加强大湾区内国家科技兴海产业示范基地、国家海洋高技术产业基地、海洋经济发展示范区建设，不断提升广东海洋经济发展中的科技含量。

4. 打造金融、科技与产业三链融合的海洋创新生态链

要积极探索海洋科技与金融资源全面结合的新机制与新模式，构建包括种子基金、天使基金、创业投资、担保资金和政府创投引导基金等在内的，覆盖创新链条全过程的海洋科技金融服务体系，引导社会资本加大对海洋高新技术的研发及海洋新兴产业的投资。要引导涉海中小企业对接各种资本市

场，鼓励天使投资、风险投资支持海洋科技成果产业化，推动科技金融服务于粤港澳大湾区的海洋经济协同创新。

三、以海洋产业突破实现海洋经济要素配置效率的改善

1. 以补短板为重点，打造现代海洋产业体系

要优化海洋经济产业结构，以提升海洋渔业、海洋交通运输业、海洋旅游业等海洋传统优势产业为基础，以培育和壮大海洋工程装备制造、海洋生物医药、海洋新能源、海水淡化与综合利用、海洋科研教育管理服务等海洋战略性新兴产业为支撑，培育处于全球海洋产业链高端、引领海洋经济发展方向的先进海洋经济产业集群，坚持创新驱动，打造具有国际竞争力的现代海洋产业体系。

2. 以绿色发展为导向，改造提升海洋传统优势产业

要加强海洋资源集约利用，提高海洋生物资源的利用效率，大力推广高效的生态养殖模式，加大渔业资源的增殖放流力度，遏制近海渔业资源衰退势头，恢复渔业资源及其生态环境。要加强海洋环境综合治理，制定和实施近岸海域排污总量控制计划，实施沿海陆域、近岸海域、河口附近海域的污染排放许可证制度，开展重点入海排污口及邻近海域的在线连续监测，制定处理海上船舶溢油、有毒化学品泄漏等重大污染事故的应急预案，减少环境灾害影响。要加强海洋生态建设和修复，建立海洋生态红线制度，将重要、敏感、脆弱的海洋生态系统纳入海洋生态红线区管辖范围并实施强制性保护和严格管控。要建立健全海洋资源有偿使用和生态补偿制度，提高自然岸线恢复率，改善近海海水水质，增加滨海湿地面积。

3. 以技术突破为重点，推动海洋战略性新兴产业发展

要积极推动海洋企业、高校等机构联合建设、多方结合的海洋新兴产业技术创新战略联盟，建立面向市场需求的产学研紧密结合的运行机制，整合产业技术创新资源，立足产业技术创新需求，开展联合攻关，尽快形成一批具有自主知识产权的新技术、新产品，不断提高关键技术、产品及设备的国产化率。要加强国际技术合作，引进海洋高新技术，并通过消化、吸收进而模仿、创新，提高海洋新能源、海水综合利用等海洋新兴产业的技术创新水平。

四、以海洋空间突破实现海洋经济要素集聚效应的提升

1. 优化临海产业布局

要加快建设科技引领、产业高端、优势突出、布局合理的现代海洋产业集聚区，明晰海洋经济载体平台（港口—园区—城市—海岸带—近海—深海）的空间等级体系，在“一带一路”倡议下，为优化海洋国土开发和嵌入全球海洋经济体系指明方向。

2. 建设若干个特色鲜明的海洋产业园区

要高起点、高标准编制特色海洋产业园区建设规划，对产业园区给予财政税收、专项资金、用地用海政策等的支持和倾斜，拓宽产业园区的投融资渠道，建立高效、灵活的管理体制。

3. 打造若干个具有竞争力的海洋中心城市

要整合区域要素结构，培育具有区域比较优势和竞争力的海洋产业；制定和实施具有全球或区域竞争力的人才政策，吸引高端人才就业创新；建设国家级或区域性的科研平台，培养海洋后备人才；加强海洋综合管理，为海洋经济发展提供支撑；深度挖掘城市发展中的海洋特色文化，为海洋经济发展提供持久动力。

第四篇

粤港澳大湾区海洋经济产业协同创新研究

海洋产业是围绕海洋而进行的一系列生产行为，也就是在海洋基础上产生的经济行为，或是建立在海洋上的以海洋资源为对象的综合产业链。粤港澳大湾区是我国海洋经济发展的核心区之一，滨海旅游业、海洋交通运输业、海洋化工业、海洋油气业、海洋工程建筑业、海洋渔业是其海洋经济发展的支柱产业。粤港澳大湾区内的广东省在2018年政府工作报告中提出要大力发展海工装备、海洋生物、海上风电等海洋产业，推进南海油气开采。广东省设立了专项财政资金，支持海洋电子信息、海上风电、海洋生物、海工装备、天然气水合物、海洋公共服务六大海洋产业的创新发展。粤港澳大湾区海洋经济产业协同创新发展正当其时。

本篇研究了粤港澳大湾区海洋经济中观层面的产业协同创新，包括四章内容：第十章介绍粤港澳大湾区海洋经济产业发展优势、产业合作现状，并剖析了海洋产业发展存在的问题。第十一章分析海洋产业竞争力的影响因素，并构建了海洋产业竞争力评价指标体系，采用主成分分析方法对粤港澳大湾区海洋产业竞争力进行评价。第十二章探讨了海洋传统产业和海洋战略性新兴产业的创新发展路径，并据此提出粤港澳大湾区协同创新的路径选择。第十三章对应第十二章的产业协同创新路径，突出介绍海洋传统产业、海洋战略性新兴产业及粤港澳大湾区海洋产业协同创新发展的重点领域。

第十章　粤港澳大湾区海洋产业优势

粤港澳大湾区海洋产业发展各有特色，广东海洋产业以制造业和服务业双轮驱动，港澳地区海洋产业以服务业为主，粤港澳三地海洋产业优势互补，产业梯度明显，关联性强。作为我国海洋经济开放合作的典型缩影，粤港澳大湾区海洋产业合作是不同体制下海洋经济协同创新的深入探索，海洋产业合作具有广阔的发展空间。

一、广东海洋产业特征及优势

2018 年，广东实现海洋生产总值 19326 亿元，同比增长 9.0%，连续 24 年位居全国首位。广东海洋生产总值占地区生产总值的比重达 19.9%，海洋经济是区域经济发展的重要支撑，广东海洋生产总值占全国海洋生产总值的比重达 23.2%，是我国海洋经济发展的核心区域之一。

（一）海洋三次产业结构

如图 10-1 和表 10-1 所示，2017 年，广东海洋三次产业结构比为 1.5∶40.1∶58.4，相较于 2012 年的 1.7∶48.9∶49.4，产业结构呈现“三二一”的结构特征，海洋产业结构优化趋势明显。海洋第二、第三产业比重逐渐上升，第三产业增长较快，第二、第三产业间形成了良好的互动机制，服务化特征明显，整体经济向高级化方向发展。

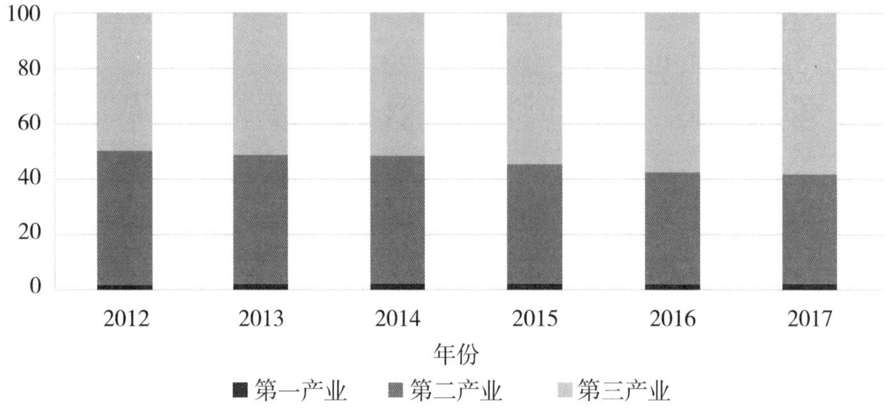

图 10-1 2012—2017 年广东海洋三次产业结构比例

数据来源：根据广东省自然资源厅数据计算整理而得。

表 10-1 2012—2017 年广东主要海洋产业发展现状

单位：亿元

海洋产业	2012 年	2013 年	2014 年	2015 年	2016 年	2017 年
海洋渔业	272	291	313	349	386	379
海洋油气业	561	539	439	355	324	459
海洋矿业	1	1	1	1	2	2
海洋盐业	1	1	1	0. 02	0. 02	0. 02
海洋化工业	514	556	544	593	635	700
海洋生物医药业	1	1	2	2	2	3
海洋电力	7	8	10	12	13	16
海水利用业	2	2	2	2	3	3
海洋船舶工业	168	150	181	181	178	166
海洋工程建筑业	188	214	486	511	577	504
海洋交通运输业	710	781	849	654	838	939
滨海旅游业	1328	1496	1731	2480	2649	3172

续表

海洋产业	2012 年	2013 年	2014 年	2015 年	2016 年	2017 年
海洋科研教育管理服务业	2564.8	2811.9	3403.9	3945	4506	5344
海洋相关产业	4189.6	4431.4	5062.1	5357	5782	6470

数据来源：广东省自然资源厅。

（二）重点海洋产业的发展优势

从海洋生产总值百亿级以上的产业看，2016 年，广东省主要海洋产业中百亿级以上产业的产值占全省海洋生产总值的 35%，海洋科研教育管理服务业占 28.3%，海洋相关产业占 33.7%。规模以上海洋产业反映了广东省海洋产业发展的主要特征。从具体产业看，海洋渔业贡献率为 2.4%，发展相对平稳，2012—2016 年产值增长了 41.9%，年均增长 9.1%。第二产业中的海洋油气业、海洋化工业、海洋船舶工业、海洋工程建筑业的贡献率分别为 2%、4%、1%、3.6%，其中海洋油气业占全国海洋油气业增加值的 37.28%，广东省海洋油气业的产值继续领跑全国。第三产业中的海洋交通运输业和滨海旅游业的贡献率分别为 5.2%和 16.6%，滨海旅游业保持年均 18.84%的增长率，是广东海洋经济的重要增长点。

当前，广东以海洋生物、海洋工程装备、天然气水合物、海上风电、海洋公共服务五大海洋产业为重点的现代海洋产业体系初步建立。2017 年，已核准的海上风电项目数量居全国首位，总装机 1498 兆瓦，总投资达 289 亿元；天然气水合物已试开采成功，未来可形成千亿级的海洋新兴产业；海洋生物产业、海洋工程装备制造产业发展迅速，新技术、新产品、新平台不断涌现，海洋公共服务产品和平台逐渐丰富与完善，有力地推动了现代海洋经济的快速发展。

1. 海洋渔业

广东省的海洋渔业发展较好，沿海地区海水养殖面积逐年增加，养殖的空间范围逐年扩大，海洋捕捞产量和海水养殖产量也不断提高。渔业经济占全省农业生产总产值的比重达到 19.7%，广东省渔业经济总产值、水产品总产量连续多年居全国前列。2015 年，广东省水产品总产量 858.2 万吨，比 2010 年增长 15%；渔业经济总产值达到 2534.7 亿元，比 2010 年增长 56.8%；水产品进出口总额 47.06 亿美元，比 2010 年增长 60%；渔民人均纯收入达到 1.5 万元，比 2010 年增长 30%。2017 年，广东省远洋渔业产业规模进一步提升，共有 18 家远洋渔业企业的 194 艘远洋渔船进行生产，总捕捞量 5.06 万吨，产值 9.08 亿元。2017 年，全省海洋渔业增加值 379 亿元，比上年增长 2.7%。

2. **海洋油气业**

广东海岸带、海域油气资源丰富，已探明的有珠江口、北部湾、雷东和台西南共 4 个盆地油气资源勘查开发区，探明的石油储量 5.5 亿吨，天然气储量 370 亿立方米，未来广东海洋油气业及其相关产业发展潜力巨大。广东海洋油气业增加值占全省海洋总产值的 7%左右，产量居全国第一位。2016 年 2 月，中海石油（中国）有限公司湛江分公司与湛江市政府签订合作意向协议，双方将携手共同开发乌石油田群。该项目将建成北部湾第二个年产 100 万立方米原油的生产基地。2016 年 4 月，位于中国南海珠江口盆地的番禺 11-5 油田开始了原油生产。

惠州市是石化产业的重要基地，惠州大亚湾石化区总投资 1678 亿元，其中世界 500 强及行业领先企业投资占 90%，形成了以炼化一体化为龙头，炼化副产品、精细化工、专用化学品等上中下游配套的石化产业集群。2016 年，惠州大亚湾石化区综合实力居“全国化工园区 20 强”的第二位，成为全省唯一列入国家重点发展的 7 个石化产业基地之一。2016 年，环大亚湾新区规模以上石化行业产值达到 821.57 亿元，实现增加值 193.61 亿元，同比增长 3.6%。其中，荃湾港区 5 万吨级石化码头、7 万吨级煤码头、华瀛石油化工有限公司燃料油调和配送中心及配套码头、大亚湾华德石化有限公司保税油库及配套码头等项目加快建设中。

珠海市海洋油气业和海洋化工业增长趋稳。以高栏港为龙头，以清洁能源和海洋化工业基地建设为重点，珠海市聚集了一批规模企业，虽然受国际、国内经济下行压力影响较大，但基地的集聚效应发挥了正面作用，为珠海市海洋油气业和海洋化工业的稳定增长奠定了良好的基础。

3. **海洋生物医药业**

广东海洋药物和生物制品业形成了完善的包括渔业捕捞、种苗繁育、健康养殖、海洋资源勘探等产业在内的上游产业链，拥有成熟的海产品精深加工和海洋生物活性物提取技术的中游产业链，以及包括海洋生物医药、海洋保健食品、化妆品与精细化工产品、生物饲料等在内的下游产业链。2016 年，全省海洋生物医药业保持平稳增长，全年实现增加值 2.28 亿元，比上年增长 3.63%。截至 2017 年底，全省海洋药物和生物制品业“四上”企业超过 80 家，有超过 300 家法人单位从事海洋药物和生物制品生产或有关技术研究。2017 年，海洋药物和生物制品业增加值为 3 亿元。

广东海洋生物医药业发展较早，以中山大学、中国科学院南海海洋研究所、广东海洋大学等科研院校为支撑，建成了一批高附加值、具有较强竞争力的科技研发平台；同时，进一步推进重点科研基地建设。全省拥有海王生物、健康元、汤臣倍健、达安基因、健帆生物、海纳川生物、兴亿海洋、创尔生物、泰宝医疗等多家大型海洋药物和生物制品上市企业。

深圳市海洋生物产业蓬勃发展。深圳市政府重点打造了大鹏海洋生物产业园。园区内有海洋生物类企业及科研单位 37 家。2016 年，广东海洋大学深圳研究院正式落户大鹏海洋生物产业园，共建高水平的科技创新平台和公共服务平台。华大基因与中国水产科学研究院共建“水生生物基因组研究中心”，有力提升了广东水产科技实力和产业化应用水平。

4. **海洋天然气水合物**

天然气水合物是未来全球能源发展的战略制高点，我国已在南海海域成功试采天然气水合物，自然资源部、广东省人民政府、中国石油天然气集团有限公司为此签署了推进建设天然气水合物勘查、开采先导试验区的协议。同时，广东省提出了天然气水合物未来发展的阶段性目标，即到 2023 年，推进天然气水合物生产性试采，到 2030 年实现产业化发展，初步建成年生产能力约 10 亿立方米，带动钻采、生产、储运、支持服务等相关产业产值超千亿元的大型平台。为贯彻落实三方协议，由广东省自然资源厅牵头，共同提出了《关于加快推进天然气水合物产业化开采进程的行动方案》，初步确定了

10项重点工作，目前正在按计划推进。

5. **海洋工程装备制造业**

广东省海洋工程装备制造产业发展得较为全面，涵盖了海洋矿产和油气资源勘探开发装备制造、海洋可再生能源利用装备制造、海水淡化装备制造等方面。截至2017年底，全省拥有海洋工程装备制造“四上”企业超60家，主要集中在广州、深圳、珠海和中山等地。2016年，海洋工程装备制造业实现增加值480亿元。以中集集团、惠尔海工等一批大型海洋工程装备集团为代表的企业在新技术、新产品研发方面取得了重大突破。初步估算，全省“十三五”期间海洋工程装备制造业重点领域建设所需总投资约800亿元，经过5~10年的发展，海洋工程装备制造业将每年为广东省地区生产总值创造约1000亿元的增加值。

三一重工是我国工程制造行业企业的排头兵。2016年3月，由三一重工旗下的三一海洋重工设计生产的香港和记黄埔码头的两台40吨STS岸桥在三一海洋重工码头成功交付发运；8月，三一海洋重工获得了沙特阿拉伯王国第二大港口达曼港的31台流动港口机械订单。2016年10月，三一海洋重工6台集装箱门式起重机（RTG）通过三一海洋重工码头发运至广州南沙港。三一海洋重工岸桥、场桥、门座等产品也深受市场青睐，逐步成为港口机械的一张亮丽名片。

深圳市高端海工装备发展态势良好。中集集团将海工总部迁至深圳，将对全市海工装备及相关配套产业产生显著的辐射带动作用。2016年，中集集团成为全国先进制造业投资基金拟投资的首家海工装备企业，拟投资额达10亿元，这有助于推动中集集团在高端海工装备方面的研发设计和总装建造，带动核心装备国产化实现新的突破。

6. **海上风电业**

广东省海上风电产业发展势头良好，部分重点项目基础设施建设进一步推进，华能电力、华润电力、中电投、广东省能源集团等电力行业巨头纷纷在湛江外罗、阳江沙扒、南鹏列岛、徐闻、电白、南澳、饶平、惠来等广东沿海地区布局风电项目。2016年，广东省海洋可再生能源产业增加值12亿元，同比增长11.11%。2017年，广东省大力布局海上风电，公布了3.3吉瓦海上风电建设规划，总投资约594亿元。海上风电有望进入快速发展阶段。以三峡集团、中广核集团、广东省能源集团为首，很多企业正在积极参与海上风电项目开发，未来广东省将逐步形成海上风电“储备一批、开发一批、建设一批、运营一批”的规模化发展格局。截至2017年底，全省涉海风电“四上”企业达40家，全省海上风电企业超70家，全年海洋可再生能源产业增加值达16亿元。

广东是我国海上风电资源大省，浅水区5~30米水深海上风电估计可开发容量约1315万千瓦，近海深水区30~50米水深海上风电估计可开发容量约7500万千瓦。2016年9月，广东首个海上风电试点项目“珠海桂山海上风电场示范项目”正式开工，项目建成后预计年发电量近2.66亿千瓦时，每年可节约标准煤8.66万吨，减排二氧化碳20.67万吨，社会效益和经济效益显著。与此同时，中国广核集团有限公司广东阳江南鹏岛40万千瓦海上风电项目获得省发改委核准，成为广东省第二个核准的海上风电项目。

7. **海洋服务业（公共服务与现代服务）**

海洋公共服务业是广东建设海洋经济强省的重要基础内容。目前，广东已有一大批在海洋勘测、海洋大数据等方面有建树的龙头企业。广东省提早规划海洋大数据，编制完成了相关的技术报告，启动建设了海洋防灾减灾基础数据库，搭建了海洋大数据公共服务初级平台，在海洋大数据领域取得了显著进展。

广东现代海洋服务业发展态势良好，港口物流、服务外包、中介服务、信息服务、金融保险、滨海旅游等产业的规模不断扩大。2017年1~11月，广东规模以上服务业实现营业收入20216.2亿元，同比增长16.5%，增幅比上年同期提高2.8个百分点；海洋服务业企业效益稳步提高，实现利润3936.3亿元，同比增长22.6%，增幅比上年同期提高0.9个百分点；增值税、营业税及附加合计641.1亿元，同比增长15.6%。

8. **海洋交通运输业**

经过多年的发展建设，广东省基本形成了以广州港、深圳港、珠海港、汕头港、湛江港五大沿海主要港口及佛山港、肇庆港两大内河主要港口为龙头，辐射华南、西南，面向全球的港口发展格局。截至2017年底，全省港口共有生产性泊位2715个，其中万吨级以上泊位309个，约占全国的1/8，居全国第二。2017年实现海洋交通运输业增加值940亿元，比上年增长4.44%。2017年广东省港口完成货物吞吐量19.8亿吨，居全国第二；完成集装箱吞吐量6627万TEU，居全国第一，在服务外向型经济发展和对外贸易中发挥了重要的支撑保障作用。

广州港跻身世界十大集装箱枢纽港行列，是全国第二个年货物吞吐量超亿吨的海港；广州港国际海运线路可达世界80多个国家和地区的300多个港口，并与国内100多个港口通航，是中国华南地区最大的对外贸易口岸。2016年深圳港完成货物吞吐量21417万吨，完成标准货柜（TEU）吞吐量2411万吨，深圳港也是全球第三大标准货柜港口。

9. **滨海旅游业**

广东省以滨海小镇、滨海度假区、冬休旅游、海洋温泉等新业态为抓手，重点推动粤港澳大湾区世界级旅游区规划建设，打造广东最美丽、最富有魅力的滨海旅游带。滨海旅游继续保持较快增长，邮轮、游艇等新兴海洋旅游业态蓬勃发展。广东省滨海旅游2017年实现增加值2325亿元，比上年增长5.68%。

2016年是广东邮轮母港元年，全年累计运营邮轮103艘次，接待游客量32.29万人次，开通一年即跃升全国第三；南沙邮轮母港主体项目规划投资约60亿元，规划建设一个22.5万吨和一个10万吨的邮轮泊位；“中国邮轮产业发展大会暨国际邮轮博览会”于2019年在广州举办。2016年11月，深圳蛇口邮轮中心顺利启用，太子湾邮轮母港开港运营。深圳太子湾邮轮母港拥有世界最大的邮轮码头，可停靠22万吨级邮轮，并获准设立“中国邮轮旅游发展实验区”。

海岛游方面更是重现“海上辉煌”。珠海横琴新区积极探索休闲旅游发展新模式，成功获批“国际休闲旅游岛”。阳江海陵岛被评为“国家蓝色旅游示范基地”。深圳大鹏半岛、惠州稔平半岛、湛江“五岛一湾”、珠海万山群岛等坚持高标准、高质量发展，整体开发和建设综合性的滨海旅游度假区。

珠海依托横琴新区及独特的海岛资源，大力发展特色旅游。珠海长隆国际海洋旅游度假区建成投产，同时加快推进桂山岛国际游艇会度假中心、万洋游艇俱乐部、东澳岛伶仃海岸建设，打造以海洋旅游为主题的海洋高端服务业。珠海游艇产业也呈规模化发展，珠海平沙游艇产业制造基地拥有游艇生产企业 18 家，拥有游艇生产配套企业及商贸公司 32 家。珠海加快推进了金湾游艇产业园、十字门中央商务区游艇展示服务基地等项目的建设，延长了游艇产业链。

2016 年，惠州滨海旅游业共接待游客 4464.1 万人次，旅游总收入 395.2 亿元。惠州滨海旅游产业全面对接深圳东部黄金海岸带、汕尾红海湾建设，合力建设百里国际滨海旅游长廊；稔平半岛、霞涌、小桂等区域的旅游开发有序推进，“百里滨海景观大道、浪漫休闲绿色长廊”已初现雏形。

10. **海洋船舶工业**

近年来全球造船市场继续低迷，广东造船企业在调结构、转方式、保营收方面成效显著，造船主业生产节奏可控，产品布局合理，涌现了一批在技术创新、提质增效、转型升级等方面成绩突出的优秀船企。2017 年 11 月 12 日，中国船舶集团广船国际有限公司建造的世界首艘 2000 吨级新能源电动自卸船在广州南沙整体吊装下水；11 月 28 日，世界首艘智能商船——3.88 万载重吨智能散货船“大智”号在广州黄埔文冲厂区内交付。“智能”与“绿色”逐渐成为广东省船舶工业的两大标签。2017 年，全省海洋船舶工业增加值 166 亿元。

二、香港海洋产业特征及优势

（一）航运服务业

香港是全球第七大贸易经济体，国际贸易蓬勃，港口效率卓越，船东、货主及贸易商云集。多年来，香港的航运服务业持续发展，涉及船舶管理、船务经纪、船务融资、保险及海事法律服务等领域。

1. **船务经纪**

香港的船务经纪提供船只包租和买卖服务。船只包租是指向船东提供的服务，包括为船只寻找生意，并代表客户商议和争取有利的包租费及航线。另外，船务经纪会为货主物色最好的货船并完成包租事宜。除了议价外，船务经纪也负责监察航行指示的执行情况，以及处理付款、草拟合同和相关文件等工作。很多大型的外国船务经纪公司在香港设有办事处。

2. **海事保险**

所有船舶和货物都须在完成航程前投保，因此，海事保险是航运业重要的一环。保险经纪会协助投保人识别风险，确定合适的投保范围。在香港，国际海事保险服务公司数目众多，它们为承运方和托运方提供广泛的海事保险产品。2018 年 3 月，香港共有 88 家获授权的海事保险公司，其中 35 家是外资保险商。海事保险一般分为两类——船体和机械保险、货物保险，分别承保船体和机械设施以及船上货物的损失或损毁。此外，香港是保赔保险中心，这类保险涉及拥有的或营运船舶所招致的第三者责任及费用。

3. **船务融资**

除船舶抵押外，船务融资还包括售后回租交易、首次公开招股，以及相关财务产品。船务融资服务公司须处理有关贷款申请的文件，必须对航运风险及航运业有相当的了解。此外，船务银行还为船东提供其他金融服务，例如货币和付款系统管理。香港是国际金融中心，银行及金融机构密集，有利于向本地航运业以及在区内进行融资和交易的外国船东或船厂提供专业的船务融资服务。一些国际大型船务融资银行均在香港设有分支机构。

4. **海事法律服务**

海事法律服务涵盖海上伤亡事故和商业航运活动，后者涉及船务融资，以及造船和买卖交易等合同的法律程序。香港的国际律师行提供海事法律咨询服务，包括包租船只、海上抢劫、货损索赔及调解纠纷等。海事律师是海事法的专家，为船东、租船人及货主提供法律服务，而海事保险公司则专责处理船上火警、相撞、沉船及搁浅等事务的法律问题，以及因此引致的人员伤亡、海上污染、拖船、清除船只残骸等事宜。香港的司法制度源于英国的普通法，法制健全，司法独立。香港高等法院有专门处理海事纠纷的法律专家，并设有海事法庭和法官。香港海商法协会于 1978 年成立，会员包括海事律师、船东，以及与海事行业相关的组织和个人。

2015 年和 2016 年香港航运服务业收入情况如表 10-2 所示。

表 10-2 香港航运服务业收入情况

单位：亿港元

类别	2015 年	2016 年	2016 年增长率
船务代理/管理人，以及海外船公司驻港办事处	74	73	-1.4%
远洋货轮船东/营运者	845	741	-12.3%
货柜码头及货运码头运营者	89	88	-1.1%
往来香港与珠三角港口的轮船船东及营运者	69	64	-7.2%
港内水上货运服务	11	10	-9.1%
中流作业及货柜后勤活动	56	50	-10.7%
航空及海上货运代理	1097	1033	-5.8%

数据来源：香港贸易发展局《香港航运服务业概况》。

2016 年，香港跨境水上运输业为本地经济带来了 70 亿港元的进账，较 2015 年下跌 17.7%。业内有 13047 名雇员，包括船东与营运者、船务代理人、船舶管理人，以及外国船公司本地办事处的员工。从事航运业的机构共有 464 家，在 2016 年带来 879 亿港元的业务收益，较 2015 年减少 11%。

香港是全球最繁忙的港口之一，2017 年共处理 2070 万 TEU。2018 年头 3 个月，香港处理的货物达 6600 万吨，其中 62%是海运货物，其余是河运货物。如表 10-3 所示，2016 年，香港海上运输服务输出总额达 1073 亿港元，占 2016 年服务输出总额的 14%。

表 10-3 香港海上运输服务输出金额

单位：亿港元

项目	2014 年	2015 年	2016 年	2016 年较 2015 年增长
海上运输服务输出	1314	1153	1073	-6.9%
货运	810	675	485	-28.1%
其他	484	459	569	24.0%
占服务输出总额的比重	15.8%	14.3%	14.0%	—

数据来源：香港贸易发展局《香港航运服务业概况》。

（二）物流业

贸易及物流业位居香港四大经济支柱之首。2016 年，贸易及物流业增加值占当地生产总值的 22%。香港有完善的运输设施，可与全球各地紧密联系。香港是亚洲地区的航运枢纽之一，5 小时内可以到达亚洲的众多国家。当前香港国际机场营运的航空公司超过 100 家，每日航班达 1100 班次。香港国际机场拥有 5 个规模数一数二的货运站，每年可处理 700 万吨货物。同时，香港也是重要的港口城市。2017 年，香港是全球第五大货柜港，紧随上海、新加坡、深圳、宁波舟山港之后。陆路方面，香港现有 4 个陆路过境的通道连接内地，每日通过车辆约 44000 架次，每日从珠三角地区抵港的过境车辆约 22000 架次。香港有 9 个货柜码头，共有 24 个泊位，每年货柜处理能力多达 2000 万 TEU。截至 2017 年 12 月，香港物流业机构单位数如表 10-4 所示。

表 10-4　香港物流业机构单位数

单位：家

服务业务	截至 2017 年 12 月
航空服务运输	160
航空货运代理服务	1312
海上货运代理服务	17632

数据来源：香港贸易发展局《香港物流业概况》。

1. 航空运输

2017 年，香港有 39% 的总出口及 45% 的总进口经由空运处理；1980 年，两者的比重分别为 26% 和 19%。比重上升，与香港的清关效率卓越及国际自由港的地位关系甚大。中国内地是香港空运货物的最大出口及进口市场。香港的清关手续简便，加上香港国际机场 24 小时运作，经由香港把货物空运至中国内地十分方便。

2. 货运代理

香港有众多较大型及全面的货运代理商，它们为客户提供各种运输及物流服务，小型货运代理商则提供较为基本的或经济的服务。这些服务具有灵活性，更加个性化，能帮助客户安排从准备到付货、清关、物流等一系列相关事项。2013—2017 年香港货运总量如表 10-5 所示。

表 10-5　2013—2017 年香港货运总量

单位：百万吨

货运方式	2013 年	2014 年	2015 年	2016 年	2017 年
海运	184. 2	197. 3	168. 6	164. 1	176. 9
河运	91. 8	100. 4	88. 0	92. 6	104. 7
道路货运	25. 6	24. 2	22. 8	21. 9	22. 1
空运	4. 1	4. 4	4. 4	4. 5	4. 9
合计	305. 7	326. 3	283. 8	283. 1	308. 6

数据来源：香港贸易发展局《香港物流业概况》。

3. 港口物流

海上运输业对作为全球第七大贸易经济体的香港极为重要。中国内地是香港转运货物最大的来源地和目的地。在香港注册的船舶数和总吨位数呈逐年上升的趋势。香港现有 9 个货柜码头，共 24 个泊位，位于葵涌及青衣岛。码头运营方不断采取措施提高生产力，货柜处理能力每年达 2000 万 TEU。为了满足港口及物流业的发展需要，香港特区政府已推行多项措施提升港口设备的承载能力，把葵青货柜码头的港池及进港航道的深度由 15 米挖至 17 米，让特大货柜船能够在任何潮汐情况下都可进出码头。疏浚工程已于 2016 年 4 月大致完成。

珠江将华南地区的多个生产中心与香港联系起来，而珠三角地区则是香港的主要货源地。过去 30 年，内河航运业务快速增长，由 1990 年的 930 万吨增至 2017 年的 1. 047 亿吨。于 1996 年兴建、1998 年 11 月启用的内河货运码头，位处屯门西，是专为内河货运而设的码头，有助于处理日益繁忙的内河货运业务。

截至 2017 年，在港注册船只数目及总吨位、香港港口货柜吞吐量情况如表 10-6、表 10-7 所示。

表 10-6　在港注册的船只数目及总吨位

年份	船只数目/艘	比上年增长	总吨位/千吨	比上年增长
2013	2327	6. 1%	86435	9. 6%
2014	2373	2. 0%	92782	7. 3%
2015	2477	4. 4%	102293	10. 3%
2016	2513	1. 5%	107574	5. 2%
2017	2545	1. 3%	113841	5. 8%

数据来源：香港特别行政区政府海事处《香港海运业统计摘要》。

表 10-7　香港的港口货柜吞吐量

单位：百万吨

	2016 年	比重	2017 年	比重
海运货物	164. 1	63. 9%	176. 9	62. 8%
——出口及进口	70. 7	43. 1%	73. 0	41. 3%
——转运	93. 4	56. 9%	103. 9	58. 7%
河运货物	92. 6	36. 1%	104. 6	37. 2%
——出口及进口	54. 6	59. 0%	65. 3	62. 4%
——转运	38. 0	41. 0%	39. 3	37. 6%
总计	256. 7	100%	281. 5	100%

数据来源：香港贸易发展局《香港物流业概况》。

（三）金融服务业

香港作为国际金融中心，金融服务业一直是本地的重要支柱产业。2016 年，香港金融服务业增加值为 4291 亿港元，占本地生产总值的 17. 7%，共提供岗位约 25. 3 万个。香港的金融服务业主要分为银行业、基金管理业、证券业、保险业、债务市场业、私募基金业。截至 2017 年底，以市值计算，香港是亚洲第三大、全球第六大证券市场，同期共有 2118 家公司在香港交易所上市，总市值约 44000 亿美元。香港也是全球最活跃及流动性最高的证券市场之一，对资金流动不设限制，也没有资本增值税或者股息税。2018 年公布的全球金融中心指数（GFCI）中，香港排名第三。全球金融中心指数自 2007 年 3 月首次公布以来，每半年更新一次，香港一直被评定为亚洲首屈一指的国际金融中心。香港金融服务业的服务范围如表 10-8 所示。

表 10-8　香港金融服务业的服务范围

行业	概况
银行业	在亚洲，银行是最重要的集资渠道之一。香港的银行业体制完善，服务范围远超本土，在区域内举足轻重。香港的银行提供各类零售及商业银行服务，并为企业提供投融资服务
基金管理业	基金管理由资产管理、顾问服务、私人财富管理及其他银行活动构成。资产管理领域的占比最大，占行业合计资产总值的比例超过 70%。截至 2018 年 3 月 31 日，共有 2799 项证监会认可的集体投资计划，其中包括 2215 项单位信托及互惠基金、299 项与投资有关的人寿保险计划、259 项退休/强制性公积金相关基金，以及 26 项其他类别投资计划
证券业	在一级市场，投资银行及证券公司提供首次公开募股（IPO）服务，二级市场主要买卖在香港交易所上市的证券
保险业	保险业的两大主要业务为一般保险业务及长期保险业务，以毛保费计算，意外和健康服务、一般法律责任业务及财产损坏等是一般保险业务的三大范畴。长期保险业务方面，个人人寿保险最为重要，占 2016 年该业务保费收入的 90%以上
债务市场业	银行及经纪行等金融机构提供债务证券（债券）发行及买卖服务，这些债务证券主要是政府债券及企业债券
私募基金业	2017 年，香港是亚洲第二大私募基金中心，所管理的基金总额占整个地区的 16%，仅次于中国内地。投资管理服务机构通过创业投资及杠杆收购等各种投资策略，投资于初创企业的私募股权或者经营公司

资料来源：香港贸易发展局《香港金融服务业概况》。

为了开放及促进香港与内地资本市场的健康发展，沪港股票市场交易互联互通机制（简称“沪港通”）于 2014 年 11 月 17 日开通，允许沪港两地交易所上市的符合资格的证券进行跨境交易。同样，深港通于2016年12月5日开通。2017年3月，时任总理李克强宣布，于2017年在香港及内地推行债券通。这项债券市场互联互通计划已于2017年7月初实施，是内地资本市场发展的新台阶，进一步巩固了香港作为中国内地与国际市场接轨的中介角色。目前，债券通只设“北向通”，即仅允许海外投资者经香港投资于规模达9万亿美元的中国内地债券市场，而“南向通”将于日后增设。截至2017年10月，注册使用债券通的境外投资者数目增至200名，占合格境外机构投资者（QFII）计划总数的1/3。

随着跨境贸易人民币结算试点计划于2009年推行，并于2010年7月扩大范围，参与人民币业务的香港银行可以向企业客户提供多种人民币服务，包括人民币存款证、人民币债券及贸易融资等。香港在内地对外贸易结算方面担当了重要角色，香港银行于2017年处理的跨境贸易人民币结算金额约3.9万亿元人民币。香港还是全球最大的离岸人民币中心，处理全球逾75%的人民币支付量。国际企业可以利用香港人民币市场的多样性及流动性带来的好处，更方便地与中国内地公司合作。

在CEPA（《内地与香港关于建立更紧密经济贸易关系的安排》）框架下，香港金融服务业是可大为获益的行业之一，其中包括银行、保险及证券市场。香港特区政府与商务部于2015年11月签署了《服务贸易协议》，金融服务业是其中的受惠行业之一。该协议规定进一步向香港开放内地的服务市场，并把适用范围扩展至内地全境；同时规定香港服务提供者在内地提供服务前，需要提交提供者证明书。截至2018年7月底，香港金融服务提供者证明书的累积签发数目如表10-9所示。

表10-9 香港金融服务提供者证明书数量

单位：份

服务行业	截至2018年7月31日
银行及其他金融服务（不包括保险和证券）	10
所有保险及其相关业务	23
证券期货服务	90

数据来源：香港贸易发展局《香港金融服务业概况》。

（四）专业服务业

作为全球重要的商业枢纽，专业服务业在2016年为香港带来了3029亿港元的增加值，占地区生产总值的12.5%，比2015年增长了5.5%，为531800人提供了就业岗位。

香港是亚洲服务业最发达的都市，是专业服务最大的输出者，而中国内地就是香港专业服务最大的出口市场。如今香港专业服务业的主要客户是中国的各级政府，以及在中国内地已有投资或计划向中国内地投资的外国公司和香港公司，主要业务涉及商务、公司上市、诉讼、海外投资和会计审核等。香港专业服务机构实力雄厚，具有世界领先水平，具有按国际惯例运作，在国际市场上开展各类贸易、金融、会计、法律和其他专业服务的知识和经验，尤其香港公司中英双语并行的语言和文字条件，使其比其他国际专业服务公司更容易进入内地市场，并提供更实际的服务。

在香港服务业中，比重较大的是生产者服务业，包括法律、会计、金融、咨询等专业服务。生产者服务业也是香港发展最快的行业之一。法律服务是香港典型的服务行业。据官方统计，香港目前拥有1200余家本地律师行和70多家海外律师事务所，全球五十大律师行过半都在香港设立了分支机构，或与香港律师行开展合作。如今国家在推进“一带一路”建设，香港法律界对此正在积极贡献力量。

随着国家“一带一路”的建设和粤港澳大湾区的成立，在分散风险、保障权益、实现财政资金与资本的对接等每一环节，都需要大量专业人士的参与，从金融到建筑、从设计到环保、从管理到咨询，在这些香港最擅长的领域，都需要专业服务为社会及国家发展提供力量。

三、澳门海洋产业特征及优势

澳门的经济增长主要来源于服务业。从服务业内部结构来看，虽然博彩业占主体，但近几年博彩业占比开始下降，金融及商业服务、仓储物流及通信等服务业的占比逐渐增加。2016年，博彩业、金融及商业服务业、仓储物流及通信业占比分别为47.2%、21.6%和2.8%，可以看出澳门服务业正朝着更合理、更优化的结构变动。

（一）仓储物流业

2016年，澳门在营运的运输及仓储业场所共3000间，比上年增加242间，主要是提供陆路运输的出租车数量增加。如表10-10所示，2016年，运输及仓储业增加值约为69.72亿澳门元，增长率13.9%，行业全年收益共199.03亿澳门元。

表10-10　澳门运输及仓储业细分行业增加值和收益差额

单位：亿澳门元

分类	增加值总额		收益总额	
年份	2016年	2015年	2016年	2015年
总额	69.72	61.21	199.03	189.31
陆路运输	19.85	15.11	31.72	25.28
水路运输	9.82	8.59	25.56	25.18
航空运输	8.98	8.26	41.00	40.23
运输相关及辅助服务	31.07	29.25	100.75	98.62

数据来源：澳门特别行政区政府统计暨普查局。

澳门物流业与民生息息相关，但澳门物流成本较高，且缺乏规模性的仓储及物流中心，竞争力不强。随着港珠澳大桥的开通，未来澳门的交通运输成本将降低，使澳门充分享受内地的服务，实现珠三角地区与澳门货物、人流互联互通，并带动澳门民生用品、航空货物的进出口及转口，促进业界发展。

（二）博彩业

如表10-11所示，2017年，澳门经营博彩生意的10间企业的总收益为2680.09亿澳门元，比上年增长18.7%，博彩业及相关服务收益为2678.6亿澳门元。博彩业对经济贡献的增加值为1790.71亿澳门元，比上年增长17.6%。

表 10-11　澳门博彩业行业概况

单位：亿澳门元

项目	2017 年	2016 年	2017 年增长率
总收益	2680.09	2258.59	18.7%
增加值总额	1790.71	1523.06	17.6%
盈利	1577.37	1324.46	19.1%

数据来源：澳门特别行政区政府统计暨普查局。

（三）金融及保险业

金融业是澳门的四大经济支柱之一。银行业和保险业作为澳门金融体系的两大主体，即使过去数年经济增长放缓，但与其他行业相比，仍较能保持平稳的发展。目前，澳门共有银行 29 家，其中 9 家为本地银行，其余为外来资本银行设在澳门的分行（见表 10-12）；此外还有 2 家财务公司、1 家邮政储蓄机构和 7 家货币找换店。

保险业方面，截至 2017 年底，获得许可在澳门经营保险业务的保险公司有 24 家，其中 11 家为寿险公司。火灾、劳动保险、汽车保险及医疗保险为四大主要的非人寿保险。

表 10-12　澳门银行业基本数据

项目	澳门注册银行	分行	总数
银行数/家	9	20	29
场所数（总、分、支行）/个	131	79	210
兑换柜台数目/台	1	0	1
自动柜员机数目/台	994	697	1691
员工人数/人	3719	2491	6210

数据来源：澳门金融管理局。

第十一章 粤港澳大湾区海洋产业竞争力评价

海洋产业竞争力指的是某区域的海洋产业在科技水平、人力资源、制度因素、国际化水平、生产效率、满足市场需求及持续获利等方面相对于其他区域的海洋产业所体现出来的竞争优势。海洋产业竞争力评价是一个区域的概念，即区域海洋产业竞争力评价是针对区域海洋产业发展的各种影响因素，用以评价和比较各个区域海洋产业发展的竞争优势。本章构建了海洋产业竞争力评价指标体系，并采用主成分分析方法，综合海洋资源丰度、涉海产业人才资源、海洋科技、主要海洋产业活动、海洋经济基础等多个维度的因素，考察包括广东在内的11个沿海省区市的海洋产业竞争力。

一、海洋产业竞争力评价指标体系

评价指标体系是为实现对某一事物的评估，选择一些相互影响、相互联系的指标构建而成的一套评估系统。本书首先分析了海洋产业竞争力的影响因素，在系统性、科学性、可行性原则的指导下，从影响因素中选择指标构建海洋产业竞争力评价指标体系。

（一）产业竞争力影响因素分析

产业竞争力的影响因素很多，包括资源禀赋、政策制度、人力资源、科技水平、产业结构等，最终体现在该区域产业产品和市场的实现能力上。而海洋产业因海而生，具有其自身特点。

1. 资源禀赋

资源禀赋是指在所在区域对产业发展有影响的资源量。海洋产业因海而生，产业竞争力的大小很大程度上取决于海洋资源开发利用的程度，区域资源丰度对海洋产业的形成和发展起着至关重要的作用。海洋资源禀赋是海洋产业竞争力形成的物质保障，某些重要资源的缺失甚至会对海洋产业的发展产生木桶效应。

2. **人力资源**

人力资源（资本）是指在后天环境中，劳动者通过在学校或培训机构学习而获取的以非物质形式表现出来的资本。海洋产业发展的主体是海洋产业的从业人员，海洋产业的人力资源不只包括从业人数，从业者的劳动力水平、科研者的人数和水平也是海洋产业人力资源的重要组成部分。人力资源对海洋产业的规模化和产业化发展、产业结构的优化具有积极的推动作用，高质量的人力资源是海洋产业竞争力形成的源泉，科技人才是发展高科技、高附加值海洋产业的人力保障。

3. **科技水平**

产业科技水平是指产业发展过程中的创新效率。科学技术是第一生产力，科技创新除了对知识系统进行更新、升级之外，还能革新生产方式，并由此实现产品的升级迭代，从而提升产业竞争力。海洋科技水平包括开发、利用海洋资源的技术及创新，以及海洋产业管理能力的创新，具体体现在海洋科研投入规模与强度、海洋科技成果数量与成果转化等方面。海洋科技水平是海洋产业快速发展的重要驱动力，是形成区域海洋产业竞争力的关键因素。

4. **产业结构**

产业结构是指第一产业、第二产业、第三产业的构成，是产业高效发展的重要指标，是海洋产业形成结构优势的基础。区域海洋产业结构不仅指区域海洋经济三次产业的比例构成，更具体到三次海洋产业内部的产业构成。根据产业发展理论，第三产业占比持续提升是产业高端化的必由之路，海洋产业内部结构是海洋产业结构转型优化的重要考察指标。

（二）海洋产业竞争力评价指标体系

海洋产业竞争力指标体系既要包含影响海洋产业竞争力的诸多因素，又要便于对区域海洋产业竞争力水平进行定量分析。为尽量客观、准确地评价海洋产业竞争力，从科学性原则、全面性原则、可比性原则、可操作性原则出发，本书的评价指标考虑了海洋产业发展特征、海洋经济基础、海洋产业科技水平、海洋产业人力资源等因素，构建了包含海洋资源丰度、海洋产业人才资源、海洋科技、主要海洋产业活动和海洋经济基础 5 个维度合计 25 个指标的海洋产业竞争力评价指标体系，如表 11-1 所示。

表 11-1　海洋产业竞争力评价指标体系

项目	维度	具体指标	编号
海洋产业竞争力评价指标体系	海洋资源丰度竞争力	地区海水养殖面积占全国海水养殖面积的比重（%）	A1
		地区盐田总面积占全国沿海地区盐田总面积的比重（%）	A2
		地区规模以上港口生产用码头泊位个数占全国沿海地区规模以上港口生产用码头泊位总数的比重（%）	A3
		地区湿地面积占地区总面积的比重（%）	A4
	涉海产业人才资源竞争力	地区涉海从业人员占地区就业人口的比重（%）	B1
		地区涉海就业人员占全国涉海就业人员的比重（%）	B2
		地区从事海洋科技活动人员占地区涉海从业人员的比重（%）	B3
		地区从事海洋科技活动人员占全国海洋科技人员的比重（%）	B4
		地区海洋专业研究生以上学历毕业生占全国海洋专业研究生以上学历毕业生的比重（%）	B5
		地区海洋专业高等教育毕业生数占全国海洋专业高等教育毕业生数的比重（%）	B6
	海洋科技竞争力	地区海洋科研机构拥有的发明专利数占全国海洋专利总数的比重（%）	C1
		地区海洋科研经费占全国海洋科研经费的比重（%）	C2
		地区海洋科研课题数占全国海洋科研课题总数的比重（%）	C3
		地区海洋科技人员人均科研经费（万元/人）	C4
		地区海洋科技课题成果应用率（%）	C5
	主要海洋产业活动竞争力	地区海洋捕捞养殖产量占全国海洋捕捞养殖产量的比重（%）	D1
		地区海盐产量占全国沿海地区海盐总产量的比重（%）	D2
		地区造船完工量占全国沿海地区造船总完工量的比重（%）	D3

续表

项目	维度	具体指标	编号
海洋产业竞争力评价指标体系	主要海洋产业活动竞争力	地区海洋化工产品产量占全国沿海地区海洋化工产品产量的比重（%）	D4
		地区港口货物吞吐量占全国沿海地区货物总吞吐量的比重（%）	D5
		地区海洋货物周转量占全国海洋货物周转总量的比重（%）	D6
		地区沿海城市国内旅游人数占全国沿海城市国内旅游人数的比重（%）	D7
	海洋经济基础竞争力	地区海洋生产总值占全国沿海地区生产总值的比重（%）	E1
		地区海洋产业劳动生产率（万元/人）	E2
		地区海洋产业增加值占全国沿海地区海洋产业增加值的比重（%）	E3

二、海洋产业竞争力评价方法

由于各产业自身发展的特点不同，对于产业竞争力分析目前尚未形成统一的评价方法，大多采用定性与定量相结合的方法来进行评价。常用的定性分析方法包括 SWOT 分析、价值链分析等，定量分析方法主要包括以分析竞争结果为基础的单指标评价法和以分析竞争力决定因素为基础的多指标综合评价法。本书采用多指标综合评价分析方法对区域海洋产业竞争力进行评价。由于影响区域海洋产业竞争力的因素很多，评价指标繁多，数据量相对庞大，这些指标在某种程度上反映了区域海洋产业竞争力的信息，并且指标本身具有一定的相关性，反映了竞争力某一侧面的共同信息，因此需要采取一些方法对这些变量指标进行转化，而主成分分析即可实现这一转化。

（一）主成分分析

主成分分析（Principal Component Analysis，PCA）是由 Hotelling 于 20 世纪 90 年代初提出的一种多元统计方法，即通过降低变量数据系统维度的方法，将多个评价指标转化为几个综合指标。在多因素的评价分析中，由于指标众多，而各指标间往往又存在着一定的相关性，同时量纲的差异使得不同指标间难以进行直接比较，这时，可以将多个指标转化为新的、较少的、不相关的主成分指标，将方差贡献率作为主成分的权重，通过一般加权的思想来构建主成分分析评价模型。主成分分析可以给出指标包含的信息量权重，具有客观性、可比性、合理性等优点。本书运用主成分分析法，通过降维处理，用较少的综合指标来替代较多的指标，并对综合指标所包含的信息进行适当解释，以便更好地揭示包括广东省在内的11个沿海省区市海洋产业竞争力的内在规律。

主成分分析的主要步骤如下：

（1）竞争力评价指标体系包含n个样本的m个维度，采集数据，构建原始数据矩阵X：$X=(x_{ij})_{n\times m}$，$i=1, 2, \cdots, n$；$j=1, 2, \cdots, m$。

（2）对原始数据矩阵X进行标准化处理，得到矩阵Z：$Z_{ij}=\frac{x_{ij}-\bar{x}_j}{\sqrt{var(x_j)}}$，$\bar{x}_j$和$var(x_j)$分别为变量$j$的平均值和方差。

（3）计算矩阵Z样本相关系数矩阵R：$R=[r_{ij}]$ $[r_{ij}]_{m\times m}=\frac{z^T z}{n-1}$。

（4）根据样本相关系数矩阵R的特征方程，解得m个特征根，分别对应于标准化正交特征向量$u_1, u_2, \cdots, u_m$，由此得到第i个主成分Y_i，$Y_i=u_{1i}X_1+u_{2i}X_2+\cdots+u_{mi}X_m$，$i=1, 2, \cdots, m$。根据累计方差贡献率（一般要求达到85%），选择$p$个特征根及其特征向量。

（5）通过回归分析计算得到主成分得分公式，主成分i的得分为：$F_i=a_{ij}ZX_1+a_{ij}ZX_2+\cdots+a_{in}ZX_n$，$i=1, 2, \cdots, p$。

（6）计算各主成分方差贡献率的加权权重w_p，即各主成分的特征值除以全部主成分特征值的总和，并据此得到样本数据的综合得分：$F=w_1F_1+w_2F_2+\cdots+w_pF_p$。

（二）数据来源

本书的研究对象是包括广东省在内的全国11个沿海省区市，不但要对这11个研究对象的海洋产业竞争力进行分析评价和比较，还要在众多的指标中找出最主要的影响成分。本书对海洋产业竞争力评价实证分析所采用的数据来自2016年《中国统计年鉴》《中国海洋统计年鉴》《中国环境统计年鉴》《中国区域经济统计年鉴》，以及各省区市的《海洋环境质量公报》及相关统计年鉴，其原始数据如表11-2所示。

表 11-2　广东及其他沿海省区市海洋竞争力评价原始数据

项目		编号	天津	河北	辽宁	上海	江苏	浙江	福建	山东	广东	广西	海南
海洋资源丰度竞争力	地区海水养殖面积占全国海水养殖面积的比重（%）	A1	0.15	5.33	35.51	0	8.55	4.10	8.06	25.92	9.05	2.53	0.82
	地区规模以上港口生产用码头泊位个数占全国沿海地区规模以上港口生产用码头泊位总数的比重（%）	A3	3.11	4.13	7.24	11.49	2.93	19.37	9.55	5.07	28.20	1.61	1.16
涉海产业人才资源竞争力	地区涉海从业人员占地区就业人口的比重（%）	B1	20.27	2.36	14.64	16.05	4.22	11.72	15.96	8.27	13.83	4.17	24.82
	地区涉海就业人员占全国涉海就业人员的比重（%）	B2	5.05	2.75	9.30	6.05	5.55	12.17	12.32	15.18	23.98	3.27	3.82
	地区从事海洋科技活动人员占地区涉海从业人员的比重（%）	B3	0.10	0.05	0.05	0.10	0.06	0.04	0.02	0.05	0.04	0.03	0.02
	地区从事海洋科技活动人员占全国海洋科技人员的比重（%）	B4	7.10	1.94	7.08	8.79	5.03	6.01	4.27	11.59	14.92	1.41	0.89
	地区海洋专业研究生以上学历毕业生占全国海洋专业研究生以上学历毕业生的比重（%）	B5	6.13	1.15	6.91	8.16	4.76	5.21	3.53	11.31	15.34	0.61	0.60
	地区海洋专业高等教育毕业生数占全国海洋专业高等教育毕业生数的比重（%）	B6	9.42	2.63	9.35	11.72	6.31	8.14	5.78	15.27	19.66	1.95	1.20

续表

项目		编号	天津	河北	辽宁	上海	江苏	浙江	福建	山东	广东	广西	海南
海洋科技竞争力	地区海洋科研机构拥有的发明专利数占全国海洋专利总数的比重（%）	C1	2.02	0.05	8.44	6.58	5.03	2.64	1.80	12.85	34.17	0.94	0.43
	地区海洋科研经费占全国海洋科研经费的比重（%）	C2	6.37	0.96	7.09	15.11	4.91	5.17	3.13	14.44	11.68	0.57	0.64
	地区海洋科研课题数占全国海洋科研课题总数的比重（%）	C3	4.64	0.35	2.72	5.15	13.79	3.91	3.25	8.38	16.80	0.29	0.18
	地区海洋科技人员人均科研经费（万元/人）	C4	86.46	47.47	96.54	165.64	94.10	82.75	70.54	119.92	75.42	38.75	68.57
	地区海洋科技课题成果应用率（%）	C5	4.28	20.63	25.71	12.41	20.59	14.10	4.07	4.34	3.45	3.85	15.15
主要海洋产业活动竞争力	地区海洋捕捞养殖产量占全国海洋捕捞养殖产量的比重（%）	D1	0.17	2.31	12.71	0.05	4.41	13.64	19.33	22.54	14.03	5.67	5.13
	地区海盐产量占全国沿海地区海盐总产量的比重（%）	D2	7.14	12.38	3.62	0	2.54	0.23	0.93	72.74	0.15	0	0.27
	地区造船完工量占全国沿海地区造船总完工量的比重（%）	D3	2.38	0.56	1.83	8.35	4.35	45.17	21.27	11.29	2.82	1.2	0.79

续表

项目		编号	天津	河北	辽宁	上海	江苏	浙江	福建	山东	广东	广西	海南
主要海洋产业活动竞争力	地区海洋化工产品产量占全国沿海地区海洋化工产品产量的比重（%）	D4	0	0	13.63	0	4.58	11.42	4.88	65.49	0	0	0.01
	地区港口货物吞吐量占全国沿海地区货物总吞吐量的比重（%）	D5	6.51	11.26	12.90	7.63	3.32	13.51	6.01	16.90	17.63	2.41	1.94
	地区海洋货物周转量占全国海洋货物周转总量的比重（%）	D6	1.84	1.60	9.94	22.81	4.04	9.20	5.80	1.71	21.04	0.88	1.17
	地区沿海城市国内旅游人数占全国沿海城市国内旅游人数的比重（%）	D7	0	3.97	11.10	15.49	4.33	25.73	8.22	15.04	12.53	2.20	1.40
海洋经济基础竞争力	地区海洋生产总值占全国沿海地区生产总值的比重（%）	E1	22.6	6.2	15.0	26.5	8.5	14.0	27.8	19.5	19.8	6.8	28.4
	地区海洋产业增加值占全国沿海地区海洋产业增加值的比重（%）	E3	5.79	2.90	5.02	10.67	8.69	9.74	10.83	18.85	23.77	1.84	1.90

三、海洋产业竞争力评价结果

（一）主成分分析过程

1. 公因子特征根

通过 stata SE12. 0 进行主成分分析，得到海洋产业竞争力评价中的公因子特征根及对应的累计方差贡献率，如表 11-3 所示。

表 11-3　公因子特征根及对应的累计方差贡献率

	Eigenvalue	Difference	Proportion	Cumulative
Comp1	9. 9668	6. 7265	0. 4530	0. 4530
Comp2	3. 2404	0. 7620	0. 1473	0. 6003
Comp3	2. 4784	0. 4193	0. 1127	0. 7130
Comp4	2. 0591	0. 2238	0. 0936	0. 8066
Comp5	1. 8352	0. 6508	0. 0834	0. 8900
Comp6	1. 1845	0. 6558	0. 0538	0. 9438
Comp7	0. 5287	0. 1710	0. 0240	0. 9679
Comp8	0. 3576	0. 1066	0. 0163	0. 9841
Comp9	0. 2510	0. 1526	0. 0114	0. 9955
Comp10	0. 0984	0. 0984	0. 0045	1. 0000

公因子选取的三个标准是：（1）特征根大于 1；（2）累计方差贡献率大于 85%的公因子；（3）碎石图中陡峭处与平缓处结合时所对应的公因子的个数。根据这一标准，本书在分析过程中提取的 6 个公因子的特征值均大于 1，具体数值分别为 9. 9668、3. 2404、2. 4784、2. 0591、1. 8352、1. 1845，并且这 6 个特征值大于 1 的公因子的累计方差贡献率达到 94. 33%。同时结合公因子碎石图（见图 11-1），在第六个公因子之后，碎石图由陡峭趋向平缓。可见这 6 个公因子基本涵盖了原始指标变量的全部信息，因而可以对模型进行较强的解释分析。

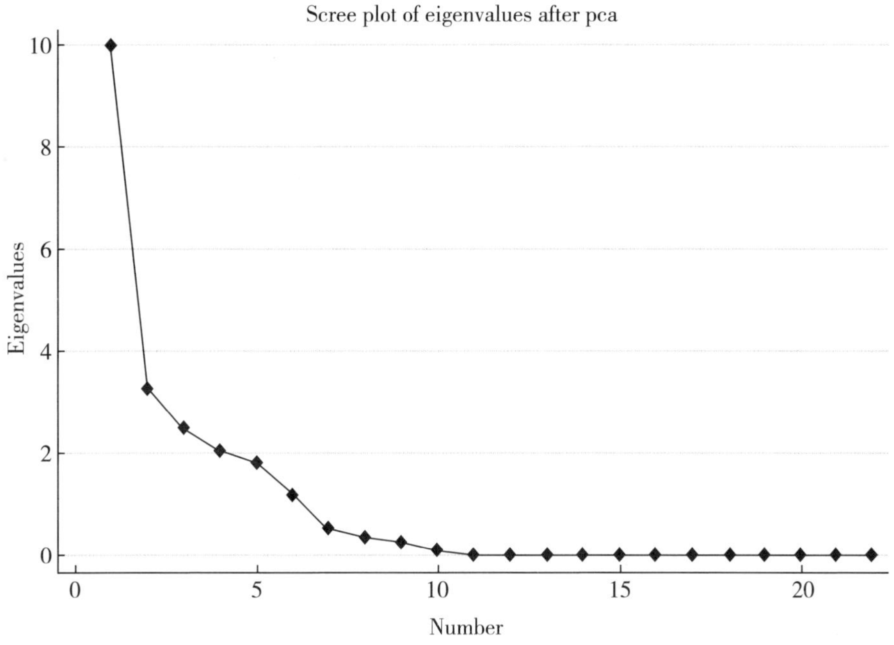

图 11-1　主成分分析碎石图

2. 因子载荷量

计算原始数据的因子载荷矩阵，结果如表 11-4 所示。

表 11-4　原始指标因子载荷矩阵

	主成分 1	主成分 2	主成分 3	主成分 4	主成分 5	主成分 6
sx1	0. 0115	-0. 0156	-0. 0561	-0. 0215	-0. 0621	0. 8298
sx3	0. 1361	0. 3570	0. 0380	-0. 2490	0. 1484	-0. 1294
sx5	-0. 0365	-0. 0201	-0. 0239	-0. 0110	0. 0225	0. 0017
sx6	-0. 0141	0. 2551	0. 1999	-0. 0860	0. 0734	0. 1278
sx7	0. 0052	0. 0611	0. 0140	-0. 0398	0. 0420	0. 0098
sx8	0. 1178	0. 1811	0. 1778	0. 0234	-0. 0356	0. 1102
sx9	0. 1333	0. 1639	0. 2031	0. 0345	-0. 0680	0. 1010
sx10	0. 1217	0. 1923	0. 1562	0. 0194	-0. 0322	0. 1094

续表

	主成分 1	主成分 2	主成分 3	主成分 4	主成分 5	主成分 6
sx11	0. 1662	0. 1931	0. 2067	−0. 0172	−0. 2837	−0. 0301
sx12	0. 4181	−0. 0277	0. 0034	0. 1737	−0. 0856	0. 0232
sx13	−0. 0487	−0. 1249	0. 7975	−0. 0079	0. 0362	−0. 0538
sx14	0. 4928	−0. 2908	0. 0509	0. 1662	0. 0517	0. 0327
sx15	0. 0181	0. 0668	0. 0787	−0. 0074	−0. 0082	0. 0553
sx16	−0. 0737	0. 0501	0. 0501	0. 0159	0. 2245	0. 4406
sx17	−0. 0493	0. 1651	−0. 0373	0. 6408	−0. 0904	−0. 1248
sx18	−0. 0409	0. 0090	0. 0595	−0. 0297	0. 7821	−0. 0373
sx19	0. 0695	−0. 0561	0. 0194	0. 5741	0. 0800	0. 1017
sx20	−0. 0595	0. 7014	−0. 1872	0. 1120	0. 0053	−0. 0025
sx21	0. 5503	0. 0472	−0. 1278	−0. 3166	−0. 1217	−0. 0114
sx22	0. 3947	0. 0542	−0. 1261	0. 0982	0. 4187	−0. 0520
sx23	0. 0614	0. 0087	−0. 0462	0. 0051	−0. 0267	−0. 0623
sx25	0. 0710	0. 1832	0. 3045	0. 0650	0. 0122	−0. 0861

原始指标在主成分的载荷量（绝对值）越大，说明该主成分对原始变量的解释越好。通过载荷矩阵，可以确定各个主成分在解释哪些指标时具有较强的能力，一般选取载荷量绝对值大于 0. 5 的指标作为主成分所能解释的指标变量。但由于本书所用指标较多，载荷量相对分散，因此选择载荷量绝对值大于 0. 3 的指标作为本书 6 个主成分所能解释的指标变量。依据这一标准，将原始指标按照载荷量分为六类，如表 11−5 所示。

表 11-5 主成分包含的指标及命名

	编号	指标	主成分命名
主成分 1	C2、C4 D6、D7	地区海洋科研经费占全国海洋科研经费的比重； 地区海洋科技人员人均科研经费； 地区海洋货物周转量占全国海洋货物周转总量的比重； 地区沿海城市国内旅游人数占全国沿海城市国内旅游人数的比重	海洋产业创新竞争力
主成分 2	A3、D5	地区规模以上港口生产用码头泊位个数占全国沿海地区规模以上港口生产用码头泊位总数的比重； 地区港口货物吞吐量占全国沿海地区港口货物总吞吐量的比重	海洋三次产业竞争力
主成分 3	C3、E3	地区海洋科研课题数占全国海洋科研课题总数的比重； 地区海洋产业增加值占全国沿海地区海洋产业增加值的比重	海洋创新效率竞争力
主成分 4	D2、D4	地区海盐产量占全国沿海地区海盐总产量的比重； 地区海洋化工产品产量占全国沿海地区海洋化工产品产量的比重	海洋二次产业竞争力
主成分 5	D3、D7	地区造船完工量占全国沿海地区造船总完工量的比重； 地区沿海城市国内旅游人数占全国沿海城市国内旅游人数的比重	海洋产业结构竞争力
主成分 6	A1、D1	地区海水养殖面积占全国海水养殖面积的比重； 地区海洋捕捞养殖产量占全国海洋捕捞养殖产量的比重	海洋一次产业竞争力

第一个主成分在地区海洋科研经费占全国海洋科研经费的比重、地区海洋科技人员人均科研经费、地区海洋货物周转量占全国海洋货物周转总量的比重、地区沿海城市国内旅游人数占全国沿海城市国内旅游人数的比重这四个指标中具有较大的载荷量。其中地区海洋科研机构经费占全国海洋科研经费的比重、地区海洋科技人员人均科研经费反映的是海洋科技的投入情况，

而地区海洋货物周转量占全国海洋货物周转总量的比重、地区沿海城市国内旅游人数占全国沿海城市国内旅游人数的比重反映了海洋产业的发展规模，由于科技创新可以大力推动产业发展，该主成分包含科技创新投入情况以及产业发展情况等信息，因此可以将第一个主成分命名为“海洋产业创新竞争力”。

第二个主成分在地区规模以上港口生产用码头泊位个数占全国沿海地区规模以上港口生产用码头泊位总数的比重、地区港口货物吞吐量占全国沿海地区港口货物总吞吐量的比重两个指标中具有较大的载荷量。其中地区规模以上港口生产用码头泊位个数占全国沿海地区规模以上港口生产用码头泊位总数的比重反映了区域的资源禀赋条件，地区港口货物吞吐量占全国沿海地区港口货物总吞吐量的比重则直接呈现了海洋交通运输产业的发展规模。由于海洋交通运输产业直接依赖于该地区的港口等资源禀赋，该主成分包含海洋交通运输等海洋第三产业信息，因此可以将第二个主成分命名为“海洋三次产业竞争力”。

第三个主成分在地区海洋科研课题数占全国海洋科研课题总数的比重、地区海洋产业增加值占全国沿海地区海洋产业增加值的比重两个指标中具有较大的载荷量。其中地区海洋科研课题数占全国海洋科研课题总数的比重反映了区域海洋科技投入的情况，地区海洋产业增加值占全国沿海地区海洋产业增加值的比重反映了该地区的海洋经济产出，而地区海洋科技投入与海洋经济产出相互匹配，存在一致性。该主成分包含海洋创新的产出效率情况，在一定规模的海洋科技创新投入下，海洋产业增加值越高，则创新效率越高，因此可以将第三个主成分命名为“海洋创新效率竞争力”。

第四个主成分在地区海盐产量占全国沿海地区海盐总产量的比重、地区海洋化工产品产量占全国沿海地区海洋化工产品产量的比重两个指标中具有较大的载荷量。海盐产业、海洋化工产业均为海洋二次产业，而该主成分包含海洋二次产业的相关信息，因此可以将第四个主成分命名为“海洋二次产业竞争力”。

第五个主成分在地区造船完工量占全国沿海地区造船总完工量的比重、地区沿海城市国内旅游人数占全国沿海城市国内旅游人数的比重两个指标中具有较大的载荷量。造船业为海洋二次产业，沿海城市旅游业为海洋三次产业，该主成分包含海洋二次产业和三次产业的相关信息，因此可以将第五个主成分命名为“海洋产业结构竞争力”。

第六个主成分在地区海水养殖面积占全国海水养殖面积的比重、地区海洋捕捞养殖产量占全国海洋捕捞养殖产量的比重两个指标中具有较大的载荷量。其中地区海水养殖面积占全国海水养殖面积的比重反映了该地区的资源禀赋条件，地区海洋捕捞养殖产量占全国海洋捕捞养殖产量的比重直接呈现了海洋捕捞养殖产业的发展规模。由于海洋捕捞养殖产业直接依赖于海水养殖面积，该主成分包含海洋捕捞养殖产业（属于第一产业）的信息，因此可以将第六个主成分命名为“海洋一次产业竞争力”。

3. 主成分得分与排名

通过主成分分析的预测回归，可以得到各主成分的得分系数，本书的主成分得分系数矩阵如表 11-6 所示。

表 11-6 主成分得分系数矩阵

	主成分 1	主成分 2	主成分 3	主成分 4	主成分 5	主成分 6
A1	0. 1270	−0. 3282	0. 1683	−0. 0568	0. 0799	0. 5313
A3	0. 2351	0. 1452	−0. 3618	−0. 0503	0. 1405	−0. 0117
B1	0. 0193	0. 2863	−0. 0105	0. 4561	−0. 1995	0. 3633
B2	0. 2842	−0. 0618	−0. 2438	0. 0036	−0. 1203	0. 0658
B3	0. 0505	0. 2947	0. 4364	−0. 0756	0. 1587	−0. 2318
B4	0. 3072	0. 0661	0. 0765	−0. 0728	−0. 0612	−0. 009
B5	0. 3073	0. 0623	0. 0654	−0. 0896	−0. 0745	0. 0333
B6	0. 3077	0. 0674	0. 0716	−0. 0633	−0. 0573	−0. 0122
C1	0. 2688	0. 0624	−0. 1157	−0. 2424	−0. 1941	0. 1443
C2	0. 2722	0. 1009	0. 2762	0. 0516	0. 0671	−0. 0646
C3	0. 2272	0. 0802	−0. 0196	−0. 2979	−0. 128	−0. 0955
C4	0. 1656	0. 1821	0. 3840	0. 2005	0. 2408	0. 0022
C5	−0. 1010	−0. 0296	0. 1108	−0. 1885	0. 4613	0. 5116

续表

	主成分 1	主成分 2	主成分 3	主成分 4	主成分 5	主成分 6
D1	0. 1814	-0. 3570	-0. 1884	0. 2187	-0. 0774	0. 1184
D2	0. 1257	-0. 3677	0. 3285	0. 1040	-0. 1341	-0. 1774
D3	0. 0716	-0. 0984	-0. 2847	0. 3544	0. 3992	-0. 3080
D4	0. 1534	-0. 3964	0. 2610	0. 1767	-0. 0229	-0. 0765
D5	0. 2571	-0. 1677	-0. 0387	-0. 0809	0. 1497	0. 0859
D6	0. 2053	0. 3349	-0. 0860	-0. 0543	0. 2157	0. 1260
D7	0. 2068	-0. 0653	-0. 1335	0. 1933	0. 4734	-0. 0935
E1	0. 0840	0. 2388	0. 0375	0. 5237	-0. 2433	0. 1853
E3	0. 3006	-0. 0148	-0. 0707	-0. 0276	-0. 1281	-0. 1336

根据主成分得分系数矩阵，可以得到 6 个主成分的得分计算公式，将标准化后的原始数据代入得分计算公式，可以计算出包括广东在内的 11 个沿海省区市海洋产业竞争力每个主成分的得分和排名。11 个沿海省区市 6 个主成分的描述性统计如表 11-7 所示。

表 11-7　主成分描述性统计

	观测值	均值	标准差	最小值	最大值
主成分 1	11	0. 0000	3. 1570	-3. 7378	6. 0397
主成分 2	11	0. 0000	1. 8001	-3. 4703	3. 3671
主成分 3	11	0. 0000	1. 5743	-2. 1932	2. 2095
主成分 4	11	0. 0000	1. 4349	-1. 9631	1. 9107
主成分 5	11	0. 0000	1. 3547	-1. 4064	2. 6255
主成分 6	11	0. 0000	1. 0883	-1. 0206	2. 6441

最后，根据各公因子特征值的权重，即以特征值除以 6 个特征值之和，得到综合得分公式，6 个主成分的权重分别为 0. 4800、0. 1561、0. 1194、0. 0992、0. 0884、0. 0570，据此计算出各沿海省区市的综合得分。表 11-8 为

广东及其他沿海省区市海洋产业竞争力的主成分得分与排名情况。

表 11-8　广东及其他沿海省区市海洋产业竞争力主成分得分及排名

省区市	主成分 1		主成分 2		主成分 3		主成分 4		主成分 5		主成分 6		综合得分	
	得分	排名	得分	排名	得分	排名	得分	排名	得分	排名	得分	排名	得分	排名
广东	6.04	1	1.44	3	-2.12	10	-1.76	10	-1.41	10	0.34	3	2.59	1
天津	-1.16	7	1.82	2	1.51	3	0.40	6	-1.28	9	-0.76	9	-0.21	6
河北	-3.19	9	-1.05	10	0.08	6	-1.73	9	0.76	4	-0.18	5	-1.80	10
辽宁	0.45	5	-0.88	9	0.78	4	-0.43	7	1.18	3	2.64	1	0.39	5
上海	1.60	3	3.37	1	1.83	2	0.77	5	1.45	2	-0.43	7	1.69	3
江苏	-1.23	8	0.02	5	0.76	5	-1.96	11	0.39	5	-0.32	6	-0.68	8
浙江	0.96	4	-0.62	7	-2.19	11	1.22	3	2.63	1	-0.92	10	0.40	4
福建	-0.49	6	-0.45	6	-1.76	9	1.91	1	-0.86	8	0.04	4	-0.40	7
山东	4.38	2	-3.47	11	2.21	1	0.95	4	-0.79	7	-0.64	8	1.81	2
广西	-3.74	11	-0.85	8	-0.74	7	-1.00	8	-0.78	6	-1.02	11	-2.24	11
海南	-3.83	10	0.12	4	-0.95	8	1.74	2	-1.42	11	0.88	2	-1.69	9

（二）海洋产业评价结果

结合前文，主成分 1 为海洋产业创新竞争力，主成分 2 为海洋三次产业竞争力，主成分 3 为海洋创新效率竞争力，主成分 4 为海洋二次产业竞争力，主成分 5 为海洋产业结构竞争力，主成分 6 为海洋一次产业竞争力。海洋产业的资源丰度、人才资源、科技创新、产业活动、经济基础等影响因素的信息基本包含在这 6 个主成分之中。根据这 6 个主成分的得分，我们对粤港澳大湾区内的广东各个维度的竞争力及综合竞争力进行分析。

1. 海洋产业综合竞争力

根据表 11-8，广东以 2.59 的综合得分在全国沿海省区市中排名第一，山东和上海分别以 1.81 和 1.69 的得分尾随其后，可见广东在沿海省区市中的海洋产业综合竞争力位居第一。广东海洋产业综合竞争力一定程度上体现在海洋产业的产出规模上，综合竞争力水平与海洋生产总值相对应。2018 年，广东以 19326 亿元的海洋生产总值连续 24 年位于全国首位，在全国海洋生产总值中占据 23.2%的份额。广东海洋产业综合竞争力主要来源于其海洋产业创新竞争力、海洋三次产业竞争力和海洋一次产业竞争力，尤其是海洋产业创新竞争力。

2. 海洋一次产业竞争力

主成分 6 呈现的是海洋一次产业竞争力，广东的海洋一次产业竞争力以 0.34 的得分在 11 个沿海省区市中位居第三。作为海洋渔业的传统强省，广东的水产品产量和渔业生产总值都处于全国的领先行列。虽然海水养殖面积相对不大，但广东以占全国 9.05%的海水养殖面积，取得了海洋捕捞养殖产量占全国 14.03%市场份额的优秀成绩。

3. 海洋二次产业竞争力

主成分 4 呈现的是海洋二次产业竞争力。实质上，由于数据获取受限，海洋二次产业数据主要来自海洋盐业、海洋化工业、海洋船舶工业等传统产业，即海洋二次产业竞争力反映的是海洋传统产业的竞争力。广东海洋二次产业竞争力排名较为靠后。从原始数据来看，广东海盐产量占沿海地区总产量的比重仅为 0.15%，海洋化工产品产量几近于无，造船完工量占沿海地区总完工量的比重也只有 2.82%，与山东、浙江、福建等地区存在一定差距。广东二次产业竞争力水平相对落后，主要是由于广东海洋盐业、海洋化工业、海洋船舶工业等传统海洋产业的发展动力不足。另外，广东海洋战略性新兴产业发展迅速，广东省海域内原油和天然气资源丰富，产量位居沿海地区首位，伴随着广东海洋能源的持续开发和利用，海洋工程建筑业市场迅速扩大，逐渐成为广东海洋产业发展中增长最快的行业，其中，海洋风能发电设备、勘探钻井数量都位居全国前列。

4. 海洋三次产业竞争力

主成分 2 呈现的是海洋三次产业竞争力。广东海洋三次产业竞争力以 1.44 的得分居全国沿海省区市第三位。广东海洋基础设施非常完备，靠岸港口数量庞大，拥有配套合理、分工明确、特色显著的码头群，规模以上港口生产用码头泊位数占全国沿海地区规模以上港口生产用码头泊位总数的比重为28.20%，港口货物吞吐量占沿海地区总吞吐量的比重为17.73%，均居全国第一位。

5. **海洋产业结构竞争力**

主成分5呈现的是海洋产业结构竞争力。广东海洋产业结构竞争力处于相对落后水平，海洋产业格局尚有待优化。虽然广东海洋经济已经基本呈现二、三产业齐头并进的发展格局，相对较为均衡，但在产业内部，仍以传统产业为主，海洋工程装备、海洋新能源、海洋生物医药等海洋战略性新兴产业增速低于全国沿海省区市平均增速。广东各海洋产业关联程度低，上中下游协调互补、辐射带动能力强的产业链条有待进一步完善，集聚、集约的产业空间格局也尚在形成中。广东海洋产业尚未实现产业结构的高级化，仍呈现出传统和粗放式发展的特征。广东海洋产业劳动生产率与单位海岸线生产总值尚有待提升：2016年海洋产业劳动生产率为18.39万元/人，低于上海、江苏、天津、山东等地区；2015年单位海岸线产值为4.3亿元/千米，落后于天津、上海、江苏等地区。

6. **海洋产业创新竞争力**

主成分1呈现的是海洋产业创新竞争力，该指标在综合指标中的占比最重，涵盖的信息量最丰富，包含科技创新与产业活动等情况。广东的海洋产业创新竞争力以6.04的得分在全国沿海省区市中位居第一。具体来看，广东海洋科研机构拥有的发明专利数占全国海洋专利总数的比重为34.17%，海洋科研课题数占全国海洋科研课题总数的比重为16.80%，在全国沿海省区市中均位列第一。海洋科技创新能力还体现在海洋科技人才资源上，广东从事海洋科技活动的人员占全国海洋科技人员的比重为14.92%，居全国沿海各省区市之首。同时，科技创新推动了海洋产业快速发展，广东港口货物吞吐量占沿海地区港口货物总吞吐量的比重达17.63%，海洋货物周转量占全国海洋货物周转总量的比重达21.04%，海洋第三产业规模位于全国前列，产业创新能力不断提升。

7. **海洋创新效率竞争力**

主成分3呈现的是海洋创新效率竞争力。广东海洋创新效率竞争力处于相对落后水平，广东海洋科技课题成果应用率仅为3.45%，在全国沿海省区市中居于最末位。广东海洋科学技术产业投资机制有待完善，海洋科技开发实力不足，科学技术成果、先进技术转变为生产力的周期较长，海洋创新效率竞争力有待提升。

四、本章小结

本章综合海洋资源丰度、涉海产业人才资源、海洋科技、主要海洋产业活动、海洋经济基础等多维因素，构建了海洋产业竞争力评价指标体系，并采用主成分分析方法，评价了包括广东在内的11个沿海省区市的海洋产业竞争力，结果发现：（1）广东海洋产业综合竞争力在全国沿海省区市中位列第一，山东和上海分别尾随其后，广东海洋产业综合竞争力主要来源于其海洋产业创新竞争力。（2）从具体产业来看，广东海洋一次产业竞争力在11个沿海省区市中位居第三，海洋二次产业竞争力排名相对靠后，海洋三次产业竞争力居全国沿海省市中的第三位，海洋产业结构竞争力处于相对落后水平。（3）从产业创新程度来看，海洋产业创新竞争力在全国沿海省区市中位居第一，但是广东海洋科技课题成果应用率较低，海洋创新效率竞争力处于相对落后水平。

经海洋产业竞争力评价可知，以广东为主体的粤港澳大湾区，海洋产业发展尚存在海洋科技创新能力不足、产业结构协调性欠缺等问题。具体来看：（1）海洋科技创新能力有待加强。粤港澳大湾区在海洋领域拥有的全球知名企业和自主品牌不多，海洋产业发展的部分核心技术、关键零部件和重大装备均受制于人。海洋产业高端创新平台数量有所不足，高层次科技人才短缺问题仍然突出。（2）海洋产业结构有待优化。粤港澳大湾区海洋产业仍以资源型传统产业为主，新兴海洋产业和高端海洋产业占比较低。同时，海洋产业的空间布局有待优化，海洋产业较为分散，具有全球竞争力的产业集群较少，大湾区内部分海洋产业存在同质化竞争现象。（3）海洋产业高端化不足。粤港澳大湾区海洋产业仍处于产业链的中低端，以建造、组装为主，在产业链上游的设计研发、核心配套设备制造以及产业链下游的市场化应用等环节的产业规模相对较小，广东海洋产业尚未快速、规模化地向附加值高的产业“微笑曲线”的两端迁移。

第十二章　海洋经济协同创新的路径选择

在我国经济进入新常态的关键时期，作为国民经济的重要组成部分，海洋经济也面临着增速下行、结构升级、增长方式转换等多方面的挑战。海洋传统产业作为依托海洋资源发展起来的产业，由于重要海洋资源已近枯竭、环境容量不足，传统粗放的发展模式的产业矛盾日益突出。然而，尽管海洋传统产业对海洋产业的拉动效应逐渐减弱，但规模和比重依然较大，是整个海洋产业的重要组成部分。海洋战略性新兴产业作为海洋产业和新兴技术的深度融合，具有资源消耗低、综合效益好、节能环保等优势，在推动海洋经济结构转型升级及培育海洋经济发展新动能的过程中起着决定性作用，是推动海洋协同创新、实现可持续发展的重要抓手。推动海洋经济协同创新发展，既要解决好海洋传统产业的老问题，也要补足海洋新兴产业的短板，需要“两条腿”走路，在存量提质和增量提速上下功夫，推进海洋经济发展方式转变和海洋经济结构战略性调整，形成绿色可持续的发展新格局。

一、海洋传统产业创新发展路径

（一）以创新驱动为引领，培育海洋传统产业转型升级新动力

作为典型的资源依赖型产业，海洋传统产业以地区丰富的海洋资源优势为依托，通过对海洋资源进行简单加工以推动产业发展。近年来，由于不合理开发海洋资源，海洋传统产业需要从资源依赖型的发展模式向创新驱动型的发展模式演进。一方面，创新驱动型的产业发展模式能够有效降低海洋资源消耗，提高海洋传统产业生产效率；另一方面，创新驱动型的产业发展模式能够实现产业、产品的技术含量和附加值的提升，助推海洋传统产业转型升级。

一是支持海洋重大科技创新。紧紧围绕海洋传统产业转型升级的重大需

求，重点突破海洋传统产业的核心技术和关键共性技术，以创新链带动产业链，为海洋传统产业转型升级提供强有力的技术支撑。在海水养殖领域，发展深远海养殖装备与技术。在船舶制造领域，加强绿色环保船舶、高技术船舶设计建造的基础共性技术、关键核心技术、前瞻先导性技术研发，加强船舶配套系统和设备等的研制。

二是积极培育创新主体。支持涉海科研机构和高等院校的发展，重点建设一批国家、省部级涉海实验室、重点实验室、工程技术研究中心等科技创新服务平台。强化企业技术创新主体地位，着力培育和壮大科技型企业，实施企业研发中心培育计划，鼓励有条件的涉海企业建立海洋科技研发中心、技术中心和实验室。

三是推动海洋科技成果转化。支持涉海企业与海洋科研院所、高等院校联合组建海洋科技研发平台和产业技术创新联盟，加快推动产学研一体化。构建市场导向的海洋科技成果转移转化机制，打通创新与产业化应用的通道。鼓励企业、社会团体和个人创办海洋科技中介机构和服务组织。推进海洋科技成果转化平台建设。规划建设一批涉海众创空间、海洋技术转移中心和海洋科技成果转化服务示范基地，推动海洋科技成果与企业的对接，促进海洋科技成果转化落地。

四是加强海洋科技人才培养。加强海洋传统产业的专业学科建设，提升海洋传统产业的学科教研水平。培养多层次的专业技术人才，加快发展海洋高等教育和职业教育。加大海洋高端人才的引进力度，力争在海水养殖、海洋精细化工生产、海洋矿产资源开发、海洋环境保护及研究等领域形成一批具有自主创新能力的人才梯队，增强海洋传统产业的竞争力。

（二）以绿色发展为导向，促进海洋传统产业转型升级

海洋传统产业在转型升级的过程中，亟须改变其长期粗放的发展模式，加快向绿色发展转型。只有坚持以绿色发展为导向，才能摆脱海洋资源短缺的困扰，并实现产业转型与环境保护的和谐发展。

一是加强海洋资源集约利用。有度、有序地利用海洋自然资源，提高海洋生物资源的利用效率，大力推广高效生态养殖模式。严格执行伏季休渔规定，落实海洋捕捞“零增长”制度及渔船数量和功率指标双控制度，有效保

护渔业资源。加大渔业资源增殖放流力度，遏制近海渔业资源衰退势头，恢复渔业资源及生态环境。

二是加强海洋环境综合治理。加强海陆污染综合防治。制定和实施近岸海域排污总量控制计划，实施沿海陆域、近岸海域、河口附近海域的污染排放许可证制度。开展重点入海排污口及邻近海域的在线连续监测。加强船舶污染防治，逐步实现运输船舶油类污染物零排放。加强水产养殖和渔港渔船污染防治，逐步减少冰鲜杂鱼饲料的使用。加强渔港渔船的监督管理，开展港区废旧渔船、废弃养殖设施的清退。严格监管排海污染物，严禁向海洋倾倒废油、废水和垃圾，提高海上污染控制水平。

三是强化海洋生态建设和修复。建立海洋生态红线制度，加强对沿海侵蚀性岸线的生态整治和修复。建立健全海洋资源有偿使用和生态补偿制度，对重点生态功能区生态修复建设加大转移支付力度。以改善海湾生态环境质量为核心，推进重点海湾的综合治理，改善近海海水水质，提高自然岸线恢复率，增加滨海湿地面积。

（三）“抓龙头，筑链条，建集群”，打造海洋传统产业升级版

1. 坚持龙头企业带动，推进龙头企业与中小企业协作配套发展

海洋传统产业转型升级离不开产业链的延伸和产业集群的形成，而产业链的延伸和产业集群的形成关键要靠龙头企业带动。因此，龙头企业是海洋传统产业转型升级的关键启动源和引导者。引领海洋传统产业转型升级，首先要充分发挥龙头企业作为先行者和主力军的示范带动作用。同时，通过龙头企业与中小企业的协作配套，形成独具优势和特色的产业链和产业集群，对推动海洋传统产业转型升级至关重要，是促进产业链对接、价值链增值不可或缺的重要环节。

2. 推动产业链“纵向延伸+横向融合”，加快培育发展全产业链

目前，我国海洋传统产业集中十产业链条的低端环节，产业链条高端的研发设计和精深加工等环节发展欠缺，使得产品附加值较低，深加工和技术密集型产品较少。国际上的成功经验表明，海洋传统产业转型升级的根本在于从产业链低端转向中高端，在于提高产业发展的质量和效益。只有引领产

业链向中高端扬升，才能不断推动传统产业加快转型升级。为此，中国海洋传统产业的转型升级必须注重在产业链上做文章，通过“强链”“延链”“补链”，激发“链”式效应，加快培育发展全产业链。

3. **以产业园区为载体，加快推动产业集群发展**

推动我国海洋传统产业由分散形态发展到集中形态，是实现产业转型升级的重要途径。要依托海洋产业园区建设，提高优势产业的集聚发展水平，培育特色产业集群，不断提升海洋传统产业转型升级的空间集聚度。

一是重点培育海洋传统产业集群。以海洋经济示范区为引领，加大政策扶持力度，培育壮大现代渔业、港口物流与港航服务、临港石化、船舶工业、海洋旅游等海洋传统产业集群，以产业集聚、产业再造、产业转型激发发展新动能。

二是加快海洋产业园区建设。产业园区作为海洋传统产业转型升级的重要空间聚集形式，担负着推动海洋传统产业提质增效的重要使命。要以产业园区为载体，促进海洋传统产业集群式发展。首先，统筹各海洋产业园区规划，注重引导各海洋产业园区错位发展、特色发展、差异发展。制定和完善产业发展规划，通过制定和实施《海洋传统产业重点发展方向及指导目录》，进一步明确海洋传统产业重点发展方向，确定产业定位，优化产业空间布局。其次，加快建设和完善园区外部交通基础设施和内部基础设施，提升园区产业承载能力。再次，完善园区管理机构和相关制度建设，支持园区探索符合自身发展实际的新型管理模式，提升园区行政服务能力。最后，推动园区从单个项目招商向产业链招商转变，以龙头项目为依托，吸引上下游、左右链配套企业进驻，推动企业聚集和产业集聚。

（四）深化对外合作交流，拓展海洋传统产业转型升级空间

在开放的经济环境下，深化对外合作交流，积极参与全球市场竞争和价值链重构，是引领我国海洋传统产业转型升级的有效途径。积极推进对外交流与合作，有利于促进我国海洋传统产业与国际市场有效对接，让我国优质的海洋传统产业“走出去”，打造以我国海洋传统产业为核心的新型产业链和价值链，迈向全球产业链和价值链中高端。同时，从全球产业链的角度看，

开展国际产能合作，通过扩大对外投资和国际贸易等方式将产能从本国转移到其他国家和地区，有利于化解我国部分海洋传统产业产能过剩的问题，助推海洋传统产业转型升级。

在海洋渔业方面，深度拓展水产养殖加工业、远洋渔业、休闲观赏渔业等的对外交流合作。加快推进海水养殖的产能合作和技术输出。积极参与海外重要渔港建设，加强国际远洋渔业合作，支持渔业企业在海外建立远洋渔业和水产品加工物流基地。建设一批面向国际市场的水产品交易集散地，形成集水产品购物、旅游、尝鲜于一体，产供销、渔工贸一体化的渔业合作示范平台。在海洋交通运输方面，推进海外航运港口支点建设，加强国际港口间的合作，支持大型港口、航运企业通过收购、参股、租赁等方式参与海外港口管理、航道维护、海上救助。加强海上丝绸之路沿线国家和地区的港口经济合作与港区对接，推动电子口岸互通和信息共享，推动港口物流业合作基地的建设。在海洋旅游方面，与周边国家建立海洋旅游合作网络，加快发展国际邮轮旅游，积极推进海洋旅游便利化。重点推进与海上丝绸之路沿线国家和地区的旅游合作，联合推出海上丝绸之路旅游产品，塑造共同的旅游品牌，构建营销推广联盟。

二、海洋战略性新兴产业创新发展路径

当前，世界主要沿海大国把维护国家海洋权益、发展海洋经济、保护海洋环境列为本国的重大发展战略，美国 1999 年“回归海洋，美国的未来”的内阁报告即强调了海洋是保持美国实力和战略安全的不可分割的整体。在新一轮科技革命与产业变革浪潮下，21 世纪新一轮的海洋竞争是以高新科技为依托的海洋军事、经济、科技的综合实力竞争，海洋科技水平和创新能力在未来的国际科技竞争中将占据主导地位。在地缘政治关系复杂多变、海洋权益争夺愈演愈烈的背景下，应发展以科技为引领、以创新为驱动的海洋战略性新兴产业，培育处于全球海洋产业链高端、引领海洋经济发展方向的先进海洋经济产业集群，以此拓展海洋经济发展的空间，实现海洋经济的跨越式发展，在新一轮世界海洋经济布局中抢占先机。

（一）以三大战略为指引，两条路径相结合，加快关键核心技术的突破

掌握关键核心技术并逐步获得科技主导权是海洋战略性新兴产业发展的关键所在。要以创新驱动、军民融合和中国标准“三大战略”为指引，采取自主创新与引进模仿再创新“两条路径”，加快海洋战略性新兴产业关键核心技术的突破。

1. 三大战略为指引

一是创新驱动战略。围绕建设海洋强国这一目标，以国家重大战略需求为导向，积极整合科技资源，强化基础研究，加快关键核心技术的攻关，重点突破海洋经济转型升级所急需的核心技术和关键共性技术，引领海洋科技创新实现跨越式发展。

二是军民融合战略。以军民深度融合为核心，着力关键共性技术研发，大力发展军民两用技术，通过军转民、民参军等方式加强军工企业与民营企业的技术交流与合作，加强资源共享、优势互补，持续强化协同创新能力。在海洋工程装备等海洋战略性新兴产业领域，实施军民融合重大工程，加快船舶和海洋工程装备等新技术、新产品的研发应用，实现军民科技互通互融，创新海洋经济与国防建设的协调发展模式。

三是中国标准战略。坚持“技术专利化、专利标准化、标准国际化”原则，加快海洋战略性新兴产业关键技术布局，加强知识产权的申请和保护，特别是国际专利申请。整合优势资源，建设海洋战略性新兴产业标准体系，搭建海洋标准信息服务平台，积极推行海水淡化标准体系、海洋测绘基准体系等的“中国标准”，提升我国海洋战略性新兴产业技术和产品标准的国际话语权。

2. 两条路径相结合

（1）路径一：以技术创新战略联盟模式，推动产业自主创新。

为了提高科技成果转换率，应建立海洋新兴产业技术创新战略联盟。要以地方政府为主导，建设以海洋企业为主体、以涉海高校及科研院所等科技力量为依托、以现代企业制度为规范的三位一体的新型产学研模式，积极推

动海洋企业、高校、科研机构联合建设多方结合的海洋产业技术创新战略联盟，从战略层面推动产学研各方形成持续稳定的合作关系。政府要制定和完善相关配套政策、法规，建立面向市场需求、产学研紧密结合的运行机制，整合产业技术创新资源，立足产业技术创新需求，开展联合攻关，形成一个完整的创新系统。

一是加快推进技术创新平台建设。夯实产学研合作基础，围绕打造结构完善、布局合理、从国家到地方的多层次海洋技术创新平台体系，就重大关键共性技术进行系统化研究。支持涉海企业与高校、科研机构进行交流合作，鼓励涉海企业与科研机构联合开展关键共性技术的攻关，降低企业技术创新的风险和成本。充分发挥技术创新平台技术创新、扩散和协调的三大功能，提升我国海洋战略性新兴产业的自主创新能力。

二是发挥企业技术创新的主体功能。完善产学研合作机制，建立一体化合作渠道，引导科研力量更多地流向企业，实现产业链与创新链的有效对接，在关键技术、共性技术等领域进行协同创新，着力突破产业发展的技术瓶颈。激发企业技术创新的主观能动性，鼓励企业建立技术研究中心等研发机构，支持大型企业通过建设高水平技术研究中心进行产业前沿重大关键共性技术的攻关，中小企业合作建设特色型技术研究中心，支持企业自身的技术创新与产品开发，形成大中小企业协调发展的产业创新体系。

三是加快关键共性技术的重点突破。要推动海洋战略性新兴产业创新发展，集中优势资源，发挥各自的优势，积极开展协同创新。政府要加强科学引导和调控，促进海洋战略性新兴产业企业制定企业技术创新规划，依据自身优势，围绕海洋战略性新兴产业技术发展重点，选准关键技术作为突破方向，通过技术创新战略联盟开展联合攻关，尽快形成一批具有自主知识产权的新技术、新产品，不断提高关键技术、产品及设备的国产化率。

（2）路径二：以国际合作模式，推动引进模仿再创新。

除了自主创新，对于海洋新能源、海水综合利用等技术尚不成熟的战略性新兴产业，还应加强国际合作，引进先进技术，通过消化、吸收进而模仿、创新，提高技术创新的起点。

一是加快产业技术学习与创新的步伐，不断提升外围技术模块的高端渗透能力。瞄准国际海洋战略性新兴产业的前沿科技，精准发力，加快嵌入海洋强国主导的产业技术创新网络，不断追赶先进的海洋新兴产业技术，缩短实现关键核心技术部分乃至整体突破的周期。加快技术创新链的整合，通过海洋战略性新兴产业关键核心技术的引进、学习、再创新，增强海洋战略性新兴产业关键核心技术的学习与再创新能力。

二是充分把握“一带一路”建设机遇，从海洋强国引进先进技术、设备和复合型人才，在学习、模仿的基础上，研发更适用于我国海洋环境的新技术、新产品和新设备，推动我国涉海企业成长为关键核心技术的主导者和供应商。加强国际合作项目的组织和参与，重点拓展与海洋强国著名海洋研究机构的合作关系，增加重大项目的工程计划，在国际合作中不断增强我国的海洋科技力量，努力形成国际合作和强强联合的局面。

三是建设完善的外资引入平台，以高新技术产业为桥梁，通过外资引擎带动我国海洋战略性新兴产业的国际化发展，推动我国海洋战略性新兴产业向技术链、价值链的高端不断攀升。

（二）整合资源要素，优化产业布局，促进产业集群发展

要加强统筹规划，整合资源要素，优化产业布局，以海洋科技产业园为平台，推动海洋战略性新兴产业集聚发展，培育形成一批特色鲜明、品牌突出、协同高效、竞争力强的特色产业链和优势海洋产业集群。

1. 加强顶层设计，做好区域统筹规划

一是明确各区域海洋产业的发展定位，因地制宜地选择产业发展的方向和基本模式，避免盲目扩大产业规模及低质重复性建设，突出不同区域海洋战略性新兴产业的专业化分工，形成各具特色与优势的区域化发展格局。

二是探索环渤海、长三角、珠三角三大产业集聚区的协作交流机制，建立全国性或区域性产业联盟，联合海洋战略性新兴产业的重要研发机构、海工企业、检验机构、用户单位等，通过相互持股和换股，构筑利益共同体，加强科研开发、市场开拓、业务分包等领域的深度合作与交流。

三是构建海外交流合作机制，大力推进与“一带一路”沿线国家和地区海洋产业的合作，通过优势互补、协同发展，推动我国海洋战略性新兴产业的产业链不断向“一带一路”沿线国家和地区延伸。

2. **集聚资源要素，加快海洋科技产业园建设**

为充分发挥“马歇尔外部性”，促进海洋战略性新兴产业在区域内实现投入共享、劳动力共享及知识溢出，应以海洋科技产业园为产业平台，打造创新能力强、创业环境好、产业链完善的海洋战略性新兴产业基地，促进产业集群集约化发展。

一是集聚创新要素，加快科研成果转化。引进知名高校、科研院所等机构，加快集聚领军人才、研发机构、大企业集团研发中心等创新要素，打造海洋战略性新兴产业公共研发平台、产品展示与技术交流平台，推进产学研合作一体化，促进园区内技术流动与协同创新，高标准建设海洋战略性新兴产业成果转化推广平台，加快技术成果的转化与应用推广。

二是建立海洋战略性新兴产业项目库、专家库，谋划、引进一批对行业整体水平提升具有关键作用、主导作用的优势企业和重大项目落地园区。要以技术“生项目”，即通过关键技术的突破催生新的科技项目，对接企业需求，推动项目做大做强。要以人才“引项目”，即采用合作开发、技术入股、委托开发、合作共建或无偿提供试验基地等模式引进人才，即发挥高端人才在项目实施和推动上的“裂变效应”。要以项目“带项目”，发挥重大项目的带动示范作用及园区内的产业集聚效应，从而带动新项目、引进新企业，形成良性循环，不断优化产业结构。

三是建立行业技术研发和检测标准，以及知识产权、海域使用权流转交易等公共服务平台，完善各项基础设施配套建设，提供全方位服务。要鼓励技术服务业的发展，重点支持技术研发、信息咨询、创业孵化、技术交易和转移、专利代理、技术成果转化等技术服务业，为海洋战略性新兴产业提供技术转让、研发设计、信息咨询、人才培养等服务。

3. **加强产业融合，培育全产业链的海洋战略性新兴产业**

着力发展信息化与工业化融合、新兴技术的相互融合、制造业与服务业融合、战略性新兴产业的海陆融合、海洋战略性新兴产业的相互融合等五大融合衍生的新业态。以“互联网+”“数字经济”等推动产业融合，重构海洋战略性新兴产业价值链，推动产业创新发展，培育全产业链的海洋战略性新兴产业。

一是加快建设“互联网+”海洋战略性新兴产业创新中心，将互联网思维和技术融入海洋战略性新兴产业链条，积极发展海洋生物医药技术系统、海洋能源互联网等“互联网+”海洋战略性新兴产业，对海洋基础设施进行数字化、网络化、智能化升级。

二是推进数字经济与海洋工程装备、海水淡化与综合利用等产业的融合发展，开展智能工厂、数字化车间培育建设试点，建设智能制造公共技术支撑平台，支持海工企业实施智能化改造，加快发展海洋战略性新兴产业智能化基础制造与成套装备制造。

三是实施“互联网+”行动和大数据战略，完善新一代信息基础设施，深化与互联网核心企业的战略合作，推动海洋公共领域大数据应用，建设海洋大数据综合试验区。

（三）基于市场需求，建立成果转化及资源配置机制，提高产业化效率

基于市场需求，建立科技成果转化机制和竞争性资源配置机制，推动技术成果转化应用，提高海洋战略性新兴产业的产出效率。

1. 以市场为导向，构建科技成果转移转化机制

市场需求是海洋战略性新兴产业形成和发展的推动力。应针对应用需求进行技术创新和产品研发，根据效益最大化原则建设海水淡化等海洋战略性新兴产业工程项目，充分发挥市场的资源配置作用。积极构建以市场为导向的海洋战略性新兴产业科技成果的转移转化机制，打通科技创新成果的产业化应用通道。建设技术转移中心及科技成果转化服务示范基地，不断推进以海洋战略性新兴产业企业为主体的科技成果转化体系建设。支持包括社会团体、科研院所、企业及中介组织等在内的各类主体参与海洋科技创新成果的推广应用，通过各类主体的专业化服务，不断推动海洋战略性新兴产业重大科技成果的转化和应用。建立并完善技术产权交易市场，加快专利技术交易的扩散，通过市场的力量推动创新成果转化。

2. 创造消费需求，加强海洋科技成果的推广和应用

由于海洋新能源、海洋淡化水等海洋战略性新兴产业应用成本较高，较难形成有效的市场需求，因此需要政府结合海洋战略性新兴产业的特点，进

行支持和引导。加强对居民消费理念的引导，提升消费市场对海洋战略性新兴产业技术和产品的接受度，加快新技术、新产品的应用推广。通过财政补贴或者税收优惠等政策，鼓励新技术、新产品、新设备的购买应用，降低产品生产或消费成本，刺激市场需求。完善政府采购机制，加大政府采购力度，支持和鼓励自主创新产品的研究和应用，优先采购国内海洋战略性新兴产业的自主创新产品。对海洋新兴技术或产品采取长期价格保护，或者要求公共领域或机构用户进行强制消费，增加新技术、新产品的应用，带动海洋战略性新兴产业市场空间持续扩大。实施品牌化战略，结合海洋战略性新兴产业优势，创造主打品牌，通过品牌效应推动产品消费，带动市场发展。

3. **建立竞争性资源配置机制，提升产业发展效率**

政府主导建立竞争性的资源配置机制，在海洋战略性新兴产业的研究主体之间竞争性地配置人才、资金等要素资源，在技术创新及成果转化等方面鼓励企业参与竞争，通过市场机制选择商业化模式和产业化路径，形成以市场为导向的产业基础，降低新技术产业化风险，提高产业发展效率。

在金融资源配置方面，推动海洋科技金融发展，打造三链融合的海洋创新生态链。一是加快建立海洋战略性新兴产业投融资新机制，以实现海洋科技与金融资源高效对接。搭建海洋战略性新兴产业金融服务新平台，构建覆盖创新链条全过程的海洋科技金融服务体系，形成包含天使投资、创业投资、担保资金、政府产业投资基金、银行信贷等在内的多元化、多层次、多渠道投融资格局。二是支持银行等金融机构加大信贷资金投放力度，完善海洋战略性新兴产业风险补偿及分担机制，加大金融创新力度，创新海域使用权抵押、质押贷款形式，积极开发知识产权质押、科技保险、航运保险、担保融资等新型科技金融工具。三是推动海洋科技创新与资本相互融合，形成创新、产业与资本三链融合的创新生态链，推动海洋科技创新成果的孵化、转化，加快产业化进程，为培育和壮大海洋战略性新兴产业提供技术引领和支撑。

在人才资源配置方面，通过人才培养、引进以及国际合作等方式，加快创新型海洋人才队伍建设。一是加大对海洋高等教育的投入力度，支持涉海高校调整、优化学科专业布局，加强涉海专业学科建设，提升我国海洋基础学科教研能力及水平。二是建立人才培养与企业需求精准对接的机制，发展订单制、现代学徒制等多元化培养模式，鼓励海洋企业设立科研工作站和创新实践基地，引进和培养科研团队、高层次领军人才。三是搭建海洋人才交流服务平台，为涉海企业的人才引进工作提供高效服务，通过“靶向引才”等方式在高端人才培育、引进、分配、激励等方面实现突破，促进各层次科技人才向涉海企业汇集。

三、粤港澳大湾区海洋产业协同创新的路径选择

（一）将海洋科技协同创新确立为粤港澳大湾区海洋经济协同发展的核心任务

当前，科技创新是粤港澳大湾区经济高端化和多元化的核心任务。为实现粤港澳大湾区海洋经济协同创新发展，必定要将海洋科技协同创新确立为其海洋经济协同发展的核心任务。

建设链条化、平台式的海洋科技创新体系。发挥广东海洋创新联盟的作用，提升海洋工程装备制造等海洋科技创新攻关及其成果的转化能力。一是构建海洋创新成果源头供给平台。瞄准世界海洋科技前沿，围绕人工智能、智能装备、生物医药等重点领域，建设一批重大海洋科技基础设施，提升原始创新和关键核心技术创新能力，组织大湾区科研院所与企业联合申报、承担国家重大海洋应用基础研究、高技术研究项目及重大海洋科技工程项目。二是加快建设海洋科技创新平台。建设海洋技术中试平台、海洋公共服务平台、工程技术研究试验中心等，全面提升科技兴海服务能力。三是建设海洋科技推广服务中心，负责关键海洋技术的引进、试验、示范，海洋资源与环境的观测、评估及预测，海洋公共信息服务的提供，公共人才的培训教育等。四是建设海洋金融、海洋信息等海洋科技中介服务体系，推动各类海洋专项科技成果的转化与应用。

加强跨区域创新联动，建设“广深港澳海洋科技创新走廊”。以南沙自贸区、东莞滨海湾新区、东莞松山湖、前海蛇口自贸片区、深圳海洋新城、深圳国际生物谷、光明科学城、香港科学园、深港科技创新合作区、横琴自贸片区、珠海经济技术开发区等节点为合作载体，发挥沿线涉海国家重点实验室、国家工程实验室、国家大科学装置、创新型企业等创新主体的作用，以

海洋科技创新引领海洋产业发展为主线，按照“海洋科学研究—海洋技术创新—海洋科技成果转化—海洋科技产业”的发展路径，建设一批海洋价值创新园区和特色海洋产业集聚区，推进海洋工程装备制造、海洋电子信息制造、海洋科技基础创新等产业的建设，构建海洋科技协同发展体制机制，将“广深港澳海洋科技创新走廊”创建成为我国海洋科技创新策源地和南海科技产业创新与应用基地，推动粤港澳大湾区海洋经济协同创新发展。

（二）加强海洋新兴产业合作

粤港澳大湾区要加快海洋新兴产业合作，重点发展新一代海洋电子信息技术、海洋工程装备制造业、海洋生物医药业、海洋新能源产业，构建海洋经济新的发展动能。

推动新一代海洋电子信息制造业合作。支持新型显示屏、集成电路、5G等前沿科技企业对接海洋龙头企业，促进新一代电子信息技术在海洋经济领域的应用，提升船用电子信息设备与海洋工程电子设备的研发制造水平。开展船载智能终端等高端海洋电子设备及系统的研制开发，开展海洋水声通信系统建设。支持涉海企业对接香港应用科技研究院、国家专用集成电路系统工程技术研究中心香港分中心开展涉海集成电路合作攻关。支持涉海企业开展工业互联网和人工智能试点。

推动海洋工程装备制造业合作。深入推进海洋工程装备制造业协同创新发展，推动粤港澳海洋工程装备智能化。落实技术改造倍增计划，鼓励企业开展工业技术改造，推进人工智能、环保装备、新材料等行业技术应用于海洋工程装备制造，布局一批海洋工程装备基础设施项目、关键基础零部件制造基地和公共服务平台。支持珠海云洲无人船基地项目建设。支持广东海洋工程装备制造企业与港澳现代服务业合作，提升研发设计、品牌营销水平。推动广东海洋装备制造企业赴香港上市。

推动海洋生物医药合作。加强海洋生物医药技术的创新合作。向港澳有序开放广州萝岗、深圳坪山等地的生物医药加速器项目，搭建海洋生物医药技术合作研发平台。吸纳港澳科研人员共同实施海洋生物医药技术重点突破专项计划，开展海洋生物活性物质筛选、重要海洋动植物和微生物基因组及功能基因工程、海洋水产品功能性食品和药品研发等重点领域的技术研发。

加强海洋生物医药的合作研发与产业化。利用海洋生物资源，开发海洋微生物抗肿瘤、治疗心血管疾病的活性物质和疫苗，开发基于生物基因工程的抗肿瘤、抗血栓等重大疾病的创新药物，推进海洋医用材料、创伤修复产品的研发和产业化。推动广州和深圳国家生物产业基地、中山国家健康科技产业基地、华南现代中医药城、珠海生物医药科技产业园等在粤生物医药产业园与港澳科技园、产业园、孵化器共同建设生物医药产业联盟。

（三）推动海洋服务业合作，助力粤港澳大湾区海洋经济转型升级

发展海洋服务业是适应经济服务化和创新驱动发展的必然选择。粤港澳大湾区要优化香港、澳门、广州、深圳等中心城市的服务业功能，打造涉海服务业与海洋经济融合发展新格局。

加强海洋金融服务业合作。推动粤港澳合作共建海洋金融服务平台。打造面向国际市场，集海洋资源、环境和知识产权交易等于一体的海洋产权交易中心，包括海洋资产流转交易平台、海洋项目融资服务平台、海洋科技成果转化交易平台、海洋渔业要素交易平台和海洋企业（产权）交易平台。依托香港的航运金融优势，积极推广船舶融资租赁等海洋金融产品。支持南沙、前海蛇口自贸片区开展航运交易、航运金融、临港大宗商品交易、支付与结算、航运经纪、航运信息等业务。推进粤港澳航运服务行业管理标准和规则的衔接，推进粤港澳航运服务业人员的职业资格互认。鼓励保险公司巩固船舶保险、货运险、理赔保险等传统业务，开发创新型险种，提升航运等涉海业务保险的服务水平，加快保险要素集聚，做大保险产业集群。

建设粤港澳航运中心及港口联盟。加快推进粤港澳港口群一体化发展，将广州港、深圳港打造成为国际门户枢纽港，带动东莞港、珠海港发展，打通港口与腹地交通运输通道，加快推进珠江口东西两岸港口资源优化整合，建设世界级港口群。加强粤港交通基础设施对接，推动港口业务互动。以“互联网+航运+金融”的新业态为支撑，建立集港口、航运、物流、金融、中介服务于一体的国际航运信息系统。扩大广东对香港服务业的开放程度，推动粤港在航运金融、法律服务、信息资讯等领域的合作及专业人才的对接，打造高能级国际航运中心。

第十三章　海洋经济协同创新的产业重点

要实现海洋经济的创新发展，就要让海洋传统产业和海洋战略性新兴产业“两条腿”走路。海洋传统产业是整个海洋产业的重要组成部分，包括海洋渔业、海洋交通运输业和海洋旅游业。海洋战略性新兴产业是海洋产业和新兴技术的深度融合，包括海洋工程装备制造业、海洋生物医药产业、海洋新能源产业、海水淡化与综合利用产业、海洋科研教育管理服务业等。本章结合海洋经济协同创新的路径选择，从海洋传统产业和海洋战略性新兴产业两个维度，探讨了海洋产业创新发展的重点领域。

一、海洋传统产业创新发展的方向与重点

（一）海洋渔业

1. 加强渔业资源和生态环境的保护和修复

一是加快推进海洋牧场建设。在规划中的渔业资源养护和生态环境修复区内，通过采用人工鱼礁等工程建设和生物技术，有计划地选择适合的海域，营造海洋经济生物适宜的生长环境，开展鱼、贝、藻和海珍品人工增殖及农牧化增殖养殖，提高海域生产能力。加大对海洋牧场建设的财政投入力度，积极引导社会资金建设海洋牧场。

二是切实加强渔业资源和生态环境保护。坚持最严格的伏休制度，积极完善捕捞业准入制度，规范渔具、渔法。推动渔船减船转产，着力压减海洋捕捞产能。加强渔业生态环境保护，实施近岸海域生态环境监测和评价，全面开展海洋环境污染整治，清理非法的或设置不合理的入海排污口，严控各类陆源污染物和船舶油类污染物的排放。实行近岸海域养殖容量控制，从源头上减少水产养殖污染。

三是积极发展增殖渔业。加大增殖放流力度，加强增殖放流苗种管理，开展增殖放流效果评估，确保增殖放流效果。积极推进以海洋牧场建设为主要形式的区域性渔业资源养护和生态环境保护。以人工鱼礁为载体，以底播增殖为手段，以增殖放流为补充，加强海洋牧场示范区建设。

2. **构建现代海洋渔业体系**

一是全面改造和提升水产苗种业。围绕现代海洋渔业发展对水产种苗的重大需求，积极发展现代水产苗种业，加强水产良种“育繁推”体系建设，全面改造与提升苗种培育硬件和软件设施；扶持种业龙头企业，加强国家级水产原良种场、规模化繁育基地建设，构建完整的苗种繁育体系。开展优良水产种类的遗传育种和苗种改良，提高良种覆盖率。加强品种创新和推广，构建现代化良种繁育体系，提高良种覆盖率。培育建设良种良法示范点；强化水产苗种质量监管。

二是转变水产养殖业的生产方式。优化海水养殖空间布局，完善海水养殖滩涂保护制度。开展海水养殖容量评估，确定合理的养殖容量。积极拓展海水养殖空间，支持发展深远海绿色养殖，规划建设深远海大型智能化养殖渔场。加快推进海水健康养殖示范基地建设，积极发展生态健康养殖模式。优化海水养殖品种结构，发展名特优、高附加值、低消耗、低排放品种，调减结构性过剩品种。大力发展深远海养殖装备技术，鼓励研发关键装备及其推广应用。

三是控制近海捕捞业。优化海水捕捞空间布局，逐步压减近海捕捞的范围，降低近海捕捞强度。调整海洋捕捞作业方式，逐步压减对渔业资源和环境破坏性大的作业类型。严格控制捕捞强度，切实加大捕捞渔民减船转产力度，逐步压减海洋捕捞渔船数量和功率总量。完善全国海洋捕捞准用渔具目录，加快建立健全渔具准入制度，严厉打击使用禁用渔具的非法捕捞行为。

四是规范、有序发展远洋渔业。优化远洋渔业产业布局，稳定公海渔业捕捞，严控公海渔船规模。巩固和提高过洋性渔业，加快发展大洋性渔业，建设一批远洋渔业综合基地。支持企业通过兼并、重组、收购、控股等做大做强，培育一批现代化远洋渔业龙头企业。加快推进老旧远洋渔船的更新建造，提升远洋渔业技术装备水平。加强远洋渔业产品深加工，延伸远洋渔业产业链。建立以国家级科研平台为基础的远洋渔业科技与产品研发创新联盟，提升远洋渔业科技创新能力。培育一批国际竞争力强的品牌，鼓励和支持企业申请并取得远洋水产品国际认证。

五是加快发展海洋水产品精深加工业。积极发展海洋水产品精深加工，深度开发利用水产品加工副产物，持续探索海洋水产品精深加工新模式。开发新型海洋水产品加工品，通过创造新供给、满足新需求，加快培育一批市场占有率较高的水产品加工知名品牌。

六是积极发展海洋休闲渔业。加强海洋休闲渔业发展的调查研究，科学制定海洋休闲渔业发展规划。促进海洋休闲渔业合理布局，防止低水平重复建设。深入开展海洋休闲渔业品牌示范创建活动，加快培育一批功能齐全的海洋休闲渔业示范基地，引领海洋休闲渔业全面发展。积极培育垂钓、水族观赏、渔事体验、科普教育等多种休闲业态，引导带动钓具、水族器材等相关配套产业的发展。加大宣传推广力度，增强海洋休闲渔业吸引力。加强海洋休闲渔业规范管理和标准化建设，引导海洋休闲渔业经营主体标准化生产、规范化经营。

3. **提升海洋渔业科技创新水平**

加强与高等院校、科研机构的对接合作，鼓励产学研协同创新，重点围绕关键技术和瓶颈问题开展联合攻关，突破制约产业发展的关键技术。大力发展海洋渔业科技教育事业，加强涉渔专业和学科的建设，深化海洋渔业科研机构改革，创新渔业科技人才培养模式，加快培育渔业科技创新人才、新型职业渔民和渔业实用人才。加强水产技术推广体系建设与改革工作，鼓励各级水产科研院所、技术推广机构、水产原良种场充分发挥各自优势，积极开展养殖试验和推广示范。

4. **提高海洋渔业设施和装备水平**

一是加强渔港基础设施建设。明确渔港功能定位，科学规划渔港建设，优化渔港空间布局。以中心渔港、一级渔港为龙头，以二、三级渔港和避风锚地为支撑，加快完善渔港安全管理和防灾减灾功能。完善渔港配套设施和基本服务功能，延伸渔业产业链条，突破传统渔港建设模式，促进渔港综合开发，提升渔港多元化功能和现代化水平。加快建设智慧渔港，全面提升渔港管理的信息化水平。发挥政府在渔港基础设施建设中的引导作用，吸引社会资本投资经营渔港，形成渔港建设的强大合力。

二是加快渔船更新改造。大力引导和鼓励渔民逐步淘汰老旧、木质渔船，重点发展现代化大型钢质渔船，有计划地升级改造选择性好、高效节能、安全环保的标准化捕捞渔船。全面提升远洋船队现代化装备水平，加快组建现代化远洋渔业船队。进一步做好老旧渔船报废更新工作，建立完善的定点拆解渔船机制和木质渔船退出机制，严格限制建造对渔业资源破坏强度大的渔船。

三是加强渔业装备研发。加大对新型渔船及其配套装备基础共性技术和关键技术研发的投入，提升渔船装备的自动化水平。以高等院校、科研院所和骨干企业为依托，整合优势科研资源，探索搭建研发平台，构建产业技术创新战略联盟。培养一批兼具渔业知识和装备设计制造技术的专业人才队伍，重点围绕渔业装备共性技术和关键技术开展系统研究。

5. 提高渔业组织化程度和管理水平

鼓励创新渔业组织形式和经营方式，培育壮大渔民专业合作组织、生产经营大户、家庭渔场和产业联合体等新型经营主体，建立多种形式的利益联结机制，提高渔业组织化程度。鼓励渔民以股份、合作等形式开展联合经营或组建渔业企业。大力扶持渔业龙头企业，支持渔业龙头企业通过兼并、收购、重组、控股等方式组建大型企业集团。

6. 加强渔业安全建设

一是加强安全生产管理。推进“平安渔业”“文明渔港”建设，加强渔业安全生产社会化管理。完善渔业安全应急管理体系，制定渔业安全生产应急预案，组织渔业海难救助演练。积极引导渔民进行渔船编队生产作业，加强渔船之间的相互支援和自救互救。加快建设渔船信息动态管理和电子标识系统，尽快普及、配备渔船安全生产保障设施。

二是加强水产品质量安全监管。加强生产源头管理与监控，严格投入品管理，规范养殖用药行为，严打违禁药物使用，确保水产品质量安全。大力倡导和推行水产标准化健康养殖模式。扎实做好“三品一标”认证工作和监管工作，引导企业牢固树立品牌意识和安全意识。加强产地水产品及投入品监督抽查工作，就突出问题开展专项整治，进一步规范渔业生产者的生产行为。建立水产品质量安全可追溯体系，加强水产品质量安全风险评估、监测预警和应急处置。

（二）海洋交通运输业

1. 去产能

一是优化船舶运力结构。积极推进老旧运输船舶和单壳油轮提前报废、更新政策，严格执行以船龄为标准的船舶强制报废制度。有序调控运输船舶运力增量，鼓励建造新能源动力船舶，提高船舶安全经济、节能环保水平。

二是促进区域港口协调发展。深化和完善区域港口规划布局，防止港口低水平重复建设。加快推动大中小港口和五大港口群协调发展，推动区域内港口企业通过合资合作、兼并重组等方式形成统一的港口企业集团，整合区域内的港口资源，提升区域内港口的整体竞争力。及时总结和协调解决港口资源整合中出现的问题，完善相关配套政策措施。

2. 降成本

以主要港口和航运中心为重点，加快港口专用线及支线项目建设，提升港口铁路集疏运能力，构建能力充分、衔接高效的区域港口综合集疏运体系，重点突破铁路、公路进港“最后一公里”。改善集疏运服务质量，提升货物中转能力和效率。积极发展以港口为枢纽的联运业务。加快发展港口多式联运，鼓励港口企业共享铁路、公路、水路多式联运信息。深化港口价格形成机制改革，进一步降低物流成本。

3. 补短板

一是推动港城联动发展。统筹协调港城规划，进一步处理好港口规划、产业规划和城市规划的关系，深入挖掘港口运营与产业引入、城市管理间的体制机制合作空间，以港口一体化为方向，推进港口、城市和产业的相互融合与和谐共存。以产业集群为支撑，以重点产业、物流园区为载体，加快港口建设，做强临港产业，加速城市发展。同时，创新港城联动体制机制，加快推进港城深度融合、联动发展，促进人流、物流、资金流的加速集聚。

二是大力发展现代航运服务业。鼓励港航企业加强理念创新和自身能力建设，利用现代信息技术手段，加强与相关服务业的融合，创新商业模式，优化航运服务。深化改革，激发市场活力，全面推进船代、货代、理货、商务、物流仓储、船舶船员管理与服务等传统航运服务业转型升级。大力发展评估、咨询、信息、法律、海事、仲裁及融资、保险、担保等现代高端航运服务业。

三是推进沿海港区大型化、专业化深水泊位及配套深水航道建设。加快推进深水泊位和深水航道规划建设，优化调整泊位结构。加大对深水航道的资金投入力度，全面提升航道通航等级和通航能力。加快出海航道疏浚拓宽工程建设，以满足船舶大型化发展需要。加快深水锚地的规划建设，推动邻近港口深水锚地资源共享。大力推进大型深水集装箱码头、公共原油码头、化学危险品码头以及大型散货码头等重要货类专业化码头建设。

四是加强智慧港口建设。开展智慧港口示范工程建设，加快港口信息化、智能化进程。创新港口物流运作模式，建立全程“一单制”服务方式，完善港口智能感知和数据采集系统，推动“互联网+”港口应用，探索电子运单、网上结算等互联网服务新模式。完善港口物流信息系统与基础数据库，加强大数据分析应用，提升港口作业和物流效率，推进联运信息和物流信息的开放共享与互联互通。加强港口物流公共信息平台建设，推进各种物流信息平台的有效对接。推进与部级信息系统和有关港口行政管理部门信息系统的衔接。

（三）海洋旅游业

1. 优化旅游产品结构，创新旅游产品体系

大力开发海洋亲水、滨海观光度假、海洋文化体验、海洋主题、创造性海洋旅游产品等多种类、多层次的海洋旅游产品，增强游客的参与感和体验感。在发展大众旅游的同时，适度开发高端海洋旅游产品，加快建设滨海旅游精品项目。打造、开发夜间旅游产品，丰富夜间消费商业，延长游客的逗留时间。开发反季节旅游产品，鼓励发展休闲度假旅游、影视文化旅游、医疗健康旅游、工业旅游、低空飞行旅游和汽车营地等旅游新业态，缓解淡旺季旅游反差。加强培育邮轮旅游、游艇旅游、海岛旅游等新兴海洋旅游产品。

2. 加快“海洋旅游+”产业融合发展

实施“海洋旅游+”战略，促进海洋旅游与文化、体育、康养、会展、商贸的融合，积极培育海洋旅游新业态。保护和利用海洋历史文化资源，开发海洋历史文化和乡村旅游项目。挖掘海洋文化资源，打造地方特色鲜明、艺术水准高的旅游演艺品牌。开发海洋历史文化、海洋国防文化、海洋科技文化、海港文化、航海文化、海洋民俗文化等系列研学旅行产品，策划开发海洋科学主题公园。促进海洋旅游，培育海洋节会旅游。积极培育新兴节会，培育能够突出海洋优势、城市特色和旅游特质的新兴海洋休闲品牌节会，打造有影响力的区域性国际旅游展会。发展海洋体育旅游。大力发展帆船帆板、游艇、摩托艇、水上滑翔、滑水、动力伞、沙滩运动等项目。促进海洋旅游与康养融合。鼓励各地利用优势康养资源和海洋资源，建设一批康养旅游示范基地，培育康养旅游品牌。

3. 培育和壮大海洋旅游龙头企业

鼓励各类市场主体通过资源整合、改革重组、收购兼并、线上线下融合等方式投资旅游业，促进旅游投资主体多元化。培育和引进有竞争力的旅游骨干企业和大型旅游集团，促进规模化、品牌化、网络化经营。落实中小旅游企业扶持政策，引导其向专业、精品、特色、创新方向发展，形成以旅游骨干企业为龙头、大中小旅游企业协调发展的格局。

4. 推进海洋旅游公共服务体系建设

加快完善旅游信息咨询服务体系。推动旅游信息咨询中心建设，形成涵盖机场、火车站、地铁站、汽车站、高速公路服务区、人流密集区、3A 级以上景区、重点滨海旅游点的旅游咨询服务网络。充分利用网络、微博、微信等新媒体，拓宽信息服务渠道，扩大信息覆盖面，提升旅游信息采集及发布效率。完善旅游便捷交通服务体系，加快新建或改建支线机场和通用机场，改善公路通达条件。完善城市慢行系统的旅游服务功能，优化城市滨海旅游休闲环境。规划建设旅游集散服务中心，完善旅游集散服务功能。完善旅游标识标牌和道路引导系统，推进旅游公共停车场、公共厕所建设。推进智慧旅游发展，加快推进无线网络、多语种无线导游服务等设施建设。

5. **全方位推进海洋旅游营销**

大力实施品牌战略，着力打造特色鲜明的滨海旅游目的地品牌。整合各种营销资源，创新营销方式，强化搜索引擎、微博微信、移动设备、微电影等新媒体创新性宣传推广。实施精准营销，借助大数据平台精准分析重点客源市场、新兴市场的旅游消费需求，深入研究客源特点，科学细分市场，充分运用现代新媒体、新技术和新手段，提高宣传推广精准度。完善营销机制，建立政府、行业、媒体、公众等共同参与的整体营销机制，整合利用各类宣传营销资源和渠道，建立推广联盟等合作平台。加强国内旅游市场宣传力度，加快实施全球化推广战略，鼓励各滨海旅游企业开展针对性强的海外旅游宣传推广和市场拓展活动。

6. **优化海洋旅游人才结构**

大力实施“人才强旅”战略，加快引进和培养滨海旅游高层次人才，进一步优化滨海旅游人才结构。建立滨海旅游高层次人才引进绿色通道，明确滨海旅游人才引进和培养奖励的相关政策，建立健全滨海旅游人才社会保障体系。继续加大旅游人才队伍建设的财政投入，为滨海旅游人才队伍建设提供服务指导和资金支持。结合滨海旅游发展的人才需求，加快旅游专业结构调整，培养造就一批旅游专业骨干教师和旅游企业实践导师，设立与新业态相关的新型课程或实践内容。加强校企合作人才培养，建立良好的社会实践系统。鼓励和指导学校与旅游企业开展合作培训，鼓励社会各方参与多元化的旅游人才开发和培养，探索实施校企合作、产教对接示范项目，探索建设一批示范性滨海旅游人才培训基地。

二、海洋战略性新兴产业发展重点领域

（一）海洋工程装备制造业

作为国家发展高端装备制造业的重要组成部分，海洋工程装备制造业是为水上交通、资源开发以及国防建设提供海洋技术装备的综合性产业，是我国海洋强国战略的重要基础和支撑。海洋工程装备制造行业需加强自主创新、明确发展重点，以进一步拓展高端产业环节，优化产业布局，持续提升我国

海洋工程装备的国际竞争力。

一是提升技术创新能力。加快海洋工程装备研发中心、测试基地、海上试验场等创新平台建设，着力关键共性技术攻关，推动设备自主设计与制造。创建国际研发合作平台，通过引进、吸收、再创新，加强深层次自主研发，提升我国海洋工程装备开发设计能力和制造技术水平。推动新一代信息技术在海洋工程装备领域的应用，利用物联网、云计算、大数据等新兴技术助力海洋工程装备实现自动化、智能化发展。

二是明确产业发展重点。把握海洋资源开发需求，重点发展先进装备制造、高技术船舶与特种船舶、关键配套设备。

关于先进装备制造。推动深水半潜式钻井平台、大型浮式生产储卸油装置（FPSO）、固定式海上液化天然气存储气化平台（PSRU）、张力腿平台（TLP）、单柱式平台（SPAR）等油气开采装备的研发应用，加强大功率海上风电设备研发制造，发展大中型海水淡化工程高效节能核心装备。

关于高技术船舶与特种船舶。支持超大型集装箱船、大洋钻探船、超大型气体船、深海采矿船、浮标作业船、大洋综合资源调查船、海底管线巡检船、多功能物探船、超大型矿砂船等高技术船舶的设计和制造，发展深远海多功能救助船、大型远洋打捞工程船、高性能公务执法船、多功能应急保障船、极地物探船、极地科考破冰船等特种船舶。

关于关键配套设备。攻关双燃料发动机等船用动力系统与关键配套设备，开发尾气处理装置等环保装备，开发通信导航、动力定位、物探、锚拖带作业等关键设备和系统，推动甲板和舱室设备、辅助自动驾驶系统、无人装卸作业系统、钻井系统、大功率激光器等实现集成化和智能化。

（二）海洋生物医药产业

海洋生物医药行业是指以海洋生物为原料，提取有效成分，进行海洋生物化学药品、保健品与功能制品的生产经营活动，包括基因、细胞、酶、发酵工程药物、基因工程疫苗、新疫苗，药用氨基酸、抗生素、维生素、微生态制剂药物，血液制品及代用品，血型试剂、X 光检查造影剂、用于病人的诊断试剂，用动物肝脏制成的生物化学药品等。

一是加快技术发展。依托海洋生物医药产业基地，建设海洋生物技术和海洋药物研究中心、药物资源库、基因资源库、海洋生物样品库和微生物物种资源库，加快建设海洋生物创新平台及公共服务平台。加快研究生物资源开发技术，开展深海生物基因资源研究，加强重要海洋动植物和微生物基因组及功能基因、海洋生物药功能基因、海洋经济动植物及其病原微生物重要功能基因等的技术研发，抢占海洋生物基因资源的制高点。加强海洋生物医药技术研究，研究开发预防性及治疗性疫苗等新兴生物提取技术，积极探索海洋生物资源新物质和海洋生物制品新功能，发展新型诊断试剂、治疗性和诊断性抗体、新型生化药物、化学合成新药、中间体及制剂、再生医药材料等。积极发展高技术育种，提升涉海科研机构的研发能力，拓展海洋生物研究领域。

二是明确产业发展重点。着力关键性海洋生物技术攻关，提升自主创新能力，积极开发高技术、高附加值的海洋生物医药，重点研发抗肿瘤、抗病毒、抗心脑血管疾病等的创新药物；加快开发促生长制剂、海洋生物酶制剂、海洋生物制品基料、海洋生物型临床保健制品等海洋生物功能制品。加快关键技术产业化进程，大力发展海洋生物育种和健康养殖，尤其是医用海洋动植物的养殖和栽培，建设海洋生物育种和健康养殖集聚区，推进海洋生物种质资源保护。

（三）海洋新能源产业

在能源转型和应对全球气候变化的压力下，海洋新能源凭借开发潜力大、可持续利用、绿色清洁等优势，成为世界各国争先发展的重要领域。海洋能源资源按存在形式和开采技术，可分为三大类：第一类是煤炭、油气等传统的海底化石能源；第二类是潮汐能、波浪能、温差能、盐差能、生物质能、海上风能等可再生能源；第三类是可燃冰、页岩油气、海底重稠油和干热岩等非常规能源。本书研究的海洋新能源包括第二类可再生能源和第三类非常规能源。

加快建设国家重点实验室和工程实验室，搭建海洋新能源科技创新服务平台，着力关键共性技术突破，加快技术共享、转移、扩散，并推动创新链与产业链耦合，构建和完善海洋新能源产业技术创新体系。探索建立由政府引导和扶持，主机厂商、勘察设计企业、安装施工企业作为联合主体的海上风电全生命周期研发公共平台，积极开展移动测风、漂浮式海上风电机基础、远距离海上风电输电等关键核心技术研发。

关于海上风电。充分利用海上风能资源，科学合理布局海上风电项目。着力攻关大功率风电机组及关键零部件、漂浮式海上风电平台装置、风电场智能开发与运维、海上风电场施工等领域的关键技术。加快离岸风电项目建设，促进产业集群发展，打造海上风电运维和科研及整机组装基地、海上风电技术创新研发基地、海上风电高端装备制造基地。加快海上风电相关示范项目建设，扶持与农渔业兼容发展的潮间带风电建设，开展南海台风多发海域试验风场研究，积极推动深水海上风电项目开发建设，从勘察设计、风机制造、安装施工等全生命周期角度探索降本增效的措施。着力电网并网技术研究，完善配套基础设施建设，科学规划海上风电输电，加强气象保障。

关于海洋能。加强海洋能资源勘查，选划海洋能利用空间，优化产业发展环境。加快海洋能产业化进程，依托海洋新能源科技创新服务平台，着力海洋能技术研发，促进海洋能开发利用企业的孵化培育，配套完善的海洋能装备制造及测试服务。建设海洋能示范项目，打造海岛多能互补独立电力系统、近岸兆瓦级潮流能电站、近岸万千瓦级潮汐能电站等示范工程，推动潮流能、波浪能等海洋能综合利用示范电站建设。

关于生物质能。在保护海洋生态的基础上，探索发展高通量优质藻种选育与改造技术，重点发展海藻生物质采收技术及设备，着力发展海藻油脂提取生物酒精的转化技术、微生物发酵制备甲烷技术、海藻生物燃料的加工炼制技术，推动海洋微藻制备生物柴油和氢气的海洋生物质能产业化。

关于天然气水合物等非常规能源。加快建设天然气水合物国际合作研发中心、勘查开发技术孵化中心和国家工程实验室，着力开展天然气水合物钻采和储运关键装置、开发环境原位检测多元数据融合预警、多功能钻探专用船型等关键技术的研发；成立勘探开发企业，全力推进天然气水合物资源勘探、试采和商业化开发，强化产业链上下游配套，加快形成天然气水合物勘探、勘察、钻采、生产、储运、支持服务等环节的完整产业链；加快新能源装备研发，着力发展非常规油气勘探开发技术装备、海上大型浮式生产储油系统、万吨级半潜式起重铺管船等装备，推动页岩气等非常规资源的勘探和开发。

（四）海水淡化与综合利用产业

海水淡化与综合利用作为水资源的重要补充，是优化用水结构、缓解淡水资源紧张、保护生态环境的重要途径，对我国经济社会可持续发展具有重要的战略意义。

成立海水淡化与综合利用创新平台，重点加快海水淡化技术突破，加强海水淡化科技基础研究，着力海水淡化工艺技术、关键设备和材料的研发，着力海水淡化、海水循环冷却、海水化学资源提取等技术集成，扭转关键技术受制于人的局面，提高海水淡化自主创新能力和核心竞争力；加快海水淡化与综合利用关键技术产业化，发展形成淡化海水、工业海水、生活海水三大产业。

关于海水淡化。着力海水淡化技术研发，推进海水淡化产业化，开展技术产业化示范，支持城市利用海水作为生产生活用水，实施沿海缺水城市海水淡化民生保障工程。推动海水淡化水进入水源、市政供水系统或用于调水的供水体系，鼓励并支持沿海地区推进建设大规模海水淡化示范工程。

关于海水综合利用。积极开发精细化工产品并推广应用，加强海水提取钾、镁、溴等系列海水化学资源的综合利用。

关于海水直接利用。严格限制淡水冷却的应用，在沿海地区大力推动海水冷却技术在沿海高耗水行业的规模化应用，针对化工、石化、电力等重点行业的工业用水需求，推广海水直接利用；积极推进高耗水行业的节水改造和新建项目的海水循环冷却应用。

（五）海洋科研教育管理服务业

海洋科研教育管理服务业包括海洋信息服务业、海洋技术服务业、海洋科研教育等多项内容，是开发、利用和保护海洋过程中所进行的科研、教育、管理、服务等活动。

关于海洋信息服务业。加强海洋信息技术自主创新能力，搭建海洋信息技术公共服务平台，促进海洋信息技术装备自主研发与应用，推动具有自主知识产权的新一代长航程、高智能的移动观测装备产业化；推动海底移动组网技术创新，加快研发形成高灵敏度、高稳定性，应用于海洋动力环境、海洋水质、生态环境监测等领域的智能传感器，支持船载智能终端等高端海洋电子设备和系统、海洋水声通信系统建设。依托“一带一路”开放平台，加强海洋信息化体系建设：一是建立并完善海洋基础数据库，加快推进海洋信息数字化、统一化和标准化建设，统计、汇集海洋地理、海洋环境等数据，并进行制度化、常态化对外发布，提升海洋环境专项预报水平，加快海洋咨询与论证机构建设。二是加快海洋信息网络建设，统筹海洋大数据平台建设，提升海洋大数据获取、分析、应用能力，提高科研信息的可获得性和成果的有用性，发展海洋信息服务业。三是强化海洋灾害监测和防御能力，建设集海洋执法、防灾减灾、海洋环境监测、海域动态监管于一体的监测基地，形成海洋防灾减灾协作机制，提高海洋信息的预警功能，降低海洋灾害的危害。

关于海洋技术服务业。建立电子计算中心、科技合作促进中心、科技投资担保机构、知识产权促进中心，提供专利代理、技术创新、科技孵化、科技咨询、科技传播、人才培训、成果转化推广等科技服务。支持设立科研机构，支持科技服务市场化，引导科技服务业以规模化、专业化、品牌化、产业化模式运作。

关于海洋科研教育。要建立综合性海洋教育制度，一是重视海洋基础教育和终生教育，并将海洋教育贯穿于各个阶段，教育内容覆盖从基本知识至专业知识甚至特种知识，强化海洋意识和海洋国土知识教育。二是优化高等教育结构，合理配置教育资源，有序调整专业设置，不断提升海洋高等教育水平。引导涉海院校发挥各自的优势，建设优势学科，优化专业结构，并且鼓励涉海院校创新海洋人才培养模式，加强对海洋人才的多学科交叉混合培养，培养复合型的海洋人才，同时提高海洋人才培养要求，提升海洋人才培养质量。三是高度重视海洋职业教育，对接人才需求，支持和引导职业院校调整专业设置，扩大人才培养规模，并加强校企合作，根据企业要求完善培训方案和教育体系，通过订单式人才培养提高海洋人才培养的针对性，实现技能型海洋人才的连续、稳定供给。四是鼓励海洋研究机构建立海洋研学重点实验室，支持涉海机构联合建立海洋教育实践活动基地，为海洋意识培养和海洋国土知识教育提供平台，抢占海洋科技教育制高点。

三、粤港澳大湾区海洋产业协同创新重点领域

（一）航运物流

推动粤港澳大湾区形成分工合作、优势互补、竞争有序的航运发展格局，增强全球航运枢纽地位。根据香港运输业逐步向深圳、珠海等珠三角地区转移分流的趋势，合理规划和调整港口布局，明确各类港口的功能，做大做强广州港、深圳港、珠海港三个枢纽港。强化港口综合功能，以港口为依托，带动临海工业、旅游业、服务业的发展，提高港口的综合效益。

贯彻落实习近平总书记扩大对外开放指示精神，利用香港国际航运中心优势，扩大进口贸易，大力发展集装箱运输和多式联运，积极开辟国际海运干线班轮，发展国际货运直达航线。建立健全港口服务保障体系，大力发展港口综合补给、仓储、电讯、包装、代理、饮食服务等业务。健全航运服务产业链，提升航运增值服务能力。推动航运、航空金融创新发展，支持组建航运产业基金、航运金融租赁公司、航运保险机构、海洋开发银行等。积极引进航运业务管理中心、单证管理中心、结算中心、航运中介等机构，建立国际航运保险仲裁快速理赔服务中心，为国际船舶提供便捷、高效的保险服务。

发挥环珠江口湾区海港、空港多港联动综合效应，畅通陆海空联运通道，促进国际通关、拼装分拨、多式联运有机衔接，打造海上丝绸之路互联互通的重要门户和国际中转枢纽港。完善珠江东西岸战略通道，增加珠江东西岸班轮次数，提升珠江东西岸水上客运服务，推动深圳、东莞、中山、珠海在海岛联合开发、海洋产业发展等方面的合作。

（二）海洋工程装备制造

鼓励企业与科研机构联合设计、研发新型智能海洋工程装备。突破制约南海开发的关键装备及技术，加快研发天然气水合物钻采装备，形成南海前沿技术创新的国家中心。推动深远海智能海洋工程装备产业化，开展智能水下机器人、水下潜器工作母船的研发，积极引入水上飞机，开发耐碰撞远程无人遥控水面救生艇等海洋智能设备，推动海洋人工智能技术发展。推动虚

拟数字模拟检测实验室、第三方检测中心和深海试验场建设，打造一流的海洋高端装备检测试验基地。

依托港澳国际化和人才集聚优势，积极引进相关人才，支持大型海洋工程装备企业进行全球并购和产业链整合，增强研发、设计和运营能力，结合珠江西岸海洋工程装备制造产业带建设，提高海洋工程装备总承包能力，培育、壮大一批具有国际影响力的海洋工程装备制造支柱企业，提高海洋工程装备产品的全球占有率，实现海洋工程装备服务的全球化布局。

优化海洋工程装备产业空间布局。以广州南沙、中山和珠海为重点，打造珠江口西岸世界级海洋工程装备制造产业带，推进广州龙穴、珠海中船等船舶与海洋工程装备制造基地建设；在广州、深圳布局建设海洋油气资源勘探、开发和加工储备基地；在深圳、江门、湛江打造深海海洋装备试验和装配基地，推进大型高端工程装备在南海业务化运行试验，创新发展无人船、水下机器人等智能化海洋工程装备。

（三）邮轮旅游

提升南沙、太子湾邮轮母港及停靠补给港和游艇俱乐部的辐射力，围绕邮轮母港建设海洋主题公园，发展海上运动、海底潜游、国际会展等新型消费业态，开辟海上丝绸之路旅游专线。加快珠江口邮轮母港及公共服务配套设施建设，统筹规划、开发后方旅游资源和商业配套，完善城市旅游功能。建设一批“港城旅”一体化的海洋特色小镇，将粤港澳滨海地带建设成为功能设施配套齐全、海洋文明突出、岭南地方特色浓厚的旅游胜地。

推行国际邮轮通关便利化等政策，建立集中查验通关制度，简化口岸查验程序，吸引国际邮轮企业在广州、深圳注册邮轮公司，开辟母港航线，增加国际邮轮挂靠密度，将广州、深圳打造成为国际邮轮母港城市。培育游艇旅游大众消费市场，探索粤港游艇合作机制，简化出入境游艇海关查验方式，建立粤港游艇两地牌制度。

推进澳门建设世界旅游休闲中心，支持澳门与珠海联合打造旅游教育培训基地，联合规划建设珠江西岸游轮母港，建设以中华文化为主流、多元文化共存的交流合作基地。推动珠海与澳门合作共建世界级旅游休闲中心，建设具有国际水准的滨海宜居城市。

（四）海洋生物医药

充分利用粤港澳大湾区热带海洋药用生物资源丰富的优势，加快研究南海生物资源开发技术，大力发展最具市场潜力的海洋生物医药产业。开展重要海洋动植物和微生物基因组及功能基因、海洋生物药用功能基因、海洋经济动植物及其病原微生物重要功能基因等的技术研发，抢占海洋生物基因资源的制高点。

鼓励大湾区科研院校、企业联合加强海洋生物医药领域的研发创新，加快开发海洋生物制品基料、海洋生物型临床保健制品、海洋活性化妆品、海洋新型农药和促生长制剂等海洋生物功能制品，推进海洋生物医药关键技术产业化。加快从海洋生物体中提取新型预防性及治疗性疫苗、新型诊断试剂、治疗性和诊断性抗体、新型基因工程药物、新型生化药物、化学合成新药、中间体及制剂、再生医药材料等，提升海洋生物资源精深加工水平。

依托深圳国家基因库等生物产业载体，搭建海洋生物医药产学研合作平台，建设南海微生物物种资源库和基因资源库、国家级遗传育种种质资源库、南海海洋药用功能基因资源库、亚热带海洋基因库，开展深海生物基因资源研究，鉴定一批具有重要应用价值的海洋生物基因。加快广州国际生物岛、深圳国际生物谷坝光核心启动区、大鹏海洋生物产业园等载体的建设。

（五）天然气水合物产业化

以环珠江口天然气水合物试开采成功为契机，将粤港澳大湾区建设成为我国天然气水合物产业化基地，形成千亿级海洋新兴产业。一是推进天然气水合物装备与基地建设。争取在深圳海洋新城、南沙自贸区等区域设立天然气水合物综合研究开发基地，发展深海探测、资源开发利用、海上作业保障装备及其关键系统和专用设备，提升集成化、智能化、模块化设计和制造能力，增强勘查、开发能力。联合港澳科研院所，开展天然气水合物资源勘查，评价资源潜力。二是加快天然气水合物试开采进度，支持港澳资金、人才、技术参与天然气水合物的产业化过程。三是加强天然气水合物科技创新的国际化合作，发挥港澳的国际化优势，联合引进世界天然气水合物前沿科研院所、专家、龙头企业，形成天然气水合物产业化策源地效应。

（六）海洋环保治理

依托“粤港持续发展与环保合作小组”框架下的粤港海洋资源护理专题小组，提升粤港澳海洋环保治理合作水平。鼓励三地统筹，建立基于流域的联防联动协调机制。推动地市之间同步投入、同步推进的跨界河流治理政策、措施的落地。积极探索粤港澳水污染治理合作机制，对接香港海洋污染国家重点实验室和澳门海洋发展研究中心，在污染监察科技研究、海洋生态系统影响研究和风险评估，以及污染控制与生物修复等环保公共服务合作方面形成共识，以大鹏湾和深圳湾（后海湾）水污染防治合作为抓手，共同开展跨界水质控制策略研究和环保技术交流合作，推进联合治理，将粤港澳大湾区建设成为全球海洋环境前沿领域研究成果的实验基地，为构建粤港澳优质生活圈、建设蔚蓝湾区贡献力量。

实施污染物排海总量控制，编制实施近岸海域污染防治规划。加强环境污染和生态破坏事件调查处理工作的沟通协调，对可能影响海洋环境的陆源突发环境事件进行及时通报。加强对珠江口重点海域海洋环境容量和污染物排海总量的监测评估，加强粤港澳海洋生态环境监测的合作与交流，推动深港、珠澳在海洋环境保护领域率先实现联合监测，扩大合作范围。共同建立海洋环境保护数据共享机制，相互提供海洋环境管理和环境监测等方面的有关数据，逐步建立海洋环境监测信息共享数据库和信息平台。

第五篇

粤港澳大湾区海洋经济制度协同创新研究

制度是推动海洋经济协同创新的核心因素和关键变量。改革开放以来，一系列的制度创新已经促使中国海洋经济获得快速发展。截至2017年，我国海洋生产总值已经达到77611亿元，占GDP总量的9.4%，海洋经济呈现出快速增长的态势。然而，近年来，随着海洋开发活动的不断深入，海洋经济发展的制度供给问题凸显。一方面，良好的海洋生态环境、高品质的海洋旅游产品和绿色安全的海洋水产品供给不足，供给结构已不适应需求结构的快速变化；另一方面，低端海洋产业重复建设和产能相对过剩，占据了大量稀缺的海域海岸线资源。同时，海洋资源环境供给约束力不断加大，导致海洋产业发展的支撑潜力持续收紧。当前，海洋经济发展体制机制障碍还相当突出，制度性交易成本居高不下，严重影响海洋产业的转型升级，海洋经济快速发展引起的潜在风险与不确定性因素逐渐增加，致使海洋经济量大质低的特征明显。

海洋经济发展的制度创新逻辑到底是什么？如何进行制度创新？现有的制度结构对海洋经济发展的红利释放是否已经消失殆尽，是否需要新的制度结构？为什么会出现海洋资源的耗竭与过度污染？为什么会出现 2017 年以前大规模围填海行为而 2018 年之后被突然叫停？海洋牧场、天然气水合物等海洋经济新领域发展产生的制度需求应如何供给？现在已经基本完成的机构改革在制度供给上是否有足够的效率？这一系列的制度性问题都需要进行深入思考和系统化的研究。围绕这些问题，本篇分两章展开研究：第十四章从海洋经济制度创新的演进、制度创新存在的问题以及英美日韩等发达国家海洋经济制度创新的经验借鉴入手，逐步梳理海洋经济制度创新现状。第十五章从政府主导作用发挥与职能转变入手，继而从海洋产权制度、海洋科技创新制度、金融支持海洋经济发展的制度、海洋生态文明制度等方面阐释海洋经济要素制度创新的重点，最后提出粤港澳大湾区海洋经济制度创新的路径。

第十四章　海洋经济制度创新现状

作为海洋经济发展的重要支撑，海洋经济制度伴随着人类“认识海洋、利用海洋、经略海洋”的过程，不断深化、演进、突破、创新。本章归纳了海洋经济制度创新的演进特征，探讨了粤港澳大湾区海洋经济制度创新存在的问题，并借鉴世界海洋强国海洋经济制度创新的发展经验，以期为我国海洋经济制度创新路径提出可行性方案。

一、海洋经济制度创新的演进

“认识海洋、利用海洋、经略海洋”是一个逐步深入和完善的过程，是人类福利效应不断优化及与海洋和谐互动不断深化的过程，也是制度持续创新的过程。自中华人民共和国成立以来，海洋在我国经济社会中逐渐从军事斗争前沿演变为经济发展前沿，海洋经济逐渐发展壮大，已经成为国民经济的重要增长极。从这一演变过程来看，政府在制度创新层面发挥了重要作用，其作用可概括为：内容由简单到复杂、范围由小到大、性质由统治性和保卫性向管理性和服务性转变。

（一）初期阶段（1949—1980 年）

中华人民共和国成立后到改革开放前的 30 年间，我国一直将海洋定位为海防的前线，政府制度创新的主要任务是保证国家军事斗争的胜利和国家安全。主要表现为：一是通过海军建设加强海上入侵防御能力。建设强大的海军、保卫海防安全是我国海上防卫的一贯政策。二是通过海关建设加强国家海岸出入境管理。为适应海洋发展的需要，1964 年我国成立了第一个海洋事务管理的专门机构——国家海洋局（SOA），其职能仅限于海洋科研调查、海洋资源勘探等，具体事务则由中国海军代为管理。1978 年后，国家海洋局被定位为国务院海洋管理的专门机构，但由于行政建制及“重陆”传统的影响，海洋经济仍未获得足够的重视。

（二）成长阶段（1980 年至今）

党的十一届三中全会以后，政府的工作重心转向经济建设。随着对外开放的开始，我国海洋事业进入全面发展的新时期，海洋经济管理领域虽然仍然延续分散管理体制，但是各个涉海部门管理的工作内容开始发生变化。

1. **海域使用制度**

为适应海洋空间拓展的需求以及生态环境保护的要求，政府不断强化对海域使用的管理。自 20 世纪 80 年代以来，国家先后颁行了一系列有关海洋管理与海域使用的法律法规，包括《中华人民共和国海洋环境保护法》（1982 年颁布）、《中华人民共和国海上交通安全法》（1983 年颁布）、《中华人民共和国矿产资源法》和《中华人民共和国渔业法》（两法均为 1986 年颁布）、《中华人民共和国海域使用管理法》（2001 年颁布）、《海洋行政处罚实施办法》（2002 年颁布）、《中华人民共和国物权法》（2007 年颁布）、《中华人民共和国海岛保护法》（2009 年颁布）等。其中《中华人民共和国海域使用管理法》是海域使用管理中最主要的法律之一，而《中华人民共和国物权法》则首次明确了海域使用权的物权性质。此外，国务院和其有关部委、各地方人民政府还颁布了不少行政法规、部门规章、地方法规，以配合和完善上述法律的执行和实施。海域使用制度的建立和完善，有利于海洋资源的开发、利用与保护，有利于为海洋经济发展提供良好的秩序，促进海洋经济快速发展。

2. **产业发展政策**

从政府的角度看，提供有利于海洋产业发展的政策是其作为制度创新者的主要任务。按照海洋产业政策对产业发展的作用领域、范围、形式和效果等方面的不同，产业政策概括起来主要有以下 4 种类型：海洋产业技术政策、海洋产业结构政策、海洋产业布局政策、可持续发展的海洋产业政策。受海洋开发技术水平的限制，以及海洋产业发展成长阶段的制约，海洋产业政策的制定和实施是随着海洋开发的深度和广度不断推进而逐步呈现的。在 20 世纪 80 年代，海洋资源开发还集中于渔业、运输、盐等易获取型资源，海洋产业政策以如何推动这些产业的发展为主。21 世纪后，海洋资源开发逐步深入，新兴海洋产业开始出现并迅速成长，政府的海洋产业政策逐步转向以如何优化传统产业、推动海洋战略性新兴产业发展为主。如《全国海洋经济发展规划纲要》《国家“十一五”海洋科学和技术发展规划纲要》《国家海洋事业发展规划纲要》《全国科技兴海规划纲要（2008—2015 年）》《海水利用专项规划》《可再生能源中长期发展规划》《海上风电开发建设管理暂行办法》《船舶工业调整和振兴规划》《海洋可再生能源专项资金管理暂行办法》等。

3. 海洋环境保护

利用制度解决海洋经济发展与生态环境保护的矛盾，是政府制度创新的重要内容。自 1982 年我国颁布第一部《中华人民共和国海洋环境保护法》开始，海洋生态环境保护成为政府推进海洋工作的重点内容之一。在海洋开发过程中，遵循“海洋生态保护优先”理念，我国先后实施了《防治海洋工程建设项目污染损害海洋环境管理条例》《全国海洋功能区划》等制度性规范，以减少人类活动对海洋生态系统的影响。进入 21 世纪以来，我国相继出台或修订了《中华人民共和国海洋环境保护法》《中华人民共和国海域使用管理法》《中华人民共和国海岛保护法》《中华人民共和国深海海底区域资源勘探开发法》等法律，以及《防治海洋工程建设项目污染损害海洋环境管理条例》等 20 余部配套法规，形成了相对完备的有关海洋生态环境保护的法律体系。而随着国家生态文明建设的推进，在海洋领域也形成了若干法律法规及规划，如《中共中央 国务院关于加快推进生态文明建设的意见》《全国海洋主体功能区规划》《全国海洋功能区划》《海岸线保护与利用管理办法》，有效地约束了海洋生态系统的破坏性行为，有利于海洋生态环境的健康发展。

此外，为维护海洋生态健康和安全，政府也积极推动海洋生态红线制度的建设。《中共中央 国务院关于加快推进生态文明建设的意见》提出“严守资源环境生态红线”“科学划定森林、草原、湿地、海洋等领域生态红线”。《关于全面建立实施海洋生态红线制度的意见》和《海洋生态红线划定技术指南》的发布，标志着我国海洋生态红线划定工作全面启动。《国家海洋局海洋生态文明建设实施方案（2015—2020 年）》则提出要在全国建立海洋生态红线制度，将重要、敏感、脆弱的海洋生态系统纳入海洋生态红线区管控范围并实施强制保护和严格管控。

4. **海洋科技政策**

党和国家高度重视海洋科技，先后颁布和实施了多项海洋科技政策与规划，特别是党的十八大以来，在注重统筹国内、国际两个大局，按照“创新、发展、协调、绿色、共享”理念，围绕海洋科技总体发展顶层设计、分领域国家专项规划、地方海洋科技实践、海洋科技管理体制创新，提出了一系列推动认识海洋、经略海洋、促进海洋科技发展的重大政策，有力促进了中国海洋经济的发展，成为建设海洋强国、落实国家创新驱动战略的有力支撑。具有代表性的海洋制度与政策如表 14-1 所示。

表 14-1 具有代表性的海洋制度与政策

制度/政策	分类	文件名	内容
海洋环保制度	海岛保护	国家海洋局关于印发《无居民海岛开发利用审批办法》的通知	文件规定了无居民海岛的基本利用原则、具体审批要求和流程，以及批复登记规定
	海洋环境保护	国家海洋局关于印发《海洋赤潮信息管理暂行规定》的通知	文件规定了赤潮信息管理的基本原则、赤潮信息的汇集和处理流程、赤潮信息的发布渠道和内容等信息
	海洋海岸工程	国家海洋局关于进一步加强海洋工程建设项目和区域建设用海规划环境保护有关工作的通知	通知要求各地方政府认真做好海洋工程建设项目环境影响报告书的核准工作，严格审查区域建设用海规划环境影响专题篇章，加强海洋工程建设项目和区域建设用海规划监督检查
海域使用权制度	海域使用	国家海洋局关于印发《海域使用权管理规定》的通知	文件规定了海域使用论证，海域使用申请审批，海域使用权招标、拍卖，海域使用权转让、出租和抵押，海域使用处罚等事项

续表

制度/政策	分类	文件名	内容
海域使用权制度	海洋功能区	国家海洋局关于印发《海洋功能区划管理规定》的通知	文件规定了海洋功能区划的基本原则、海洋功能区划的编制、海洋功能区划的审批和备案、海洋功能区划的评估和修改、海洋功能区划的实施方法等方面的内容
	海域管理	关于加强区域农业围垦用海管理的若干意见	文件强调了区域农业围垦用海管理的重要性，要求建立完善、科学的区域农业围垦用海管理制度，要求规范规划范围内用海项目的管理
	海洋执法	国家海洋局关于印发《中国海监海洋环境保护执法工作实施办法》的通知	办法规定了海洋执法中的区域管理问题、层级管理问题，执法过程中的检查内容、检查方式以及案件查处问题
海洋产业政策	海洋科研	国家海洋局关于印发《国家海洋局青年海洋科学基金管理办法》的通知	文件规定了基金的资助范围，即海洋科学基础研究和应用基础研究项目，以及基金的大小、申请条件、申请程序、评审方法、实施及管理方法等
	海洋防灾预警	国家海洋局关于印发《全国海洋预警报会商规定》的通知	文件建立了海洋预报月（周）视频会商制度和海洋灾害预警报应急视频会商制度，规定了组织主体、参与主体和具体的会议流程安排
	海洋产业	国家海洋局关于印发《海洋可再生能源发展“十三五”规划》的通知	文件从我国的发展现状和形势需求出发，在党有关海洋发展总的指导思想下，确定海洋可再生能源发展的主要目标，确定产业的发展布局；明确了海洋可再生能源发展的重点任务

续表

制度/政策	分类	文件名	内容
海洋科技政策	总体规划	全国科技兴海规划（2016—2020年）	提出了中国到2020年科技兴海的总体目标和重点任务
		“十三五”国家科技创新规划	该规划对中国深海技术、海洋农业技术、海上风电技术、船舶制造技术以及海洋领域的基础科研进行了规划和部署
		“十三五”海洋领域科技创新专项规划	明确了“十三五”期间海洋领域科技创新的总体思路、发展目标、重点任务和保障措施
		中华人民共和国国民经济和社会发展第十三个五年规划纲要	提出发展海洋科学技术，重点在深水、绿色、安全的海洋高技术领域取得突破；加强海洋资源勘探与开发，深入开展极地大洋科学考察
	专项规划	中国制造2025——能源装备实施方案	到2025年前，中国将形成具有国际竞争力的较完善的能源装备产业体系，引领装备制造业转型升级
		可再生能源发展“十三五”规划	提出中国将积极稳妥推进海上风电开发，推进海洋能发电技术示范应用
		海洋可再生能源发展“十三五”规划	提出“十三五”时期，将以显著提高海洋能装备技术成熟度为主线，着力推进海洋能工程化应用。到2020年，海洋能开发利用水平将显著提升，科技创新能力将大幅提高，核心技术装备实现稳定发电，形成一批高效、稳定、可靠的技术装备产品，工程化应用初具规模，标准体系初步建立

续表

制度/政策	分类	文件名	内容
海洋科技政策	专项规划	全国海水利用“十三五”规划	提出“十三五”时期要扩大海水利用应用规模，提升海水利用创新能力。到 2020 年，海水利用实现规模化应用，自主海水利用核心技术、材料和关键装备实现产品系列化，产业链条日趋完备，标准体系进一步健全，国际竞争力显著提升
		“十三五”国家战略性新兴产业发展规划	提出要超前布局空天海洋领域战略性产业，打造未来发展新优势。推进卫星全面应用。增强海洋工程装备国际竞争力，推动海洋工程装备向深远海、极地海域发展和多元化发展。发展海洋创新药物。大力推动海水资源综合利用，加快海水淡化及利用技术研发和产业化，提高核心材料和关键装备的可靠性、先进性和配套能力
		“十三五”生物产业发展规划	提出支持具有自主知识产权、市场前景广阔的海洋创新药物，构建海洋生物医药中高端产业链。开发绿色、安全、高效的新型海洋生物功能制品。深度挖掘海洋生物基因资源。推动海洋生物材料等规模化生产和示范应用

二、粤港澳大湾区海洋经济制度创新存在的问题

（一）粤港澳大湾区内涉三地两制，亟须制度创新

粤港澳三地经过多年的区域合作，实现了一定程度的货物、服务、贸易自由化以及生产要素的自由流动。但由于三地之间存在体制机制的差异性，

三地海洋经济合作起步相对较晚，因此粤港澳三地海洋经济一体化程度仍然较低。主要表现在：

一是粤港澳区域海洋经济互补性偏弱，分工合作模式面临困难。经过多年的发展，广东省海洋经济实力相较港澳地区发生了根本性的改变，对外贸易区域扩张到全球各地。港澳资本对广东省经济的积极带动效应减弱，以比较优势为基础的产业分工模式已不能满足当下海洋经济发展的需求。

二是粤港澳三地体制差异阻碍彼此深度合作。基于历史原因，港澳两地形成了自由市场经济体制，市场的运行更多地通过价值规律、供求关系及竞争机制等自身调节机制实现。而内地是社会主义市场经济体制，虽然市场逐步在资源配置中起决定性作用，但政府在维持市场健康运行方面的作用仍然比港澳地区要大。这种经济体制的差异导致港澳与内地经济互联时合作效率降低。

三是海洋生产要素在三地之间流通还存在障碍。目前粤港澳三地在海洋经济发展涉及的人流、商流、物流、资金流和信息流的流通等方面还存在障碍，三地无法突破行政区划限制，因此，建立要素无障碍流通的现代流通经济圈存在较大困难，难以实现生产要素高效流通与优化配置。

（二）海洋生态环境联防联治机制尚未构建，环境治理能力有待提升

尽管大湾区部分区域开展的海岸带整治、修复及美丽海湾、生态岛礁建设初见成效，但海洋生态环境仍然不容乐观，环境治理的压力较大。

一是近岸局部海域水质污染较为严重，治理形势严峻。大湾区海域水质污染主要集中在珠江口近岸海域。据 2012—2018 年的《广东省海洋环境状况公报》，珠江口大部分近岸海域的无机氮和活性磷酸盐指标劣于第四类海水水质标准，局部海域石油类指标处于第三类海水水质标准，且第四类、劣四类海水水质的比例变化不大。虽然近年来海洋行政主管部门实施了入海污染物减排策略，开展了入海污染源排查、入海排污口达标排放监控等工作，但珠江口海域水质污染严重的状况没有得到根本改善。

二是沿岸特色生态系统受损，修复难度较大。长期以来，大湾区内海岸带开发利用方式粗放、低效，围垦造田、围海养殖、顺岸围填海、岸线截弯

取直等不合理的开发方式直接破坏了滩涂资源和滨海湿地生态环境，造成红树林、珊瑚礁、海草床等特色海洋生态系统衰退。陆域的开发破坏了海岸防护林，砂质岸线遭受了不同程度的侵蚀，部分海陆生态功能退化甚至丧失。

三是渔业资源衰退，部分影响不可逆。大湾区特别是珠江口海水水质的恶化、海域空间资源的围填占用以及频繁的人类活动，直接影响了鱼类生物的“三场一通道”（即产卵场、索饵场、越冬场和洄游通道），破坏了海洋生物栖息环境，导致近30年来大湾区近岸海域鱼类物种不断下降，渔业资源衰竭。

三、国外海洋经济制度创新经验借鉴

海洋经济已经成为全球经济社会发展的重要增长点，各国政府都非常重视海洋经济的发展，先后采取了一系列行动，从体制改革、立法、规划、政策等层面作出了安排，推动海洋经济的顺利发展。

（一）美国

美国海洋经济发展历史悠久，综合实力比较强。美国政府历来重视海洋发展战略及政策的制定和实施。早在1966年，美国国会通过了《海洋资源与工程开发法》，要求成立海洋科学、工程和资源总统委员会，对美国的海洋问题进行全面审议。1972年出台了《海岸带管理法》，确定了美国海岸带管理的政策和目标、联邦政府对沿岸州政府的干预体系，以及通过海岸带管理规划对海岸带进行管理的方式。1999年，美国成立国家海洋经济计划国家咨询委员会，启动实施《国家经济计划》（NOEP）。该计划的宗旨就是提供最新的海洋经济及海岸经济信息，并预测美国的海岸领域以及海岸线可能会出现的一些趋势。2000年，美国国会通过了《海洋法令》，提出了制定新的国家海洋政策的原则，即有利于促进对生命与财产的保护、海洋资源的可持续利用等。2004年，海洋政策委员会正式提交了名为《21世纪海洋蓝图》的国家海洋政策报告。随后，美国公布《美国海洋行动计划》，提出了具体的落实措施。2000年8月，美国制定了《海洋法》，该法为美国在21世纪出台新的海洋政策奠定了法律基础。此外，《海洋保护、研究和自然保护区法》《渔业保护和管理法》《深水港法》《净水法》《国家环境政策法》《国家海洋污染规划法》《深海底硬矿物资源法》等，共同构成了促进海洋经济发展的制度体系。

纵观美国海洋政策的变迁过程，政府在其间起到了主导性作用。政府依据海洋资源开发、利用与保护的现实需求，结合联邦政府体制，制定和设计了若干有利于海洋经济发展的制度，使美国海洋经济能够始终保持发展的活力，并领先于全球。

（二）英国

英国位于欧洲西部，是一个典型的岛国，被北海、英吉利海峡、凯尔特海、爱尔兰海和大西洋包围，由大不列颠岛（包括英格兰、苏格兰、威尔士）以及爱尔兰岛东北部的北爱尔兰和周围5500个小岛组成，大不列颠岛是英国主要的国土。得天独厚的地理环境，造就了英国丰富的海洋资源，因而使其成为海洋产业历史悠久的国家。英国现有的海洋经济主要是海上活动、海底活动以及为海上活动提供产品和服务的经济活动，包括渔业、油气和砂矿开采、船舶修造、海洋设备制造、海洋可再生能源开发、港口与航运、海底电缆铺设、海域许可与租赁、海洋国防、海洋环境保护、涉海休闲娱乐、海洋科研与教育等。

英国的海洋经济政策分为两个阶段：第一阶段（2000年之前）以制定分散的、单一的产业或区域经济政策为主。根据用途可分为渔业方面的政策、油气勘查和开采方面的政策、与皇室地产有关的政策、与规划有关的政策等，主要包括1949年的《海岸保护法》、1961年的《皇室地产法》、1964年的《大陆架法》、1971年的《城乡规划法》、1975年的《海上石油开发法》（苏格兰）、1981年的《渔业法》、1992年的《海洋渔业野生生物养护法》、1992年的《海上安全法》、1992年的《海上管道安全法令》（北爱尔兰）、1995年的《商船运输法》、1998年的《石油法》、2001年的《渔业法修正案》（北爱尔兰）。

第二阶段（2001年至今）以制定综合性的高层次的海洋经济政策为主。从20世纪90年代起，英国有关政府部门、科技界、海洋保护组织和广大公众就开始呼吁制定综合性海洋政策。随后，有关各方积极行动起来。2002年，英国海洋、食物与乡村事务部发布了《保护我们的海洋》研究报告，提出英国在海洋领域的目标是“清洁、健康、安全和富有生产力与生物多样性的海洋”；2003 年，英国政府发布了《变化中的海洋》，建议用新的管理方法对各类海洋活动进行综合管理，并制定综合性海洋政策；2008 年，英国自然环境研究委员会发布《2025 海洋科技计划》，重点支持气候、生物多样性、海洋资源可持续利用等十大领域；2009 年正式批准实施《英国海洋法》，该法由 11 个部分构成；2010 年英国政府发布《海洋能源行动计划》，提出在政策、资金、技术等方面支持新兴的海洋能源的发展；2011 年，英国“商业、创新和技能部”发布《英国海洋产业增长战略》，该战略是在对企业、政府和学术界的思想不断整合的基础上形成的第一个海洋产业增长战略。该战略的实施，带动了英国海洋产业（海洋休闲产业、装备产业、商贸产业和海洋可再生能源产业）总增加值从 170 亿英镑增长到 2020 年的 250 亿英镑。2013 年 8 月，英国“商业、创新和技能部”（BIS）和“能源和气候变化部”（DECC）联合发布了英国最新的海上风电产业发展战略《海上风电产业战略——产业和政府行动》。

（三）加拿大

加拿大的渔业与海洋部作为管理和协调全国海洋事务的主管部门，统一负责全国的海洋管理工作。作为专职的海洋管理职能部门，加拿大渔业与海洋部负责制定海洋政策和计划、进行海洋立法、养护和管理渔业资源、管理和保护海洋环境、维护海上安全、提供导航服务、提供破冰业务、进行渔业和海洋科学研究等。同时，也存在其他的一些涉海部门，如自然资源部、环境部、运输部、遗产部、印第安人事务和北方发展部等。

加拿大已有的联邦涉海法规数量近 40 个，包括《渔业法》《通航水域保护法》《航运法》《沿海捕鱼保护法》《捕鱼和游船港口法》《沿海贸易法》和《航道保护法》等。其中，1996 年通过的《加拿大海洋法》较为全面且综合性强，该法明确了本国海洋管理机制，指明了未来海洋发展的战略方向，是加拿大指导本国海洋工作的一部重要法规。

（四）澳大利亚

澳大利亚地理位置优越，四面环海，海洋资源富饶，生态环境保护良好，海洋产业发展势头强劲。澳大利亚海洋经济的发展主要得益于政府的推动。

澳大利亚政府在1997年、1998年分别公布了《澳大利亚海洋产业发展战略》《澳大利亚海洋政策》《澳大利亚海洋科技计划》三个政府文件，提出了澳大利亚21世纪的海洋战略，以及发展海洋经济的一系列战略和政策措施（见表14-2）。

表14-2　澳大利亚主要海洋经济政策

文件名	主要内容
澳大利亚海洋产业发展战略	明确了综合管理作为协调海洋产业之间关系、管理机构和层次之间关系以及推进海洋产业发展的根本管理模式，提出了海洋产业的最优发展应以海洋环境保护为前提，并确保其有效性和可持续性
澳大利亚海洋政策	可持续利用海洋的原则、海洋综合规划与管理、海洋产业、科学与技术、主要行动等
澳大利亚海洋科技计划	认识海洋环境、海洋环境的利用和管理、建立认识和利用海洋环境的基础设施

澳大利亚非常重视国内海洋立法。澳大利亚在海洋领域已建立了比较健全的法律制度，有600多部国内法律与海洋有关。这些法律包括海洋生物多样性保护、渔业水产、近岸石油和矿产、海洋环境污染、海洋旅游、海洋建设工程和其他工业、海洋运输、海洋药业、海洋生物技术和遗传资源、海洋能源利用、土著人和托雷斯群岛居民的责任和利益、海洋自然和文化遗传等方面。

（五）日本

日本是一个群岛国家，由四国、九州、本州、北海道4个大岛和3000多个小岛组成，海岸线总长33000多千米，200海里专属经济区总面积为480多万平方千米。海洋资源丰富，陆地资源匮乏，因此，日本的经济和社会生活高度依赖海洋，历届政府的政策和经济发展目标都与海洋息息相关。尤其是20世纪60年代以来，日本政府把经济发展的重心从重工业、化工业逐步向开发海洋、发展海洋产业转移，迅速形成了以海洋生物资源开发、海洋交通运输、海洋工程等高新技术产业为支柱的现代海洋经济结构。

在战略规划方面，20 世纪 90 年代，日本制定了一系列推进海洋开发的战略计划，海洋开发审议会出台了《海洋开发基本构想及推进海洋开发方针政策的长期展望》，从总体上审议今后海洋经济发展的基本设想、开发目标、实施政策等。1996 年，日本又根据世界形势，提出“海洋开发规划”。自此，日本每年都对该规划进行调整、修改，提出新的目标。1999 年内阁决定将开发海洋纳入重点跟踪项目和振兴产业计划。

在产业发展方面，日本建立了官产学一体化的联合开发体系，从而形成了具有很强研究实力和竞争实力的海洋产业体系，并积极把科技研究成果推向市场，大大促进了海洋产业的发展。

在立法方面，据统计，日本颁布的与海洋开发有关的法律达 107 项，为海洋政策的落实和实施提供了法律保障。主要制定的法律法规有《领海法》《专属经济区和大陆架法》《渔业法》《海洋水产资源开发促进法》《外国人渔业归制法》《保护和控制海洋生物资源法》《海上保安厅法》《海洋基本法》《海洋建筑物安全地带设置法》。《海洋基本法》明确了日本海洋政策的六大基本理念，即：开发、利用海洋与保护海洋环境相结合，确保海洋安全，充实海洋科学知识，健全发展海洋产业，综合管理海洋，加强国际合作。

（六）韩国

韩国海洋经济的发展得益于政府的鼎力支持，在相关法律法规的保障下，建立起了涉及面广且联通内外的多重合作网络。1996 年，韩国海洋水产部推出了《21 世纪海洋水产前景》，形成了韩国海洋经济发展的顶层设计，即建设海运强国、水产大国、海洋科技强国、海洋环境良好的海洋国家。1999 年，韩国确立了 21 世纪海洋发展战略的方向、推进体制等基本方针，致力于推动海洋栽培渔业、海洋运输业、海洋技术与海洋环保的发展，振兴水产流通加工及水产贸易等。2002 年的《海洋韩国 21 世纪》战略制定了建设 21 世纪世界第五大海洋强国的目标。2000 年，韩国制定《海洋开发基本计划》，并将其作为海洋开发的指导性文件。

韩国在产业发展上也制定了若干行之有效的政策。1998 年开始的“海洋牧场计划”，重在将海洋资源利用方式向集约化和环境友好型的渔业增长方式转型。韩国为迎接第四次产业革命大数据时代的到来，制定了“海洋水产大数据综合计划”，通过构建大数据，激发和释放海洋水产业的发展潜能。为应对全球船舶市场萎靡不振的状况，韩国政府提出了船舶配套产业支持措施。2016 年实施了《造船密集区域经济振兴方案》，以提升造船产业竞争力。在海运业方面，政府为海运公司提供了 6.5 万亿韩元的支援，还计划在未来 5 年联合民间资本，在研发领域共同斥资 7500 亿韩元，培养 6600 名专业人才。

此外，韩国还注重法律制度的完善，从法律层面为海洋经济发展保驾护航。韩国通过了《渔具管理法》《海洋产业集群法》《船员法》《海洋水产发展基本法》《船舶安全法》等诸多相关海洋法律，涵盖海洋渔业、航运业、造船业等多个领域，为海洋经济发展提供了有力的法律保障。

相关沿海国家的海洋政策、法规及其内容如表 14-3 所示。

表 14-3 相关沿海国家海洋政策、法规及其内容

国家	政策、法规（出台年份）	内容要点
美国	《国家海洋政策》（2010）	基于生态系统管理海洋、海岸带与大湖区；开展近海与远海空间规划；坚持可持续发展原则，科学决策，加深对海洋的认识，保护和修复地区性生态系统，应对气候变化与海洋酸化；解决北极地区不断变化的环境条件问题；加强联邦政府各部门间的协调与合作
	《国家海洋政策实施计划》（2013）	强化涉海部门间的协调与合作，简化涉海审批流程，更好地管理海洋、海岸带和五大湖，为决策部门、产业界和公众提供丰富的科学知识与信息，促进联邦政府与各州、部落、地区和地方政府的协调与合作
英国	《英国海洋法》（2009）	内容涉及海洋开发与管理、许可证审批、海洋生态保护、渔业管理以及海岸休闲娱乐管理等方面
	《英国海洋政策宣言》（2011）	明确英国海洋管理组织履行的职能和开展的海洋管理工作

续表

国家	政策、法规（出台年份）	内容要点
加拿大	《加拿大海洋战略》（2002）	明确加拿大海洋管理的政策导向以及海洋管理的综合方向
	《加拿大海洋行动计划》（2005）	内容涉及海洋国际领导权、主权和安全，以及可持续发展的海洋综合管理体制、海洋健康、海洋科学技术等
	《我们的海洋、我们的未来、联邦计划与活动》（2009）	加深对加拿大与海洋关系的了解与认识，促进加拿大海洋经济的发展，拟定和实施新时期加拿大的海洋战略与海洋管理政策等
澳大利亚	《海岸带综合管理国家合作办法框架实施计划》（2003）	强调海岸带综合管理需要各级政府和各利益相关者共同参与，对沿海集水区、海岸带和海洋进行一体化管理
日本	《海洋基本法》（2007）	确立了有关海洋的基本理念，制定了新的“海洋立国”方针；完善海洋体制机制建设，全面强化海洋管理；加大海洋投入力度，维护海洋权利与利益
	《海洋基本计划（2013—2017）》（2013年修订）	大力发展和振兴海洋产业，确保海洋安全，实行海洋信息公开化和一体化，加强海洋综合管理和规划，加强海洋资源开发与利用，积极参与海洋领域的国际合作
韩国	《海岸带管理法》（1998）	内容涉及海岸带管理的国家政策、海岸带管理边界、国家与地方海岸带管理计划、海岸带的保护与治理等
	《海洋与渔业发展基本法》（2009）	制定海洋与渔业发展的基本计划，涉及海洋管理与保护、海洋资源开发、海洋产业发展、海洋与渔业发展所需的基础设施与环境等

第十五章　海洋经济制度创新路径

有为政府的制度创新和制度供给，需要紧扣海洋经济协同创新的需要，结合海洋开发、利用与保护的特点与规律，重点解决海洋经济发展中存在的结构性、体制性矛盾，厘清政府与市场的边界。海洋经济发展中的制度创新路径包括两个方面：一是如何塑造有为政府，使政府在海洋经济发展中发挥本职功能；二是设计有利于海洋经济各要素发挥作用的制度，推进海洋经济的增长与可持续发展，形成能够激发海洋经济“有效市场”的制度结构。

一、政府主导作用发挥与职能转变

新结构经济学的有为政府理论认为，有为政府要适应经济结构动态变迁的需求，积极改革政府的组织结构与管理模式，以适应经济增长、产业结构与技术进步的结构性变迁。有为政府自身的改革包括两个层面：一是界定自身的机构改革，建立有为型的政府；二是界定政府与市场的有效边界，正确发挥政府的“保姆”功能。

第一，健全的海洋经济发展顶层设计对于制度创新至关重要。制度变迁理论认为，形成制度变迁过程首要的是形成“第一行动集团”，即整个权力中心的最高层、决策制定者。从我国海洋管理体制顶层设计来看，从 1964 年设立国家海洋局开始，到 2013 年设立国家海洋委员会，再到 2018 年的国家机构改革，撤销国家海洋局，国家海洋的职能分别并入自然资源部和生态环境部，更加明晰了海洋的资源功能、生态功能，从体制上保证了海洋经济发展中的制度创新主体地位。目前，要真正发挥政府制度创新“第一行动集团”的作用，就要加强政府自身能力的建设。首先，充分发挥国家海洋委员会作为较高规格和层次的海洋管理机构和组织的作用，制定和完善科学合理、可持续、具有一定前瞻性和总体战略性质的政策和规划。其次，建立完善的从上到下、较为集中的海洋经济管理体制机制，包括完善的海洋管理机构、科学的联动协调工作机制。同时，辅以培育、发展、完善能够参与海洋管理、配合政府海洋工作的社会中介机构，或者具有较强服务性、公益性的海洋服务组织，改变目前海洋经济管理体制较为分散、单一的情况，加强涉海规划的衔接，继续推进“放管服”工作。最后，完善海洋经济监测评估体系，提高海洋经济监测评估能力，保障海洋经济稳定运行，充分发挥其引导社会预期、参与和服务决策的作用。

第二，完善海洋法律法规、海洋行业发展政策，为经济发展提供良好的政策法规支持。从制度创新角度看，政府是法律、规章、制度的供给方，市场行为主体是法律、规章、制度的需求方和接受方，政府供给完善的法律制度能够保障海洋经济的良好运行。从现行海洋经济的法律法规需求看，政府应该在海洋产权建立与完善、海洋资源管理、海洋科技研发与成果转化、金融支持海洋经济发展等方面提供法律法规与政策，建立竞争有序、公平公正的市场环境。

第三，推进陆海一体化的制度创新。陆地系统和海洋系统在地理与生态上无法保持独立性，两个系统相互影响，共同构成了独特的陆海相互作用界面。然而，陆海一体化规划面临的一个根本障碍是缺乏自然资源管理机构的支持和协调，通常，海洋和陆地自然资源由不同的机构、部门或团体管理。这就需要统一性的机构来协调不同利益相关方的利益，同时提供陆海一体化的制度框架，以确保陆海产业的耦合发展、陆海生态环境的协同保护与治理。

二、海洋经济要素制度创新

海洋经济是一个系统，由若干要素组成，其中包括从海洋中获取的要素、在海洋开发中的要素和投入海洋的要素，并以此为基础形成海洋的核心与外围的经济活动。其中核心的经济活动是人类获取海洋资源或者利用海洋资源形成的经济活动，包括渔业、油气开采、生物医药制造和海上交通运输等；外围的经济活动主要是支撑和促进核心海洋经济活动的手段，包括科技、资本、金融等。核心与外围经济活动相互影响、相互关联，共同构成了海洋经济体系。而在海洋的核心与外围经济活动中，产权制度是根本，是规制和约束各类经济活动的核心；科技和资本是支撑要素，是加速海洋资源开发、推动海洋经济增长的动力；海洋的生态功能是海洋经济有别于其他经济活动的重要特征，也是海洋经济活动中不可或缺的要素。

（一）海洋产权制度

产权制度是有为政府制度创新的核心内容之一。设计符合海洋资源开发、保护与利用规律，能激发参与主体积极性的制度，是政府制度创新的首要任务。《中共中央 国务院关于完善产权保护制度依法保护产权的意见》中明确提出了要进一步完善现代产权制度。就海洋经济领域而言，由于长期存在“重陆轻海”的认知，海洋领域产权制度建立较晚，造成海洋资源的市场化配置进程缓慢，影响海洋经济要素的有效配置。目前，海洋资源已经被纳入自然资源体系，实行国家统一管理。然而，海洋资源有别于其他自然资源，其公共产品性非常强，不确定性和复杂性更高，需要政府在制度创新时设计差异化的制度。具体来讲，应做到如下三点。

1. 建立和完善海洋产权制度

以海域资源国家所有权为基础，建立和完善包括海洋资源资产产权（含海洋物质资产、海洋环境资产、海洋能源资产、海洋无形资产等）、涉海企事业单位或其他单位的普通资产产权（含非资源性涉海实物资产产权、非实物资产产权）、海洋知识产权与专有技术，以及海洋排污权、排放权等在内的占有权或使用权、收益和处置权等的产权制度。

2. 建立和完善海域资源市场化配置机制

要明晰海洋（海域）资源的产权，合理评价海洋资源的资产价格，完善海洋资源与环境的市场定价机制，形成有效反映海洋资源环境需求与供给特点的价值机制；推进海洋资源的市场化交易平台建设，规范和完善海域资源市场化配置的一级市场和二级市场，推动海域使用权的流转，推进海洋公共产品、重大项目的市场化配置进程，提高海洋资源的使用效率。

3. 健全海洋产权的监督机制

于广琳（2010）认为，海域资源的利用如果缺乏市场机制，行政审批式的配置模式极易滋生腐败，推进以海域使用权招标、拍卖为核心的海域资源市场化配置，是从源头防治腐败的有效途径。因此，需要健全海洋资源市场化配置的制度，加强行政监察和效能监察，着力解决行政不作为和乱作为问题；建立定期考评制度，对市场化配置项目的实际效果进行科学评估。

（二）海洋科技创新制度

创新是海洋经济发展的原动力。海洋资源一般位于浅海或者深远海，远离陆地，开发利用时需要工具或技术手段支撑，而深海大洋的资源开发需要的技术手段更复杂，科技集成要求更高，对政府推动科技创新带来挑战。

1. 推进海洋科技创新体制

多年来形成的科技体制渗透到社会的每一个领域，海洋领域也不例外。但“重微观、轻宏观”的模式不适应海洋科技创新的需求，海洋科技体制改革需要从顶层上设计，进行整体性的科研体制设计，强化海洋科技资源的统筹与整合，切实提高海洋领域重大科技工程的组织与运行效率，确保国家海洋整体性开发的推进。

2. 建立科技创新主体的培育体系

有效激发市场主体参与创新是现代市场经济的发展动力之一，也是提高经济运行效率的有效手段。海洋经济的高风险、高投资、利润不确定等特征导致企业参与海洋发展的积极性不高，导致技术创新进展缓慢。因此，需要政府引导和鼓励企业逐渐成为技术创新的主体，通过财政补贴、金融支持、激励性税收制度、科技计划等手段鼓励企业增加科技投入，促进研发，确立企业在海洋科技类项目中的主体地位，保护其合法性与有效地位，提升企业参与创新的积极性。

3. 完善产学研合作制度

产学研被认为是促进科技创新成果转化的最有效方式，它能够将高校、科研院所与企业紧密联系起来，共同促进科技创新。在海洋经济领域，政府应在不同的阶段发挥主导与辅助的作用，推动形成若干产学研联盟，提供机制化的保障和制度化的法律法规，促进海洋科技的协同创新。

（三）金融支持海洋经济发展的制度

金融是实现资源优化配置和海洋经济发展的重要手段。鉴于海洋资源的特点、科技创新的需求等，金融的资源配置功能能够引导生产要素向海洋领域流动，从而通过资本积累和技术创新等途径，实现海洋资源的优化配置，促进海洋经济增长。在现代金融支持海洋经济发展中，政府与市场相互结合是主要方式——政府提供制度环境与政策工具，市场提供资金和业务，共同促进海洋经济发展。具体做法是：首先，构建金融支持海洋经济发展的制度环境。政府应重点在现有的组织体系内专设涉海金融管理机构，同时设置政策性金融机构，推动形成相对成熟的金融市场主体，健全涉海金融监管政策，完善涉海金融法治规范、信用制度等，形成健全的金融支持海洋经济发展的组织制度、监管系统与基础设施。目前，中国人民银行、国家海洋局等八部委联合印发了《关于改进和加强海洋经济发展金融服务的指导意见》，尝试进行顶层设计和政策引导。其次，根据海洋经济的特点，制定和设计金融支持海洋经济发展的政策。针对海洋经济的风险程度高、前期投入大、预期效益不明显等特点，政府应制定多项鼓励性和优惠性的政策，支持银行、信贷、社会资本等参与海洋资源开发与利用。支持建立银行信贷、资本市场（股票融资和债券融资）、股权投资基金、信托、小额贷款、融资性担保、融资租赁等非银行金融以及民营资本共同参与的涉海金融体系，同时可利用金融工具和金融政策，推动对海洋经济产业结构和企业结构的优化；积极支持金融机构利用其信息优势和产业培育经验，提供海洋经济发展所需的市场信息、技术信息以及企业成长等方面的帮助。此外，海洋灾害的防灾减灾需要保险市场的介入，政府应在海洋保险、担保等风险控制性金融方面提供鼓励性和优惠性政策以支持其发展。

（四）海洋生态文明制度

海洋生态系统为人类经济社会发展提供了大量的直接或间接的利益，已经成为海洋经济发展中不可或缺的部分。海洋生态文明就是尊重海洋自然规律，提升资源利用效率，实现人类与海洋和谐相处，最终推动海洋经济可持续发展。推进海洋生态文明建设，必须有完善的制度体系作为保障。沈满洪（2016）提出了生态文明制度构建的框架，认为生态文明制度包括强制性制度、选择性制度、引领性制度。本书以此框架为基础，认为政府在海洋生态文明建设中应该提供的制度包括以下方面。

1. **强制性制度**

政府应构建完善的海洋生态管理结构与体制，深入推进海洋生态红线制度，制定严格的产业进入与退出政策，以维护海洋生态系统的稳定性，防范和化解对于海洋生态系统的损害，提升海洋生态系统的服务功能。

2. **选择性制度**

政府应提供包括海洋环境税收、海洋生态补偿、海洋环境金融、海洋资源交易等在内的制度，严格约束海洋开发与保护行为，逐步形成有序发展的海洋经济秩序，提升海洋经济的发展质量。

3. **引领性制度**

建立和完善海洋生态文明建设的奖惩机制，引导企业与公民积极保护海洋，推广绿色、低碳、循环的海洋消费方式，促进海洋经济健康发展。

三、粤港澳大湾区海洋经济协同发展的制度创新

要实现粤港澳大湾区海洋经济协同发展，就要推进政府海洋管理职能的转变，优化政府的治理水平。应依托制度创新，着力强化涉海政策保障体系，既要发挥市场的调节作用，也要发挥政府的干预、管理作用，同时还要提高政府的科学管理水平，合理行使管理的权力，以防范管理失当。要推进海洋管理体制改革，推进和深化海洋管理的顶层设计，制定和完善科学合理、可持续、具有一定前瞻性和总体战略性质的政策和规划；建立完善的从上到下、较为集中的海洋经济管理体制机制，包括完善的海洋管理机构、科学的联动协调工作机制。同时，辅以培育、发展和完善能够参与海洋管理、配合政府海洋工作的社会中介机构，或者具有较强服务性、公益性质的海洋服务组织。应改变目前海洋经济管理体制较为分散、单一的情况，同时加强涉海规划的衔接，加强各地区各部门间的联系沟通，打破行政边界的限制，实现各司其职、相互衔接的局面，从而相互促进、协同发展。应建立健全海洋经济发展的用海审批、海洋资源收储流转、海洋经济投融资等机制，创造信息对称、海洋要素自由流动的市场环境。应加强与“一带一路”沿线国家在海洋资源开发利用、海洋产业、海上互联互通、海运便利化、信息基础设施联通建设、海洋防灾减灾、海洋科技服务、海上公共服务等领域的深度合作。应借助特

色海洋经济园区和中外合作园区提升合作层次，拓展蓝色经济发展空间，打造我国海洋开放合作的前沿高地。

（一）构建海洋科技协同创新机制，建设广深港澳海洋科技创新走廊

一是深化广东与港澳海洋科研方面的合作，促进海洋经济产学研协同发展。支持粤港澳地区企业、高等院校、科研院所开展海洋科技协同创新，共建高水平的技术研发机构和人才培养机构等协同创新平台，联合开展重大海洋科技攻关，推动科技成果转化和产业化。实施粤港澳科技创新合作发展计划和粤港澳联合创新资助计划，将香港优势海洋科研力量纳入广东海洋科技计划体系。支持设立粤港澳海洋经济产学研创新联盟。

二是协同推进广东与港澳海洋科技合作平台与基地建设。发挥港澳两地政治影响，争取在粤港澳大湾区布局建设一批国家重大海洋科技基础设施、重要科研机构和重大创新项目，向港澳有序开放国家在粤科研设施，逐步建立科研设施共享机制。支持粤港澳有关机构积极对接国家海洋科技重大专项和科技计划，共同建设国际海洋科技创新平台。支持广东省依托国家重点实验室以及创新型企业，有序布局和建设面向港澳的海洋科技交流合作基地，加强粤港澳的科技创新合作。推动广东省涉海国家重点实验室与香港海洋污染国家重点实验室组建海洋科技创新联盟，并逐步发展与国内涉海重点实验室的战略合作关系。

（二）深化开放，促进粤港澳大湾区海洋经济协同创新发展

一是加强粤港澳大湾区与“一带一路”沿线国家的海洋经济合作。在国际贸易技术壁垒日益加剧的外部环境下，充分发挥香港“超级联络人”和澳门葡语系国家纽带的优势，瞄准世界海洋科技前沿和未来产业重点领域，以美国冷泉港实验室项目为样板，在涉海微电子、人工智能、生物医药、海洋工程装备等海洋相关产业中，靶向引进诺贝尔奖科学家实验室，弹性、柔性地引进境内外科学家参与重大科研项目，发展“院士经济”。

二是布局国际海洋技术转移中心网络体系。重点建设拥有海洋科技信息服务中心、科技成果展示中心、国际科技交流中心、国际科技培训中心等主

要功能区的海洋技术转移平台，培养面向国际开展技术转移服务的专业团队，建立国际海洋技术转移服务联盟。

三是提升海洋经济投资、贸易便利化水平。对照世界银行营商环境指标体系，全面梳理珠三角地区海洋经济营商环境的短板和弱项，提高改革创新的针对性、系统性、时效性。实施2017年版自贸区外商投资准入负面清单，率先在全国实现一般企业商事登记确认制。启动证照分离2.0版改革，加快行政审批标准化建设，创新建设项目审批模式，探索以“一会三函”等方式建立海洋交通运输、海洋公共服务类基础设施审批快速通道，推动重点海洋基础建设项目尽快开工；打造口岸创新示范平台，深化国际贸易“单一窗口”建设，进一步推进口岸通关改革，力争贸易便利化继续保持全国领先优势。

四是创建中国涉海制度创新示范区。充分发挥自贸区和保税区作用，实施区域港口资源整合，进一步优化深圳航运发展中的口岸通关、外汇等政策，落实“境内关外”等政策。研究设立南海合作开发基金，通过国家支持、地方引导、社会企业共同参与的形式，打造南海利益共同体，维护和平稳定的南海关系。利用香港在英美法系方面的优势，探索建立适宜我国海洋经济发展需求，与国际海事规则充分衔接的中国涉海管理制度创新区。

（三）加强海洋经济创新协调发展的要素支撑

1. 加大海洋人才培育和引进力度

加大港澳及海外高层次海洋科技创新人才、高端领军创新人才、创业投资家及其团队的引进力度。办好粤港澳海洋创新创业大赛，建立和健全后续帮扶配套措施，吸引更多的国内外创新创业团队和人才来珠三角地区创业。

优化和整合教育科研机构，构建具有全球及区域竞争力的海洋高等教育院校、海洋实验室等，强化与国内外高水平院校、机构的合作，形成开放式的人才培养机制。支持粤港澳高校合作设立博士后工作站和海洋创新实践基地。

完善广东与港澳海洋科技人才的交流合作机制，每年支持一定数量的科研人员特别是青年科研人员进行交流合作，充分发挥港澳的国际化优势，推动粤港澳海洋科研人员代表国家参与国际大科学计划和大科学工程。鼓励和支持广东与港澳相关机构联合举办海洋经济创新创业活动。鼓励粤港澳海洋科研工作者联合开办高技术创业公司，通过股权众筹、技术众包、专利技术入股等形式，发挥粤港澳三地科技创新基金、产业投资基金的引导作用，培育一批“瞪羚企业”和“独角兽企业”。

2. **发展海洋金融，加强金融资源对海洋经济协同创新发展的支持**

拓展海洋直接融资渠道。借鉴新加坡海事金融激励计划（Maritime Finance Incentive Scheme，MFI），设立海洋信托基金，推动基金在港交所、深交所上市，为粤港澳航运企业和海洋相关企业提供更低成本的融资来源和投资渠道。推进粤港澳海洋金融合作，探索在境内外发行海洋经济开发债券，鼓励产业（股权）投资基金投资产业发展与海洋综合开发领域的企业和项目，推动银行、保险机构、风险投资机构、股权投资机构、担保机构等建立投贷联盟。支持珠三角涉海企业在港交所上市融资，形成港交所“海洋板块”上市公司。

推动开发性金融投资在海洋战略性新兴产业上的试点工作，加快开展首台（套）重大技术装备保险补偿机制试点工作，支持海洋传统产业改造升级、海洋新兴产业培育壮大、海洋经济绿色发展、涉海重大基础设施建设，鼓励和支持涉海企业上市。探索建立多种形式的担保机制，引导金融机构增加对海洋产业与海洋科技的信贷投放。

专题报告一：关于建设香港自由贸易港南沙港区的报告

探索建设中国特色自由贸易港是自由贸易试验区深化改革创新、扩大对外开放的重大举措。《粤港澳大湾区发展规划纲要》明确提出，要携手港澳建设高水平对外开放门户；充分发挥国家级新区和自贸试验区优势，加强与港澳全面合作，加快建设大湾区国际航运、金融和科技创新功能的承载区，使其成为高水平对外开放门户。因此，借鉴香港贸易港的国际化经验，在南沙自贸试验区探索建设香港自由贸易港南沙港区，推动内地试水自贸港政策的同时，还要促进粤港澳大湾区内港口之间的协同发展，打造高效、互补、共赢的湾区航运生态圈，提升粤港澳大湾区的国际竞争力，为建设世界一流湾区奠定基础。

一、建设香港自由贸易港南沙港区将为粤港澳大湾区发展提供创新动力

自由贸易港是指设在国家与地区境内、海关管理关境之外，允许境外货物、资金自由进出的港口区。对进出港区的全部或大部分货物免征关税，并且准许在自由港内开展货物自由储存、展览、拆散、改装、重新包装、整理、加工和制造等业务活动。香港特别行政区港口管理体制值得我国内地港口学习与借鉴，其开放、市场化的运作带给港口发展生机，港口生产以市场为导向，对外讲究优质的服务，对内注重效能管理，港口管理体制朝着适应经济发展的方向稳步迈进。目前我国内地还未建成自由贸易港，而粤港澳大湾区则拥有全球公认的自由贸易港——香港，这为粤港澳大湾区的自由贸易发展提供了良好的契机。因此，在与香港往来便利的南沙建设香港自由贸易港南沙港区，并与香港自由贸易港的政策、管理、运行模式同步，对于带动粤港澳大湾区港口之间的整合，推动建设粤港澳大湾区航运生态圈具有重要意义。

一是为香港、澳门的经济发展提供空间。当前，香港、澳门两个特别行

政区的经济由于受到人口和土地规模的严重约束，发展缓慢，要解决这一问题，就必须扩展其地理空间。在南沙地区划定一片区域，建设粤港澳自由贸易港，为香港和澳门的企业提供发展空间，并吸引内地人力资源参与其中，将成为促进粤港澳三地经济发展的又一引擎。

二是为中国（广东）自由贸易试验区建设提供平台。粤港澳合作是中国（广东）自由贸易试验区的一项重要工作。建设香港自由贸易港南沙港区，是在华南地区搭建新型贸易方式的试验性平台，将促进高端研发、创新创业、跨境电商以及各种未来型产业的集聚，为香港、澳门和广东三地以及中国南部的经济发展提供动力。

三是为珠三角地区港口资源整合提供契机。粤港澳大湾区覆盖珠三角核心区域，域内港口众多，为该区域的对外贸易提供了便利。可以借香港自由贸易港南沙港区建设的契机，创新区域内港口资源整合的新模式，建立珠三角地区一体化的港口管理平台，扭转区域内港口企业之间的无序竞争和岸线资源的低效率利用局面，为粤港澳大湾区的对外贸易提供更加便利的通道。

二、南沙具有建设香港自由贸易港南沙港区的优越条件

南沙区位优势明显，交通发达。南沙处于珠三角的几何中心，是西江、北江、东江三江汇集之处，是连接珠江口岸城市群的枢纽，与大湾区城市群四通八达，与香港、澳门隔海相望，从广州前往香港有公路、铁路、水路三种途径共计八种方式，与香港的联通十分紧密，具有得天独厚的区位交通优势。南沙港口和航道条件优越、腹地广阔。南沙深水港以发展集装箱码头和油码头为主，采用挖入与顺岸相结合的布局形式，规划布置了 5 万吨级以上深水泊位 34 个，可利用的岸线长 20 多千米，可以停靠装载 8000～12000TEU 的大型集装箱船舶，可满足广州市未来 30～50 年的建港需求。同时，南沙内河航道资源十分丰富。通过珠江，南沙港区可以便捷地连通新沙港区、黄埔港区、内港港区和珠江上游，延伸到广西、贵州、湖南等泛珠三角地区，腹地广阔，为自贸港区建设提供了腹地支撑和市场保障。

南沙具有制度、港口和土地资源的综合优势。南沙港地处中国（广东）自由贸易试验区范围内，具备建设自贸港区的制度条件。与中国（广东）自由贸易试验区的深圳前海、珠海横琴相比，南沙自贸试验区具有明显的港口优势。

同时，南沙地区土地资源丰富，其中龙穴岛是重要的建设区域，全岛面积为65平方千米，是广州市南沙区最大的海岛。目前龙穴岛的港口和铁路还在规划建设中，有较大的改造和规划空间，可以满足建设多式联运服务综合体的需要。因此，南沙新区比深圳前海、珠海横琴更具备建设自贸港区的条件。

三、建设香港自由贸易港南沙港区的具体方案

（一）建设模式

以中国（广东）自由贸易试验区（简称“自贸试验区”）为基础，指定具有港口条件的南沙龙穴岛及其后方园区为香港自由贸易港南沙港区（简称“南沙自贸港区”），将自贸试验区管委会作为管理机构，深化自贸试验区的制度改革，学习和引进香港的港口管理制度，使其成为粤港澳大湾区中香港自由贸易港的衍生发展区域。此方案相对简单，理论上容易实现：一是内地主动与港澳共谋发展，分享改革红利，提振港澳经济发展的活力；二是内地可以有效利用港澳的桥头堡地位，推进21世纪海上丝绸之路倡议的落地；三是尝试实现大陆与英联邦国家、葡语系国家以及欧盟国家贸易便利化制度的融合，形成我国对外贸易的又一增长极。

建议南沙自贸港区的范围北至保税港区北端、一期码头和二期码头分界处，南至龙穴岛南端，在新龙特大桥万顷沙段划出专门的区域为广州海关与香港海关的管辖分界区。

（二）主要功能

南沙自贸港区具有领土属性，依旧是内地的领土，行政上属广州市南沙新区管辖。而在营商环境的相关制度方面，南沙自贸港区将按照世界银行《营商环境报告》（Doing Business）所列的11项指标，结合香港和澳门的基本法以及中央政府对港澳的政策指导，按照以下规则营造南沙自贸港区应有的便利的营商环境。

1. 借鉴香港规章开展企业注册登记及自由经营

2018年，在世界银行选取的全球190个经济体中，我国（主要以上海和

北京为评估对象，下同）的“企业注册便利评价”排名第93位，属于中位水平，与香港有差距。因此，有必要引进香港的企业注册登记制度，让全球更多的企业和投资人乐于到南沙投资、兴办企业。

2. **依照香港制度为企业提供信贷及融资便利**

2018年，我国的“获得信贷评价”在190个经济体中排名第68位，属于中等偏上水平，同样与香港有差距，需要引进香港的金融制度，探索南沙自贸港区的金融发展之路。

3. **执行港澳的税制，保证少税种和低税率**

2018年，我国的“税制评价”在190个经济体中排名第130位，属于较低水平。因此，需要大力借鉴香港的税务制度，降低企业的税赋和税务成本，同时减免高端人群的个人税赋，吸引投资人和港航高端人才聚集到南沙自贸港区。

4. **执行香港的口岸监管制度，大力发展中转业务**

2018年，我国的“口岸监管之地评价”在190个经济体中排名第97位，属于中位水平。因此，需要将中国海关的关境收缩到南沙自贸港区的大陆边界一侧，其他地方由香港海关按照相关口岸的监管办法实施监管，以促进广州港的国际中转箱量提升，推动广州成为国际航运枢纽。

5. **建立通勤人员自由进出通道，促进香港居民就业**

在南沙龙穴岛上设立南沙自贸港区，不仅是为了广州的经济发展，更是为了促进香港和澳门的经济发展，为企业拓展提供更为广阔的场所，分享改革开放的红利，也为港澳民众提供更多的就业机会。因此，必须为港澳和广州居民往来龙穴岛提供便利。这样，企业在南沙自贸港区注册后，才能提供充足的劳动力，以保证企业的正常运营。为此，需要开设往来香港葵涌港区和龙穴岛的渡轮。香港葵涌到龙穴岛直线距离约50千米，开设的航线约60千米，单程约2小时，交通便利，方案易于落地，方便香港员工往来广州办公。另外，在加强自贸港区生产作业设施建设的同时，还要不断提升和完善生活配套设施建设。要加大周边生活配套区、社区服务中心及文化、体育、教育、卫生等民生设施建设的投入，整合港区各方需求，为港区业主和企业职工解决吃、住、行、娱乐、购物、就医等实际问题，消除发展的后顾之忧，全面提升自贸港区的服务水平。要做好自贸港区的绿化、亮化和美化工程，树立良好的自贸港区形象，增强自贸港区的资本集聚和人才吸纳能力。因此，香港海关在龙穴岛建立监管区的操作性强，方案便于落地。

专题报告二：深圳打造全球海洋中心城市

党的十九大报告提出，要坚持陆海统筹，加快建设海洋强国。自此，海洋强国建设上升为新时代的国家战略。作为国家海洋强国战略的重要组成部分，深圳海洋经济迎来了历史性的发展机遇。作为经济中心城市、国际航运中心，深圳的高速发展就是一个不断亲海近海、向海发展的过程。深圳依托丰富的海洋资源、雄厚的经济基础、强大的科技创新，把握特区、湾区叠加优势，以全球海洋中心城市建设为制高点，打造了我国海洋强国战略的深圳范本。

一、深圳建设全球海洋中心城市的基础和优势

1. 地理区位优越

作为粤港澳大湾区的四大中心城市之一和南海之滨的特大经济中心，深圳拥有约 1997 平方千米的陆域面积、1145 平方千米的海域面积及 257 千米的大陆海岸线。深圳区位优势显著，东临大鹏湾，西连珠江口，南接香港，连接南海和太平洋，既是粤港澳大湾区的核心引擎，也是 21 世纪海上丝绸之路的重要枢纽。深圳占据核心地理区位，面向全球高度开放，大力集聚海洋经济高端要素资源，为海洋产业创新发展提供了有力支撑。

2. 经济基础雄厚

深圳海洋经济发展的基础扎实、实力雄厚。2018 年，深圳实现海洋生产总值约 2327 亿元；2019 年上半年，深圳海洋生产总值达 1229 亿元，海洋运输、能源建设、滨海特色旅游等行业在国内处于领先地位。海洋经济对深圳地区经济增长的支撑作用不断增强，2018 年海洋生产总值占全市生产总值的比例达 9.6%，海洋经济的支柱地位凸显。深圳拥有一批技术实力雄厚、综合竞争力强的新兴企业，涉海企业超过 7300 家，约占广东全省涉海企业的 24%，是深圳海洋经济发展的重要主体。

3. **产业结构优化**

深圳海洋产业结构持续优化，形成了以二、三产业为主导的海洋产业结构。深圳以海洋新兴产业为重点，大力发展海洋高端装备制造产业、海洋电子信息产业、海洋生物医药产业、海洋金融业等未来产业。

关于海洋高端装备制造产业。深圳市拥有包括中集集团、招商重工在内的海洋船舶工业和海洋工程装备制造企业160余家，已形成以孖洲岛为主体的海工装备及船舶修造基地。2019年上半年，深圳海工装备增加值达95.1亿元。

关于海洋电子信息产业。依托体量庞大、体系完整、科技领先的海洋电子信息制造产业集群，深圳已初步实现在深海探测、资源开发利用等领域的技术创新和产品应用。2019年上半年，海洋电子信息产业增加值达93.2亿元。

关于海洋生物医药产业。依托丰富的资源优势和良好的发展环境，深圳市大鹏海洋生物产业园、国际生物谷坝光核心启动区等产业园区集聚了大批海洋生物医药创新型企业，逐步形成了一条“研发—中试—产业化”的创新发展链条。2019年上半年，深圳海洋生物医药产业实现增加值28.7亿元。

关于海洋金融业。深圳涉海企业的存贷款业务较为成熟，海洋基金、融资租赁等新兴业态正逐渐兴起。2019年上半年，深圳海洋金融业实现增加值68亿元。

4. **科技实力强劲**

科学技术是第一生产力，依托于科技创新基础，深圳加快推进了大空港海洋新兴产业基地的建设，同时高标准规划建设南方海洋科学城，国际生物谷大鹏海洋生物产业园已完成二期改造和三期总体规划编制，形成了各具特色的东西两翼海洋产业发展带。深圳海洋科研资源正在加速集聚，海洋大学和国家深海科考中心正在加快组建，哈尔滨工程大学、中国海洋大学等位于深圳的海洋科研机构正在筹备设立。南方科技大学设立了广东省海洋实验室深圳分部，建设了海洋风能研究院、海洋资源研究院。哈尔滨工业大学（深圳）正在推进设立船舶与海洋工程学科，以求培育涉海高素质人才。

5. **政策红利叠加**

特区、湾区的叠加优势，并作为海洋强国战略的重要组成部分，深圳被国家不断赋予了新的使命。2011年，深圳被确定为国家海洋经济科学发展示范区。2017 年 5 月，《全国海洋经济发展“十三五”规划》提出推进深圳等城市建设全球海洋中心城市。2018 年 12 月，国家发展改革委、自然资源部联合印发《关于建设海洋经济发展示范区的通知》，支持包括深圳在内的 14 个市（园区）的海洋经济发展示范区建设。2019 年 2 月，《粤港澳大湾区发展规划纲要》对深圳建设全球海洋中心城市进行了重大部署。2019 年 8 月，《中共中央 国务院关于支持深圳建设中国特色社会主义先行示范区的意见》提出，要支持深圳加快建设全球海洋中心城市，并对深圳提出了具体要求。

二、深圳建设全球海洋中心城市的问题和挑战

1. **政策规划协同性不足，全球海洋经济中心城市建设不能统筹兼顾**

深圳全球海洋经济中心城市建设离不开缜密、科学的顶层设计。虽然在国家战略之下，深圳陆续出台了《深圳市海洋经济发展“十三五”规划》《深圳市海洋综合管理示范区建设实施方案（2016—2020 年）》《中共深圳市委 深圳市人民政府关于大力发展湾区经济建设 21 世纪海上丝绸之路桥头堡的若干意见》等系列文件，但规划的覆盖面不够，未包含全球海洋经济中心城市和智慧海洋的建设。同时，在制度上也缺乏海洋产业指导目录及配套政策、海域资源配置与有偿使用制度、海陆环境综合治理与保护机制等地方性法规政策体系及治理机制。深圳全球海洋经济中心城市建设要与 21 世纪海上丝绸之路桥头堡、粤港澳大湾区龙头城市和智慧海洋建设统一起来，有机联系，协同推进。

2. **海洋经济规模较小，地区经济发展支撑性不足**

尽管深圳海洋产业发展较快，但与天津、上海等城市相比，海洋产业规模仍然相对较小，对地区生产总值的支撑作用不强。2017 年，深圳海洋生产总值为 2224.15 亿元，占地区生产总值的比重为 9.91%，而天津海洋生产总值占地区生产总值的比重为 32.00%，上海为 26.55%，与同在粤港澳大湾区的中心城市广州（14.28%）也存在一定差距。同时，深圳的海洋未来产业占比较低，集聚度不高。在深圳海洋产业结构中，以滨海旅游业和海洋交通运输业为主导，两大产业的生产总值合计占比达 50%以上，而海洋高端装备制造、海洋电子信息、海洋生物医药等海洋未来产业的生产总值占比较低，尚

未形成规模，也未实现集聚化发展。海洋高端装备制造业虽然拥有中集集团、招商重工等龙头企业，但中集集团的海工装备业务主要在烟台、海阳等外部基地，企业的龙头带动作用尚未在深圳体现。另外，深圳具有本土优势的新一代电子信息等高技术产业尚未与海洋产业形成有效融合，尚未充分带动海洋新兴产业的发展。

3. 海洋科研力量不足，限制海洋产业创新发展

“创新”是深圳的城市名片，但具体到海洋产业，由于海洋教育资源和科研力量较为薄弱，深圳海洋产业的创新发展动力明显不足。一是海洋科技教育资源不足，涉海高校较少且实力不强，海洋学科体系不健全，限制了海洋科技人才的供给。二是海洋科研力量不足，高端研究机构匮乏，更缺乏国家级科技研究机构，海洋科技前沿领域实力相对薄弱。三是海洋龙头企业较少，特别是掌握海洋核心前沿技术的海洋龙头企业少，缺乏具备核心竞争力的产品。四是体制机制尚未健全，海洋科技创新服务体系尚须完善，海洋产学研用合作机制运作不畅，科研成果转化率相对较低。

4. 产业空间资源有限，阻碍海洋产业空间载体建设

当前深圳海洋产业发展的空间资源有限。深圳的产业用地不足，无法保障海洋产业用地的有效供应，一般性产业项目更是无法获得必要的空间资源承载。深圳全市唯有大鹏海洋生物产业园一家成型的海洋特色产业园区，海洋高端装备制造、海洋电子信息特色产业园区因缺少产业用地而推进缓慢。

三、加快深圳全球海洋中心城市建设的路径

1. 加强顶层设计，完善深圳海洋发展规划及政策体系

深圳应加强全球海洋中心城市战略规划的顶层设计和体系构建，以基本规划纲要作为统领，开展海洋发展策略、海洋功能区划及相关专项规划研究；加强规划之间的协调对接，促进海洋规划与城市规划、土地利用规划对接，促进海洋空间规划与海洋产业规划对接；加强陆海统筹，开展海岸带保护与利用规划；出台海洋产业指导目录及配套政策，争取更多的涉海经济税收优惠政策，提高减免税审批效率；加大海域使用管理的配套法规供给，加强海洋生态安全法治建设。

2. **实施创新驱动战略，激发海洋经济发展的内生动力**

深圳应坚持深入实施创新驱动战略，集聚、整合全球创新资源，增强海洋科技研发能力，激发海洋经济发展的内生动力。一是支持设立海洋工程技术研究院等优质海洋科研机构，引进国内外一流的海洋科研机构和人才团队，鼓励申报一批国家海洋公益项目、极地科考项目和国际大洋合作项目，争取建设国家深海试验场深圳基地，加大海洋领域核心技术研究的力度。二是建立健全海洋科技产学研用一体化合作机制，打造海洋科技创新综合服务平台和产学研基地，合作开展产业共性技术和关键技术的研究与应用示范，成立海洋科技联盟，支持海洋科技联盟承担重大科技项目、编制海洋产业技术路线图。三是打造海洋科技服务体系，突破海洋科技发展瓶颈，配置资源，建立以市场为导向的海洋科技服务体系，打造海洋科技知识产权保护平台和科技成果转化平台，促进海洋科技成果的转移、转化。

3. **促进产业创新，构建具有深圳特色的海洋产业体系**

深圳应把握产业融合、陆海统筹发展的契机，促进产业创新，培育和发展特色海洋新兴产业，巩固和升级优势传统海洋产业，构建具有深圳特色的海洋产业体系。一是加快发展海洋高端装备制造业，成立海洋高端装备研发中心平台，提升深海远洋装备的研发、设计、建造能力，推动海洋装备制造向高端研发、设计、制造转型。二是加快海洋电子信息产业跨越式发展，利用深圳电子信息产业发展优势，将其融入海洋产业，提升海洋电子信息产业链中游多种类、多功能的产成品的供应能力，做强做大产业链下游海洋配套服务业，通过“产业链+创新链”加快深圳海洋电子信息产业的发展。三是推动海洋生物医药产业快速发展。应制定研发计划，在海洋生物基因、海洋功能性活性物质等关键生物技术领域加强技术攻关，努力培育形成一批具有自主知识产权的海洋生物医药产业。四是促进邮轮游艇业的健康发展。深圳应以粤港澳大湾区建设为契机，制定产业发展规划，加强邮轮游艇港口码头的基础设施建设，完善游艇产业发展配套服务体系，积极推进游艇设计、交易、会展、金融等业务的开展。

4. **优化空间布局，拓展海洋经济发展空间**

深圳应把握海岸带资源禀赋优势，围绕“两区、三湾、四带”，优化海洋产业空间布局，拓展海洋经济发展空间。一是以前海、大鹏东西两翼为重点，前海围绕大型海洋企业总部集聚区的发展定位，布局海洋电子信息、海洋高端装备制造等产业；大鹏围绕中小企业总部基地及压阀设计中心的定位，重点发展海洋生物医药、游轮游艇等产业。二是围绕深圳湾、大鹏湾、大亚湾形成的天然海洋湾区，打造深圳湾海洋经济生态湾区、大鹏湾海洋经济提升湾区和大亚湾海洋经济新兴湾区，实现海洋经济转型发展和可持续发展的有机结合。三是打造南海经济综合服务带、南海近海资源作业带、南海远海资源拓展带、南海海洋经济合作带。四是以深汕特别合作区建设为契机，探索海洋飞地模式，构建利益共享、风险共担的区域产业合作机制，拓展海洋经济的发展空间。

5. 坚持绿色发展，加强海洋环境综合治理

深圳应坚持绿色发展理念，有序开发海洋资源，加强海洋环境综合治理。一是加强海岸带管理，科学规划岸段类型，明确各类岸段利用方向、开发强度和保护要求，科学调控海岸开发利用，全面规范海洋开发利用秩序。二是加强海洋环境污染治理，加强污染物排海总量控制，严控新增主要污染物排放量；加强陆源入海、海上排海污染物综合整治；实施河湾联治。三是强化生态用海理念，以生态环保专项研究为基础，科学开展围填海工程。

6. 强化要素保障，支持海洋经济协同发展

深圳应健全海洋人才支撑体系，自主培育和招才引智并举，保障海洋科技人才的供给。要以特色联合办学或独立设置专业等方式建设一流海洋大学，支持高校加强海洋学科建设，建立健全涉海学科体系及专业类别；完善海洋人才建设顶层设计，制定海洋领域人才发展专项政策，构建蓝色智库，建立全球海洋领域人才引进、技术交流和培训的平台，大力引进海洋科技人才。要加快发展海洋金融，增强金融对海洋产业发展的输血能力。加快推进海洋开发银行等金融机构的建设，筹划设立海洋金融服务专业平台。要支持符合条件的涉海制造企业、资源开发企业等发行企业债券及上市融资。要大力支持针对海洋产业发展而进行的金融产品和服务内容的创新，积极探索海域使用权质押、知识产权质押、设备保税租赁等新的融资途径，拓宽海洋科技的融资渠道。

参考文献

[1] 白福臣，周景楠. 海洋产业结构变化与海洋经济增长［J］. 岭南师范学院学报，2015，36（3）：153-158.

[2] 常娜. 海洋交通运输产业国际竞争力分析与评价研究［D］. 哈尔滨：哈尔滨工程大学，2015.

[3] 陈爱慧，刘淑静，邹川玲，等. 我国海水淡化产业区域发展特点及建议［J］. 水利经济，2015（6）：61-64.

[4] 陈东景，刘海朋. 海洋战略性新兴产业支撑条件评价与障碍因素诊断：以山东省为例［J］. 东方论坛，2018（2）：51-57.

[5] 陈明宝，韩立民. 蓝色经济区建设的运行机制研究［J］. 山东大学学报（哲学社会科学版），2010（4）：83-87.

[6] 陈彦光，刘继生. 城市系统的异速生长关系与位序—规模法则：对 Steindl 模型的修正与发展［J］. 地理科学，2001，21（5）：412-416.

[7] 陈云贤. 中国特色社会主义市场经济：有为政府+有效市场［J］. 经济研究，2019（1）：4-19.

[8] 程恩富，高建昆. 论市场在资源配置中的决定性作用：兼论中国特色社会主义的双重调节论［J］. 中国特色社会主义研究，2014（1）：51-57.

[9] 程炜杰. 海洋第三产业发展若干思考［J］. 开放导报，2016（2）：23-27.

[10] 代谦，别朝霞. FDI、人力资本积累与经济增长［J］. 经济研究，2006（4）：15-27.

[11] 狄乾斌，刘欣欣，王萌. 我国海洋产业结构变动对海洋经济增长贡献的时空差异研究［J］. 经济地理，2014，34（10）：98-103.

[12] 董志文，刘娜娜. 我国海洋休闲渔业的发展现状与评价［J］. 河北渔业，2015（12）：66-71.

［13］都晓岩，韩立民．海洋经济学基本理论问题研究回顾与讨论［J］．中国海洋大学学报（社会科学版），2016（5）：9-16.

［14］杜伟，杨志江，夏国平．人力资本推动经济增长的作用机制研究［J］．中国软科学，2014（8）：173-183.

［15］冯冬．我国海洋战略性新兴产业区域差异及影响因素分析［D］．天津：天津理工大学，2016.

［16］冯友建，朱玮．不同视域下浙江省海洋产业结构分析：基于偏离—份额分析法［J］．海洋开发与管理，2016，33（7）：15-20.

［17］付秀梅，陈倩雯，王东亚，等．我国海洋生物医药研究成果产业化国际合作机制研究［J］．太平洋学报，2015，23（12）：93-102.

［18］傅远佳．海洋产业集聚与经济增长的耦合关系实证研究［J］．生态经济，2011（9）：126-129.

［19］盖美，陈倩．海洋产业结构变动对海洋经济增长的贡献研究：以辽宁省为例［J］．资源开发与市场，2010，26（11）：985-988.

［20］高乐华，高强，史磊．中国海洋经济空间格局及产业结构演变［J］．太平洋学报，2011，19（12）：87-95.

［21］高巧依．浙江省渔业产业发展转型升级路径研究［J］．农业经济问题，2015，36（3）：83-89，112.

［22］顾涧清，李钧，魏伟新．广州推进21世纪海上丝绸之路建设战略的目标与对策思考［J］．广东开放大学学报，2015，24（2）：28-34.

［23］国家发展和改革委员会，自然资源部．中国海洋经济发展报告（2018）［M］．北京：海洋出版社，2019.

［24］国家海洋局．2017年中国海洋经济统计公报［R］．北京：国家海洋局，2018.

［25］国家海洋局．中国海洋统计年鉴［M］．北京：中国统计出版社，2018.

［26］何广顺．海洋传统产业总体稳定转型升级步伐不断加快［N］．中国海洋报，2016-03-07（1）.

［27］何广顺．海洋经济稳中向好，结构调整继续深化：解读《2017年中国海洋经济统计公报》［J］．海洋经济．2018，8（2）：3-6.

［28］胡鞍钢，周绍杰，任皓．供给侧结构性改革：适应和引领中国经济新常态［J］．清华大学学报（哲学社会科学版），2016（2）：17-22.

［29］胡晓珍，杨龙．中国区域绿色全要素生产率增长差异及收敛分析［J］．财经研究，2011（4）：123-134.

［30］胡晓珍，张卫东，杨龙．制度环境、技术效率与区域经济增长差异［J］．公共管理学报，2010（2）：79-88.

［31］胡晓珍．中国海洋经济绿色全要素生产率区域增长差异及收敛性分析［J］．统计与决策，2018（17）：137-140.

［32］黄婕能．经济新常态下的产业结构转型路径［D］．南京：南京大学，2018.

［33］黄瑞芬，雷晓．要素投入对我国海洋经济增长的效应分析：基于广义 C-D 生产函数与岭回归分析方法［J］．中国渔业经济，2013，31（6）：118-122.

［34］黄盛，周俊禹．我国海洋生物医药产业集聚发展的对策研究［J］．经济纵横，2015（7）：44-47.

［35］黄盛．区域海洋产业结构调整优化研究：以环渤海地区为例［J］．经济问题探索，2013（10）：24-28.

［36］霍忻．转型背景下广东省 FDI 与经济增长的关系：基于协整分析和 VECM 模型的检验［J］．地域研究与开发，2016，35（6）：17-20.

［37］纪玉俊，李超．海洋产业集聚与地区海洋经济增长关系研究：基于我国沿海地区省际面板数据的实证检验［J］．海洋经济，2015，5（5）：13-19.

［38］纪玉俊．资源环境约束、制度创新与海洋产业可持续发展：基于海洋经济管理体制和海洋生态补偿机制的分析［J］．中国渔业经济．2014，32（4）：20-27.

［39］姜秉国，韩立民．海洋战略性新兴产业的概念内涵与发展趋势分析［J］．太平洋学报，2011，19（5）：76-82.

［40］姜世国，周一星．北京城市形态的分形集聚特征及其实践意义［J］．地理研究，2016（2）：204-212，369.

［41］姜文华，朱孟斐，朱孔来．旅游产业供给侧改革存在的问题与对策

建议［J］. 山东社会科学，2017（11）：147-152.

［42］姜晓昌，马宇坤，陈叶. 我国海上风电产业链发展综述［J］. 船舶物资与市场，2018（6）：44-49.

［43］姜旭朝，刘铁鹰. 海洋经济系统：概念、特征与动力机制研究［J］. 社会科学辑刊，2013（4）：72-80.

［44］姜勇，赵喜喜，田敬云，等. 我国海洋可再生能源产业技术发展现状以及山东省未来发展思路［J］. 海洋开发与管理，2015，32（9）：32-35.

［45］赖明勇，包群，彭水军，等. 外商直接投资与技术外溢：基于吸收能力的研究［J］. 经济研究，2005（8）：95-105.

［46］乐家华，刘伟超. 从供给侧改革角度探究中国渔业产业结构升级：基于面板数据的实证分析［J］. 世界农业，2017（10）：66-73.

［47］李宝瑜，高艳云. 产业结构变化的评价方法探析［J］. 统计研究，2005（12）：65-67.

［48］李彬. 资源与环境视角下的我国区域海洋经济发展比较研究［D］. 青岛：中国海洋大学，2011.

［49］李宏杰. 浅析新常态下的供给侧结构性改革［J］. 北方经贸，2019（3）：31-32.

［50］李靖宇，任洨燕. 论中国海洋经济开发中的金融支持［J］. 广东社会科学，2011（5）：48-54.

［51］李静，楠玉，刘霞辉. 中国经济稳增长难题：人力资本错配及其解决途径［J］. 经济研究，2017，52（3）：18-31.

［52］李帅帅，范郢，沈体雁. 我国海洋经济增长的动力机制研究：基于省际面板数据的空间杜宾模型［J］. 地域研究与开发，2018，37（6）：1-5，11.

［53］李双建，于保华，魏婷. 世界主要海洋国家海洋综合管理及对我国的借鉴［J］. 海洋开发与管理，2012，29（5）：6-10.

［54］李小燕，施敏，李荣德. “双创”环境下基于“互联网+”的科技服务模式研究［J］. 科技创业月刊，2017，30（19）：13-16.

［55］李晓蕙，韩园园. 我国海洋管理政府职能演化特征［J］. 海南大学学报人文社会科学版，2015（11）：48-54.

[56] 李懿，张盈盈. 国外海洋经济发展实践与经验启示 [J]. 国家治理，2017 (22)：41-48.

[57] 李政，杨思莹. 科技创新、产业升级与经济增长：互动机理与实证检验 [J]. 吉林大学社会科学学报，2017，57 (3)：41-52，204-205.

[58] 林香红，高健，何广顺，等. 英国海洋经济与海洋政策研究 [J]. 海洋开发与管理，2014，31 (11)：110-114.

[59] 刘大海，李森，陈小英. 全球蓝色经济定量研究 [M]. 北京：海洋出版社，2018.

[60] 刘二森. 全球海洋工程装备市场格局与发展趋势 [J]. 中国工业评论，2016 (9)：64-71.

[61] 刘广斌，张义忠. 促进中国海陆一体化建设的对策研究 [J]. 海洋经济，2012，2 (2)：11-17.

[62] 刘海朋，陈东景. 海洋战略性新兴产业研究进展综述 [J]. 海洋经济，2017，7 (2)：55-64.

[63] 刘洪昌，张华. 战略性海洋新兴产业突破性技术创新路径及对策研究 [J]. 当代经济，2018 (12)：4-7.

[64] 刘金全，于惠春. 我国固定资产投资和经济增长之间影响关系的实证分析 [J]. 统计研究，2002 (1)：26-29.

[65] 刘堃，韩立民. 海洋产业的指标体系及其前景 [J]. 重庆社会科学，2011 (10)：18-23.

[66] 刘明. 党的十八大以来中国海洋科技发展政策 [N]. 中国海洋报，2017-10-26 (2).

[67] 刘倩. 大数据产业对区域科技创新发展的影响研究 [J]. 科技管理研究，2019，39 (2)：217-223.

[68] 刘洋，姜昳芃. 辽宁省海洋经济供给侧改革的政策体系研究 [J]. 环渤海经济瞭望，2018 (8)：95-96.

[69] 刘洋，姜义颖，王悦. 我国海洋生态文明建设的供给侧改革路径研究 [C] //海洋开发与管理第二届学术会议论文集. 苏州：《海洋开发与管理》杂志社有限公司，2018：5-13.

[70] 刘洋，徐长乐，徐廷廷，等. 上海海洋产业结构优化研究 [J]. 资

源开发与市场，2013，29（3）：284–288.

［71］刘跃，卜曲，彭春香．中国区域技术创新能力与经济增长质量的关系［J］．地域研究与开发，2016，35（3）：1–4，39.

［72］刘志彪．政府的制度供给和创新：供给侧结构性改革的关键［J］．学习与探索，2017（2）：83–87.

［73］罗兴婷，张苇锟．海洋新能源产业技术创新系统构建及政策保障［J］．资源开发与市场，2017，33（7）：789–795.

［74］罗肇鸿．世界产业结构的调整及其影响［J］．世界经济，1988（10）：1–7.

［75］马勰，慈艳柯，马修水，等．海洋工程装备产业发展现状及对策研究［J］．电子世界，2018（12）：21–22.

［76］毛伟，杜军，温秋靖．我国海洋战略性新兴产业国际化发展研究［J］．海洋开发与管理，2018，35（2）：7–10.

［77］倪国江．基于海洋可持续发展的中国海洋科技创新战略研究［D］．青岛：中国海洋大学，2010.

［78］欧春尧，宁凌．经济新常态下我国海洋生物医药产业发展战略选择研究［J］．南方农村，2017，33（3）：18–23.

［79］裴海龙．中国海洋生物医药业：国外经验及其启示［J］．商界论坛，2014（26）：236–237.

［80］平瑛，赵怡慈．供给侧视角下我国休闲渔业发展的影响因素研究［J］．中国渔业经济，2016，34（5）：35–41.

［81］祁凤梅，高小玲．供给侧结构性改革背景下的我国海洋渔业［J］．海洋开发与管理，2018，35（12）：28–32.

［82］乔俊果，朱坚真．政府海洋科技投入与海洋经济增长：基于面板数据的实证研究［J］．科技管理研究，2012，32（4）：37–40.

［83］覃菲菲．供给侧结构性改革视角下我国海洋渔业转型升级研究［D］．广州：广东省社会科学院，2017.

［84］沈金生，姚淑静．我国传统海洋优势产业技术创新驱动能力研究［J］．中国渔业经济，2015，33（1）：5–10.

［85］沈金生，郁威．中国传统海洋优势产业创新驱动能力研究：以海洋

渔业为例［J］. 中国海洋大学学报（社会科学版），2014（2）：23-28.

［86］沈满洪. 生态文明制度建设：一个研究框架［J］. 中共浙江省委党校学报，2016，32（1）：81-86.

［87］盛朝迅. “十三五”时期我国海洋产业转型升级的战略取向［J］. 经济纵横，2015（12）：8-13.

［88］宋进朝. 环渤海经济圈海洋产业的发展状况与结构分析［J］. 生产力研究，2012（9）：167-169.

［89］宋丽智. 我国固定资产投资与经济增长关系再检验：1980—2010年［J］. 宏观经济研究，2011（11）：17-21，46.

［90］孙国梁. 海洋战略性新兴产业的形成及培育策略研究：基于地方政府的视角［D］. 杭州：浙江大学，2015.

［91］孙康，李丽丹. 中国海洋渔业转型成效与时空差异分析［J］. 产经评论，2018，9（4）：72-83.

［92］孙悦琦. 韩国海洋经济发展现状、政策措施及其启示［J］. 亚太经济，2018（1）：83-90.

［93］台航，崔小勇. 人力资本结构与经济增长：基于跨国面板数据的分析［J］. 世界经济文汇，2017（2）：48-71.

［94］田泽永，江可申，谢忠秋. 固定资产投资对经济增长贡献的比较研究：基于东、中、西部面板数据的分析［J］. 预测，2008（1）：29-33，40.

［95］同春芬，夏飞. 供给侧改革背景下我国海洋渔业面临的问题及对策［J］. 中国海洋大学学报（社会科学版），2017（5）：26-29.

［96］汪丁丁. 制度创新的一般理论［J］. 经济研究，1992（5）：69-80.

［97］王广亮，辛本禄. 供给侧结构性改革：政府与市场关系的重构［J］. 南京社会科学，2016（11）：25-30.

［98］王江涛. 我国海洋产业供给侧结构性改革对策建议［J］. 经济纵横，2017（3）：47-51.

［99］王江涛. 我国海洋空间资源供给侧结构性改革的对策［J］. 经济纵横，2016（4）：39-44.

［100］王丽娟，陈飞. 人力资本与经济增长的动态关联性研究：基于VAR模型［J］. 经济问题，2017（7）：32-36.

［101］王玲玲．海洋科技进步对区域海洋经济增长贡献率测度研究［J］．海洋湖沼通报，2015（2）：185-190.

［102］王玲玲．环境约束下海洋经济全要素生产率研究［D］．青岛：中国海洋大学，2014.

［103］王启尧．海域承载力评价与经济临海布局优化理论与实证研究［D］．青岛：中国海洋大学，2011.

［104］王天营．我国固定资产投资对经济增长的滞后影响研究［J］．经济问题，2004（12）：50-52.

［105］王欣桐．基于国际比较的我国海洋战略性新兴产业发展研究［D］．海口：海南大学，2016.

［106］王鑫．海洋经济领域国际技术创新战略联盟的发展现状与趋势研究［D］．青岛：中国海洋大学，2013.

［107］王祎，李志，李芝凤，等．基于产业链分析的海洋工程装备制造业发展研究［J］．海洋开发与管理，2015，32（7）：40-43.

［108］王勇，华秀萍．详论新结构经济学中“有为政府”的内涵：兼对田国强教授批评的回复［J］．经济评论，2017（3）：17-30.

［109］王园，张仪华，洪雅冰．福建省海洋产业供给侧改革和创新驱动发展策略［J］．海峡科学，2017（5）：27-29.

［110］王泽宇，张震，韩增林，等．新常态背景下中国海洋经济质量与规模的协调性分析［J］．地域研究与开发，2015，34（6）：1-7.

［111］王志文，段鹏琳．推进海洋经济供给侧结构改革［J］．浙江经济，2016（22）：50-51.

［112］魏广艳，刘怡凡，张添淳．海水淡化产业发展瓶颈与对策［J］．城市建设理论研究（电子版），2017（9）：250.

［113］魏梦雅，张效莉．基于三次产业分类的东海经济区海洋产业结构分析［J］．海洋经济，2016，6（2）：54-62.

［114］吴磊，詹红兵．全球海洋治理视阈下的中国海洋能源国际合作探析［J］．太平洋学报，2018，26（11）：56-69.

［115］吴平平，陆军，陈峰．我国海洋工程装备制造业面临的困境和解决措施分析［J］．南方农机，2017，48（16）：174.

[116] 伍德里奇. 计量经济学导论：现代观点 [M]. 张成思，译. 5版. 北京：中国人民大学出版社，2015：193.

[117] 伍业锋. 海洋经济：概念、特征及发展路径 [J]. 产经评论，2010（3）：125-131.

[118] 向晓梅，张栓虎，吴伟萍. 广东海洋经济发展水平省际比较及可持续发展的政策建议 [J]. 改革与战略，2017，33（4）：113-115，121.

[119] 向晓梅. 广东海洋经济竞争力评估 [J]. 开放导报，2013（1）：14-19.

[120] 向晓梅. 加快制定“深蓝科技计划”创新引领海洋强省建设 [J]. 广东经济，2013（11）：60-63.

[121] 向晓梅. 我国战略性海洋新兴产业发展模式及创新路径 [J]. 广东社会科学，2011（5）：35-40.

[122] 项翔，李俊飞. 对我国海洋可再生能源开发利用的研究与探讨 [J]. 海洋开发与管理，2014，31（6）：33-37.

[123] 肖长培. 福建旅游供给侧结构性改革路径研究 [J]. 学术评论，2016（2）：55-64.

[124] 谢佩清. “供给侧”改革视角下旅游产业转型升级策略研究 [J]. 现代商业，2018（36）：28-29.

[125] 谢燮. 水运业供给侧结构性改革的再思考 [J]. 水运管理，2016，38（5）：1-4.

[126] 谢子远，闫国庆. 澳大利亚发展海洋经济的经验及我国的战略选择 [J]. 中国软科学，2011（9）：18-29.

[127] 熊义杰. 技术扩散的溢出效应研究 [J]. 宏观经济研究，2011（6）：46-49，65.

[128] 徐胜，赵艳香. 中国海洋产业结构分析与发展对策 [J]. 海洋经济，2012，2（3）：28-33.

[129] 徐胜. 我国战略性海洋新兴产业发展阶段及基本思路初探 [J]. 海洋经济，2011，1（2）：6-11.

[130] 许学强，周一星，宁越敏. 城市地理学 [M]. 北京：高等教育出版社，1997.

［131］严成樑. 社会资本、创新与长期经济增长［J］. 经济研究，2012，47（11）：48-60.

［132］杨长汉. 信贷投放、固定资产投资与经济增长［J］. 宏观经济研究，2017（5）：21-28.

［133］杨潮声. 海域使用权制度研究［D］. 长春：吉林大学，2011.

［134］杨建芳，龚六堂，张庆华. 人力资本形成及其对经济增长的影响：一个包含教育和健康投入的内生增长模型及其检验［J］. 管理世界，2006（5）：10-18，34，171.

［135］杨锦坤，韩春花，田先德. 我国深海大洋数据资源管理实践与未来发展探索［J］. 海洋信息，2018，33（4）：10-14.

［136］杨林，滕晓娜. 海洋高技术产业空间布局优化的动力机制：设计与实施［J］. 产业经济评论，2014（7）：39-47.

［137］杨龙，胡晓珍. 基于DEA的中国绿色经济效率地区差异与收敛分析［J］. 经济学家，2010（2）：46-54.

［138］杨尚宝. 我国海水淡化产业发展述评2016［J］. 水处理技术，2017，43（10）：1-3，6.

［139］杨小光，曹淑萍. 坚持科学用海构建广西海洋经济快速发展保障体系［J］. 南方国土资源，2010（6）：19-21.

［140］叶向东. 海洋资源可持续利用与对策［J］. 太平洋学报，2006（10）：75-83.

［141］尹肖妮，王国红，周建林. 区域知识承载力与海洋新兴产业集聚耦合研究［J］. 华东经济管理，2016，30（9）：59-65.

［142］于广琳. 推进海域资源市场化配置从源头防治腐败［J］. 海洋开发与管理，2010，27（2）：71-74.

［143］于会娟，姜秉国. 海洋战略性新兴产业的发展思路与策略选择：基于产业经济技术特征的分析［J］. 经济问题探索，2016（7）：106-111.

［144］于谨凯，李宝星. 中国海洋产业可持续发展：基于主流产业经济学视角的分析［J］. 中国海洋经济评论，2008（2）：136-166.

［145］于谨凯，刘星华，单春红. 海洋产业集聚对经济增长的影响研究：基于动态面板数据的GMM方法［J］. 东岳论丛，2014，35（12）：140-143.

［146］于谨凯，潘菁．基于超效率DEA-Malmquist模型的我国海洋交通运输业效率分析［J］．海洋经济，2015，5（5）：3-12.

［147］于梦璇，安平．海洋产业结构调整与海洋经济增长：生产要素投入贡献率的再测算［J］．太平洋学报，2016，24（5）：86-93.

［148］于思浩．中国海洋强国战略下的政府海洋管理体制研究［D］．长春：吉林大学，2013.

［149］余亭，刘强．基于偏离—份额分析法的粤鲁浙三省海洋经济增长效应分析［J］．海洋开发与管理，2012，29（7）：120-123.

［150］约瑟夫·熊彼特．资本主义、社会主义与民主［M］．北京：商务印书馆，1999.

［151］岳冬冬，王鲁民，朱雪梅，等．中国海洋捕捞渔业供给侧存在的问题与改革对策［J］．中国农业科技导报，2017，19（7）：17-26.

［152］翟仁祥．海洋科技投入与海洋经济增长：中国沿海地区面板数据实证研究［J］．数学的实践与认识，2014，44（4）：75-80.

［153］张红智，王波，韩立民．全域旅游视阈下海洋渔业与滨海旅游业互动发展研究［J］．山东大学学报（哲学社会科学版），2017（4）：135-143.

［154］张华嘉，黄怡胜．固定资产投资与经济增长：对1978—1997年中国经济的实证分析［J］．世界经济文汇，1999（6）：3-9.

［155］张嘉逸．中国海洋旅游业供给侧改革的思考［J］．山西财经大学学报，2017，39（1）：30-31，39.

［156］张静，韩立民．试论海洋产业结构的演进规律［J］．中国海洋大学学报（社会科学版），2006（6）：1-3.

［157］张娟娟．我国海洋人才队伍建设的问题和对策研究［J］．商，2015（49）：26-27.

［158］张军，吴桂英，张吉鹏．中国省际物质资本存量估算：1952—2000［J］．经济研究，2004（10）：35-44.

［159］张开城，徐以国，乔俊果．中国蓝色产业带建设［M］．北京：海洋出版社，2017.

［160］张兰婷，倪国江，韩立民，等．国外海洋开发利用的体制机制经验及对中国的启示［J］．世界农业，2018（8）：66-71，212.

［161］张涛. 我国海洋产业布局演进的动力机制研究［D］. 青岛：中国海洋大学，2011.

［162］张鑫，宁凌. 以供给侧改革推进我国海洋产业转型升级：基于海洋产业发展的灰色关联分析［J］. 广东海洋大学学报，2017，37（2）：40-43.

［163］张耀光，刘锴，王圣云，等. 中国与世界多国海洋经济与产业综合实力对比分析［J］. 经济地理，2017，37（12）：103-111.

［164］张雨山，刘骆峰. 我国海水淡化与综合利用发展现状及前景展望［J］. 建设科技，2016（1）：44-45.

［165］张紫云，周昌仕. 供给侧改革下的海洋产业结构优化策略［J］. 当代经济，2018（5）：24-27.

［166］赵玉林，高裕. 技术创新对高技术产业全球价值链升级的驱动作用：来自湖北省高技术产业的证据［J］. 科技进步与对策，2019，36（3）：52-60.

［167］郑根江，栗鸿强，薛立波，等. 海水淡化产业现状［J］. 水处理技术，2017，43（10）：4-6.

［168］郑鹏，聂鸿鹏. 中国海洋产业上市公司行业发展状况及特点研究［J］. 中国渔业经济，2015，33（6）：82-89.

［169］钟敬秋，韩增林. 中国滨海旅游业效率评价及时空演变分析［J］. 海洋开发与管理，2016，33（8）：8-16.

［170］仲雯雯. 国内外战略性海洋新兴产业发展的比较与借鉴［J］. 中国海洋大学学报（社会科学版），2013（3）：12-16.

［171］仲雯雯. 我国战略性海洋新兴产业发展政策研究［D］. 青岛：中国海洋大学，2011.

［172］周玲玲，鲍献文，余静，等. 中国生态用海管理发展初探［J］. 中国海洋大学学报（社会科学版），2017（6）：24-29.

［173］周墨，刘辉军，吴春萌，等. 湛江市海洋生物医药产业发展的PESTEL模型分析［J］. 金融经济，2018（2）：89-92.

［174］周莹. 供给侧改革背景下海洋旅游的发展对策研究［J］. 经营管理者，2017（9）：204.

［175］朱文洁，马仁锋. 中国海洋交通运输业时空差异演化［J］. 港口

经济，2015（7）：5-9.

［176］庄子银. 创新、企业家活动配置与长期经济增长［J］. 经济研究，2007（8）：82-94.

［177］宗雪. 中国海洋经济发展现状及可持续研究［D］. 南京：南京师范大学，2018.

［178］ABATE G D. On the Link between Volatility and Growth: A Spatial Econometrics Approach[J]. Spatial Economic Analysis, 2016, 11(1): 27-45.

［179］ARBIA G, FINGLETON B. New Spatial Econometric Techniques and Applications in Regional Science[J]. Papers in Regional Science, 2008, 87(3): 311-317.

［180］BENHABIB J, SPIEGEL M M. The Role of Human Capital in Economic Development Evidence from Aggregate Cross-country Data[J]. Journal of Monetary Economics, 1994, 34(2): 143-173.

［181］BOARNET M G. Spillovers And The Locational Effects Of Public Infrastructure[J]. Journal of Regional Science, 1998, 38(3): 381-400.

［182］CLARK C. The Conditions of Economic Progress [C]. London: Macmillan &Co. Ltd., 1957.

［183］CHARLES C S. The ocean economy of the United States: Measurement, distribution, & trends[J]. Ocean & Coastal Management, (2013), 71(1): 334-343.

［184］DE VIVERO J L S, MATEOS J C R. The Mediterranean and Black Sea: regional integration and maritime nationalism [J]. Marine Policy, 2002, 26 (5): 383-401.

［185］DEMURGER S. Infrastructure Development and Economic Growth: an Explanation for Regional Disparities in China? [J]. Journal of Comparative Economics, 2001, 29(1): 95-117.

［186］DUNN E S. A statistical and analytical technique for regional analysis [J]. Papers of Regional Science Association, 1960(6): 97-112.

［187］ELHORST P, PIRAS G, ARBIA G. Growth and Convergence in A Multiregional Model with Space-time Dynamics [J]. Geographical Analysis, 2010, 42(3): 338-355.

［188］ ERTUR C, KOCH W. Convergence, Human Capital and International Spillovers[J]. LEG-Document de travail-Economie, 2006, 19(4): 365.

［189］ FEDDERKE J W, PERKINS P, LUIZ J M. Infrastructural Investment in Long-run Economic Growth: South Africa 1875—2001 [J]. World Development, 2006, 34(6): 1037-1059.

［190］ HAILU A, VEEMAN T S. Environmentally Sensitive Productivity Analysis of the Canadian Pulp and Paper Industry, 1959—1994: an Input Distance Function Approach[J]. Journal of Environmental Economics and Management, 2000, 40(3): 251-274.

［191］ HANUSHEK E A. Economic Growth in Developing Countries: the Role of Human Capital[J]. China Economics of Education Review, 2013, 37: 204-212.

［192］ HASAN I, TUCCI C L. The Innovation-economic Growth Nexus: Global Evidence[J]. Research Policy, 2010, 39(10): 1264-1276.

［193］ JEON B M, SICKLES R C. The role of Environmental Factors in Growth Accounting[J]. Journal of Applied Econometrics, 2004, 19(5): 567-591.

［194］ JORGE G, ALVAREZ - ROMERO, et al. Integrated Land - Sea Conservation Planning: The Missing Links[J]. Annual Review of Ecology Evolution & Systematics, 2011, 42(1): 381-409.

［195］ KWAK S J, YOO S H, CHANG J I. The role of the maritime industry in the Korean national economy: an input - output analysis[J]. Marine Policy, 2005, 29(4): 371-383.

［196］ NAZARA S, HEWINGS G J D. Spatial structure and taxonomy of decomposition in shift-share analysis[J]. Growth and Change, 2004(35): 476-490.

［197］ NIELS R. Economic Impact of Marine-oriented Activities: A Study of the Southern New England Marine Region[M]. Kingston: University of Rhode Island [Department of Food and Resource Economics], 1967.

［198］ PARK K S, KILDOW J T, GEOLOGY H & M. Rebuilding the Classification System of the Ocean Economy [J]. Ocean Economy Definition Classification Standard Scope Sector, 2014(1): 4.

［199］ PENEDER M. Industrial structure and aggregate growth[J]. Structural

Change & Economic Dynamics, 2003, 14(4): 427-448.

[200] PRADHAN R P, ARVIN M B, HALL J H, et al. Innovation, Financial Development and Economic Growth in Eurozone Countries [J]. Applied Economics Letters, 2016, 23(16): 1141-1144.

[201] ROGERS E M. Diffusion of Innovations [M]. New York: Simon and Schuster, 2010.

[202] SOLOW R M. Technical Change and the Aggregate Production Function [J]. Review of Economics and Statistics, 1957, 39(3): 312-320.

后　记

纵观世界历史，向海而兴、背海而衰，从威尼斯开始到葡萄牙、西班牙、荷兰，再到英国、法国、美国，历史上任何一个大国都是海洋强国。世界60%的人口和2/3的大中城市都集中在沿海地区，海洋开发已成为全球新一轮竞争发展的主战场、世界经济新的增长极，谁能占据海洋经济发展的制高点，谁就能赢得未来经济发展的主导权。粤港澳大湾区作为世界四大湾区之一，因海而生、与海共荣，天然具有海洋的基因与属性。构建现代海洋产业体系，加快海洋经济协同创新，将为粤港澳大湾区经济高质量发展提供强大引擎。当前全球新一轮科技革命和产业变革正孕育兴起，生产要素流动、重组进一步加快，为粤港澳大湾区海洋经济协同创新提供了重要支撑。但粤港澳大湾区海洋经济协同创新也存在一些障碍。为充分发挥粤港澳大湾区的海洋优势，打造国际一流湾区和世界级城市群，要以问题为导向，从要素整合（微观）、产业优化（中观）、体制机制创新（宏观）三个层面出发，以大湾区内海洋经济协同创新模式为着力点，探索海洋要素优化、产业升级、制度创新的路径选择，不断增强粤港澳大湾区海洋经济的国际综合竞争力，并以海洋经济为引擎，助力粤港澳大湾区经济的高质量发展。

在近两年时间里，以向晓梅为组长的广东省社会科学院经济研究所课题组在国家社科基金课题《海洋经济供给侧结构性改革的现实路径研究》（16BJY048）的研究基础上，充分把握《粤港澳大湾区发展规划纲要》《全国海洋经济发展“十三五”规划》推进实施的历史契机，深入开展了以粤港澳大湾区为核心的区域海洋经济协同创新发展的研究。本书从微观、中观、宏观三个层面，围绕粤港澳大湾区海洋经济要素协同、产业协同、制度协同开展研究。关于要素协同创新，本书通过相关性分析、面板回归FE模型考察了海洋要素资源分布对海洋经济增长的影响，利用熵值法拟合了海洋环境综合指数，并通过基于DEA的Malmquist指数生产率模型对海洋全要素生产率指数进行测算和分解；关于产业协同创新，本书构建了海洋产业竞争力评价指标体系，采用主成分分析评价模型评价了粤港澳大湾区海洋产业的竞争力；关于制度协同创新，本书通过归纳演义、案例对比的方法梳理了粤港澳大湾区有关海洋经济制度创新的现状，并论证了政府的主导作用及其职能转变，阐释了海洋经济要素制度创新的重点。本书聚焦于区域海洋经济协同创新发展，沿袭《海洋经济供给侧结构性改革的现实路径研究》的研究思路，进行了进一步的细化和深入，是国家社科基金课题《海洋经济供给侧结构性改革的现实路径研究》的阶段性研究成果。

课题组依托长期的理论研究背景和实地调研取得的材料，并结合粤港澳大湾区海洋经济工作的推进，形成了一系列有关促进粤港澳大湾区海洋经济发展的专题调研报告和决策建议。其中专题报告《关于建设香港自由贸易港南沙港区的报告》以“专报”的形式上报省委常委，获得了省委、省政府主要领导的高度肯定。本书是课题组在这些系列专题调研报告的基础上进行系统、深化研究后形成的研究报告，也是近两年来我们对于粤港澳大湾区海洋经济战略研究成果的集中体现。编辑出版此书时，在集中反映我们的调研成果的同时，兼顾了理论研究的规范性和系统性，使之成为一本关于粤港澳大湾区海洋经济发展战略研究的成果集成。

本书由广东省社会科学院经济研究所向晓梅和吴伟萍研究员、童玉芬助理研究员负责确定全书各章的提纲设计、研究重点及主要观点，并对全书进行统稿修改。具体的写作分工如下：第一篇由向晓梅、童玉芬、张拴虎执笔；第二篇由吴伟萍、李人可、张瑞志执笔；第三篇由向晓梅、胡晓珍、陈世栋执笔；第四篇由童玉芬、何颖珊、杨娟执笔；第五篇由吴伟萍、童玉芬、燕雨林、陈明宝执笔。陈小红参与了前期的资料收集、研究及后期的排版、校对工作。因我们水平有限，书中难免有错漏，敬请海涵。我们将以此为起点，继续在海洋经济研究的大海中遨游。

《粤港澳大湾区海洋经济协同创新研究》课题组

2024 年 9 月 9 日